烟草系列
TOBACCO

无机元素分析检测技术

主　编　侯宏卫　　胡清源　　朱风鹏

副主编　罗彦波　姜兴益　李翔宇　张晓静　李　力　王红霞　陈贤飞　柴　颖

编　委　（排名不分先后）

张洪非　蒋锦峰　刘秀彩　苏明亮　李　倩　闫瑞波　白军超　常　城

王洪波　张世祥　陈　谦　李文璟　张　宇　吕晓东　刘　茜　苏　鑫

苏少伟　张海燕　张廷贵　陈伟华　景　浩　田大勇　周　云　许蔼飞

高　磊　刘德祥　高川川　吉绍长　熊　巍

主　审　庞永强

华中科技大学出版社
http://press.hust.edu.cn
中国·武汉

图书在版编目(CIP)数据

无机元素分析检测技术/侯宏卫,胡清源,朱风鹏主编.—武汉:华中科技大学出版社,2023.6
ISBN 978-7-5680-7713-2

Ⅰ.①无…　Ⅱ.①侯…　②胡…　③朱…　Ⅲ.①烟草制品-无机分析-元素分析-研究　Ⅳ.①TS47

中国国家版本馆 CIP 数据核字(2023)第 117398 号

无机元素分析检测技术　　　　　　　　　　　　侯宏卫　　胡清源　朱风鹏　主编
Wuji Yuansu Fenxi Jiance Jishu

策划编辑:曾　光
责任编辑:狄宝珠
封面设计:孢　子
责任监印:朱　玢
出版发行:华中科技大学出版社(中国·武汉)　　　电话:(027)81321913
　　　　　武汉市东湖新技术开发区华工科技园　　　邮编:430223
录　　排:武汉正风天下文化发展有限公司
印　　刷:武汉市洪林印务有限公司
开　　本:787mm×1092mm　1/16
印　　张:13.5
字　　数:329 千字
版　　次:2023 年 6 月第 1 版第 1 次印刷
定　　价:69.00 元

无机元素分析检测技术

编 委 会

前　言

　　重金属对人体有一定危害性,是食品领域卫生安全的重要指标之一,食品、农业、海产品等多个领域产品质量标准都对其进行了限量规定。重金属分析方法包含比色法、原子吸收光谱法、原子荧光光谱法和电感耦合等离子体质谱法等多种分析方法。

　　本书共分为七章,第一章主要梳理了国内外食品领域对重金属的限量标准及相应的检测方法;第二章针对食品领域有限量要求的元素,简单介绍了其发现历史、理化性质及其对人体的危害;第三章介绍了无机元素分析的各种前处理方法,分析技术的发展历史,对比色法、原子吸收光谱法、原子荧光光谱法、电感耦合等离子体质谱法的测量原理进行了详细阐述;第四章介绍了同位素分析测试技术;第五章介绍了元素价态(形态)分析技术;第六章介绍了无机元素分析不确定度评定的方法及流程;第七章主要介绍了无机元素基质标准物质的制备过程。

　　本书依据食品领域重金属限量标准和检测方法,介绍了无机元素含量、同位素和价态(形态)检测技术及不确定度的评定流程,内容丰富、全面,具有较强的科学性和实用性,可以帮助行业相关技术人员正确理解和掌握无机分析技术,也可以作为相关的工具书使用。

　　本书在编写过程中参考了大量的国内外相关领域的文献和标准,在此谨向原作者表示谢意。

　　由于时间仓促和作者水平所限,本书难免存在不当之处,恳请读者给予批评指正。

目　　录

第一章　食品行业对重金属的限量要求与测定方法 ························· 1

　第一节　中国对重金属等有害元素的管控 ························· 2

　第二节　国际食品法典委员会标准 ························· 40

　第三节　欧盟标准 ························· 52

　参考文献 ························· 64

第二章　无机元素性质及毒性 ························· 68

　第一节　无机元素性质 ························· 68

　第二节　重金属致癌效应 ························· 78

　参考文献 ························· 80

第三章　无机元素含量分析方法 ························· 81

　第一节　样品前处理技术 ························· 81

　第二节　比色法 ························· 84

　第三节　原子吸收光谱法 ························· 88

　第四节　原子荧光光谱法 ························· 102

　第五节　电感耦合等离子体质谱法 ························· 109

　第六节　Hg 的测量 ························· 121

　参考文献 ························· 125

第四章　同位素比值分析 ························· 127

　第一节　概述 ························· 127

　第二节　同位素测定的干扰因素 ························· 128

　第三节　Pb 同位素分析方法评价和应用 ························· 130

　第四节　Cu 同位素分析方法评价和应用 ························· 142

　第五节　稳定同位素技术 ························· 147

　第六节　同位素稀释质谱法 ························· 150

　第七节　美国稀有同位素束流装置 ························· 151

　参考文献 ························· 151

第五章　元素价态（形态）分析 ························· 157

　第一节　六价铬分析 ························· 157

　第二节　砷和汞不同形态化合物的分析 ························· 164

第三节　砷、铬不同形态化合物同时测定 ……………………………………… 168

参考文献 ………………………………………………………………………… 172

第六章　无机元素测量不确定度 …………………………………………………… 173

第一节　测量不确定度 …………………………………………………………… 173

第二节　不确定度评定的数理基础 ……………………………………………… 180

第三节　测量不确定度评定过程 ………………………………………………… 186

第四节　植物样品中重金属测量不确定度评定示例 …………………………… 189

参考文献 ………………………………………………………………………… 195

第七章　基质标准物质的制备 ……………………………………………………… 196

第一节　标物制备的技术路线 …………………………………………………… 196

第二节　标准物质制备 …………………………………………………………… 197

第三节　均匀性检验 ……………………………………………………………… 197

第四节　稳定性检验 ……………………………………………………………… 199

第五节　标准物质定值 …………………………………………………………… 202

第六节　不确定度评定 …………………………………………………………… 204

参考文献 ………………………………………………………………………… 209

第一章　食品行业对重金属的限量要求与测定方法

改革开放以来,我国经济发展迅速,城镇化和人民生活水平都有了很大提高。但是,从环境保护和食品安全的角度来看,我们面临的形势也比较严峻。我国的土壤、水体和空气污染日益严重,这不仅影响我们的日常衣食住行,对社会经济发展的影响也日益严重。

重金属一般是指比重大于 $4.5~g/cm^3$,易在生物体内蓄积,对人体毒害较大的一类金属元素,主要包括镉(Cd)、汞(Hg)、铅(Pb)、铬(Cr)、镍(Ni)、钴(Co)和铋(Bi)等。砷(As)虽然是类金属,但是由于其化学性质和环境行为同重金属非常相似,易在人体内蓄积,而且生物毒性也非常大,因此通常也将其归于重金属之列。重金属难以被生物降解,能在食物链的生物放大作用下,成百上千倍地被富集,最后进入人体。进入人体后,重金属能和人体内的蛋白质和酶等生物成分强烈作用,使它们失去活性,也会在人体的一些器官中蓄积,造成慢性中毒。无论是空气、泥土或者食物中,都或多或少地含有一些重金属成分,如对肌肤有伤害作用的微粒、大气中的尘埃、汽车的尾气排放,甚至自来水中,都可能含有重金属元素,这些物质引入人体后,会对人的生命健康造成严重影响。因此,重金属污染是比有机物污染等更为严重的环境问题。现在,重金属污染问题已得到世界各国政府、企事业组织和众多社会团体的高度重视和关注。

美国、欧盟、日本和韩国等很多国家和一些国际组织多年前就对食品中的重金属等有害元素污染进行了控制,制定了严格的最高限量标准。我国对食品中重金属等有害元素的污染问题也很重视。自 20 世纪 80 年代初,我国就对食品中的镉、砷、氟、锌和硒等元素制定了明确的限量要求。如,国家标准局在 1984 年发布的 GB 4809—1984《食品中氟允许量标准》。国家卫生部在 1991 年发布的 GB 13106—1991《食品中锌限量卫生标准》和 GB 13105—1991《食品中硒限量卫生标准》两个强制性国家标准,就分别对粮食、蔬菜和水果等食品中的锌、硒含量限制进行了明确规定。1994 年,又相继制定了食品中镉、汞、砷、铬等有害元素的限量卫生标准。2005 年时,由国家卫生部和中国国家标准化管理委员会将先前出版的 GB 14935—1994《食品中铅限量卫生标准》、GB 15201—1994《食品中隔限量卫生标准》、GB 2762—1994《食品中汞限量卫生标准》和 GB 15202—2003《面制食品中铝限量》等 13 个标准进行整合,制定了 GB 2762—2005《食品中污染物限量》强制性国家标准。该标准曾于 2012 年进行了修订,现行版本是由国家卫生和计划生育委员会、国家食品药品监督管理总局在 2017 年联合发布的 GB 2762—2017《食品安全国家标准　食品中污染物限量》强制性国家标准。

第一节　中国对重金属等有害元素的管控

一、食品

1.铅(Pb)

在卫生部和国家标准化管理委员会联合发布的 GB 2762—2005《食品中污染物限量》强制性国家标准中,详细规定了谷类、豆类、鱼类、水果、蔬菜和茶叶等 17 类食品中铅的限量要求。其中婴儿配方奶粉的要求最严格,限量为 0.02 mg/kg,其次是鲜乳和果汁,限量均为 0.05 mg/kg,茶叶的要求最低,限量指标为 5 mg/kg(见表 1-1)。2012 年时,国家卫生部对 2005 年发布的 GB 2762—2005 标准进行了修订,出版了 GB 2762—2012《食品安全国家标准 食品中污染物限量》强制性国家标准。GB 2762—2012 标准不但对 GB 2762—2005 中的铅限量要求进行了细化,也增加了一些新的食品类别(见表 1-2)。例如,在 2005 版的限量标准中,豆类的限量指标为 0.2 mg/kg,在 2012 年出版的标准中则细化为"豆类"、"豆类制品(豆浆除外)"和"豆浆",3 个类别,其限量指标分别为 0.2 mg/kg、0.5 mg/kg 和 0.05 mg/kg。增加了"藻类及其制品"、"油脂及其制品"、"饮料类"和"特殊膳食用食品"等类别的限量要求。与 2012 年的标准相比,由国家卫生和计划生育委员会、国家食品药品监督管理总局在 2017 年联合发布的 GB 2762—2017《食品安全国家标准　食品中污染物限量》强制性国家标准则变化不大,主要是对一些食品类别中的项目进行细化和增加了一些新的限量要求(见表 1-3)。例如,将"藻类及其制品"的限量指标由"1.0 mg/kg(以干重计)"修改为"藻类及其制品(螺旋藻及其制品除外)"和"螺旋藻及其制品",其限量指标分别为 1.0 mg/kg、2.0 mg/kg(以干重计)。在 2017 年出版的标准中,对于"特殊膳食用食品"还增加了"特殊医学用途配方食品"、"运动营养食品"和"孕妇及乳母营养补充食品"等一些在 2012 年标准中没有的新项目限量要求,使标准更为完善。

检测方法为国家卫生和计划生育委员会、国家食品药品监督管理总局在 2017 年联合发布的 GB 5009.12—2017《食品安全国家标准 食品中铅的测定》,代替了先前出版的 GB 5009.12—2010《食品安全国家标准 食品中铅的测定》、GB/T 20380.3—2006《淀粉及其制品 重金属含量 第 3 部分:电热原子吸收光谱法测定铅含量》、GB/T 23870—2009《蜂胶中铅的测定 微波消解—石墨炉原子吸收分光光度法》、GB/T 18932.12—2002《蜂蜜中钾、钠、钙、镁、锌、铁、铜、锰、铬、铅、镉含量的测定方法 原子吸收光谱法》、NY/T 1100—2006《稻米中铅、镉的测定 石墨炉原子吸收光谱法》、SN/T2211—2008《蜂皇浆中铅和镉的测定 石墨炉原子吸收光谱法》中铅的测定方法。

与 2010 年版的 GB 5009.12—2010《食品安全国家标准 食品中铅的测定》相比,2017 年版标准在前处理方法中删除了样品用量大,处理温度高,所需时间长和在处理过程中有可能导致待测样品污染的干法灰化法与过硫酸铵灰化法,增加了试样用量少,消解速度快,而且在处理过程中不易导致污染和挥发损失的密闭微波消解法(见表 1-4)。仪器检测方法中则删除了操作烦琐和重复性差的氢化物发生原子荧光光谱法和单扫描极谱法,增加了检测速度快,线性范围宽,灵敏度高,并且可同时进行多元素分析的电感耦合等离子体质谱法

(Inductively Coupled Plasma Mass Spectrometry，ICP-MS)。

表 1-1　GB 2762—2005《食品中污染物限量》中铅限量要求

序　号	食品类别(名称)	限量(MLs)/(mg/kg)
1	谷类	0.2
2	豆类	0.2
3	薯类	0.2
4	禽畜肉类	0.2
5	可信用禽畜下水	0.5
6	鱼类	0.5
7	水果	0.1
8	小水果、浆果、葡萄	0.2
9	蔬菜(球茎、叶菜、食用菌类除外)	0.1
10	球茎蔬菜	0.3
11	叶菜类	0.3
12	鲜乳	0.05
13	婴儿配方粉(乳为原料,以冲调后乳汁计)	0.02
14	鲜蛋	0.2
15	果酒	0.2
16	果汁	0.05
17	茶叶	5

表 1-2　GB 2762—2012《食品安全国家标准 食品中污染物限量》中铅限量要求

序号	食品类别	名　称	限量(以 Pb 计)/(mg/kg)
1	谷物及其制品	麦片、面筋、八宝粥罐头、带馅(料)面米制品除外	0.2
		麦片、面筋、八宝粥罐头、带馅(料)面米制品	0.5
2	水果及其制品	新鲜水果(浆果和其他小粒水果)	0.1
		浆果和其他小粒水果	0.2
		水果制品	1.0
3	食用菌及其制品	—	1.0
4	豆类及其制品	豆类	0.2
		豆类制品(豆浆除外)	0.5
		豆浆	0.05
5	藻类及其制品	螺旋藻及其制品除外	1.0(干重计)

续表

序号	食品类别	名　称	限量(以 Pb 计)/(mg/kg)
6	坚果类	坚果及籽类(咖啡豆除外)	0.2
		咖啡豆	0.5
7	肉类及其制品	肉类(畜禽内脏除外)	0.2
		畜禽内脏	0.5
		肉制品	0.5
8	水产动物及其制品	鲜、冻水产动物(鱼类、甲壳类、双壳类除外)	1.0(除去内脏)
		鱼类、甲壳类	0.5
		双壳类	1.5
		水产制品(海蜇制品除外)	1.0
		海蜇制品	2.0
9	乳及乳制品	生乳、巴氏杀菌乳、灭菌乳、发酵乳、调制乳	0.05
		乳粉、非脱盐乳清粉	0.5
		其他乳制品	0.3
10	蛋及蛋制品	蛋及蛋制品(皮蛋、皮蛋肠除外)	0.2
		皮蛋、皮蛋肠	0.5
11	油脂及其制品	—	0.1
12	调味品	调味品(食用盐、香辛料类除外)	1.0
		食用盐	2.0
		香辛料类	3.0
13	食糖及淀粉糖	—	0.5
14	淀粉及其制品	食用淀粉	
		淀粉制品	
15	焙烤食品	—	0.5
16	饮料类	包装饮用水	0.01 mg/L
		固体饮料	1.0
		果蔬汁类及其饮料(浓缩果蔬汁浆除外)含乳饮料	0.05 mg/L
		浓缩果蔬汁(浆)	0.5 mg/L
		其他饮料	0.3 mg/L
17	酒类	酒类(蒸馏酒、黄酒除外)	0.2
		蒸馏酒、黄酒	0.5
18	可可类	可可制品、巧克力和巧克力制品以及糖果	0.5
19	冷冻食品	—	0.3

续表

序号	食品类别	名　　　称	限量(以 Pb 计)/(mg/kg)
20	特殊膳食用食品	婴幼儿配方食品(液态产品除外)	0.15(以粉状产品计)
		液态产品	0.02(以即食状态计)
		婴幼儿谷类辅助食品(添加鱼类、肝脏、蔬菜类的产品除外)	0.2
		添加鱼类、肝脏、蔬菜类的产品	0.3
		婴幼儿罐装辅助食品(以水产及动物肝脏为原料的产品除外)	0.25
		以水产及动物肝脏为原料的产品	0.3
21	蔬菜及其制品	新鲜蔬菜(芸薹类蔬菜、叶菜蔬菜、豆类蔬菜、薯类除外)	0.1
		芸薹类蔬菜、叶菜蔬菜	0.3
		豆类蔬菜、薯类	0.2
		蔬菜制品	1.0
22	其他类	果冻	0.5
		膨化食品	0.5
		茶叶	5.0
		干菊花	5.0
		苦丁茶	2.0
		蜂蜜	1.0
		花粉	0.5

表 1-3　GB 2762—2017《食品安全国家标准 食品中污染物限量》中铅限量要求

序号	食品类别	名　　　称	限量(以 Pb 计)/(mg/kg)
1	谷物及其制品	麦片、面筋、八宝粥罐头、带馅(料)面米制品除外	0.2
		麦片、面筋、八宝粥罐头、带馅(料)面米制品	0.5
2	水果及其制品	新鲜水果(浆果和其他小粒水果除外)	0.1
		浆果和其他小粒水果	0.2
		水果制品	1.0
3	食用菌及其制品	—	1.0
4	豆类及其制品	豆类	0.2
		豆类制品(豆浆除外)	0.5
		豆浆	0.05

序号	食品类别	名 称	限量(以 Pb 计)/(mg/kg)
5	藻类及其制品	螺旋藻及其制品除外	1.0(干重计)
		螺旋藻及其制品	2.0(干重计)
6	坚果类	坚果及籽类(咖啡豆除外)	0.2
		咖啡豆	0.5
7	肉类及其制品	肉类(畜禽内脏除外)	0.2
		畜禽内脏	0.5
		肉制品	0.5
8	水产动物及其制品	鲜、冻水产动物(鱼类、甲壳类、双壳类除外)	1.0(除去内脏)
		鱼类、甲壳类	0.5
		双壳类	1.5
		水产制品(海蜇制品除外)	1.0
		海蜇制品	2.0
9	乳及乳制品	生乳、巴氏杀菌乳、灭菌乳、发酵乳、调制乳	0.05
		乳粉、非脱盐乳清粉	0.5
		其他乳制品	0.3
10	蛋及蛋制品	蛋及蛋制品(皮蛋、皮蛋肠除外)	0.2
		皮蛋、皮蛋肠	0.5
11	油脂及其制品	—	0.1
12	调味品	调味品(食用盐、香辛料类除外)	1.0
		食用盐	2.0
		香辛料类	3.0
13	食糖及淀粉糖	—	0.5
14	淀粉及其制品	食用淀粉	0.2
		淀粉制品	0.5
15	焙烤食品	—	0.5
16	饮料类	包装饮用水	0.01 mg/L
		固体饮料	1.0
		果蔬汁类及其饮料(浓缩果蔬汁浆除外)含乳饮料	0.05 mg/L
		浓缩果蔬汁(浆)	0.5 mg/L
		其他饮料	0.3 mg/L
17	酒类	酒类(蒸馏酒、黄酒除外)	0.2
		蒸馏酒、黄酒	0.5

续表

序号	食品类别	名　称	限量(以 Pb 计)/(mg/kg)
18	可可类	可可制品、巧克力和巧克力制品以及糖果	0.5
19	冷冻饮品	—	0.3
20	特殊膳食用食品	婴幼儿配方食品(液态产品除外)	0.15(以粉状产品计)
		液态产品	0.02(以即食状态计)
		婴幼儿谷类辅助食品(添加鱼类、肝脏、蔬菜类的产品除外)	0.2
		添加鱼类、肝脏、蔬菜类的产品	0.3
		婴幼儿罐装辅助食品(以水产及动物肝脏为原料的产品除外)	0.25
		以水产及动物肝脏为原料的产品	0.3
		特殊医学用途配方食品(特殊医学用途婴儿配方食品涉及的品种除外)10 岁以上人群的产品	0.5(以固态产品计)
		特殊医学用途配方食品(特殊医学用途婴儿配方食品涉及的品种除外)1 岁～10 岁人群的产品	0.15(以固态产品计)
		辅食营养补充食品	0.5
		运动营养食品(固态、半固态或粉状)	0.5
		运动营养食品(液态)	0.05
		孕妇及乳母营养补充食品	0.5
21	蔬菜及其制品	新鲜蔬菜(芸薹类蔬菜、叶菜蔬菜、豆类蔬菜、薯类除外)	0.1
		芸薹类蔬菜、叶菜蔬菜	0.3
		豆类蔬菜、薯类	0.2
		蔬菜制品	1.0
22	其他类	果冻	0.5
		膨化食品	0.5
		茶叶	5.0
		干菊花	5.0
		苦丁茶	2.0
		蜂蜜	1.0
		花粉	0.5

表 1-4　GB 5009.12—2010 与 GB 5009.12—2017 中铅测定方法比较

项　目	2010 年	2017 年
样品前处理	湿法消解	湿法消解
	干法灰化法	—
	过硫酸铵灰化法	—
	压力罐消解法	压力罐消解法
	—	微波消解
样品检测	石墨炉原子吸收光谱法	石墨炉原子吸收光谱法
	氢化物发生原子荧光光谱法	
	火焰原子吸收光谱法	火焰原子吸收光谱法
	二硫腙比色法	二硫腙比色法
	单扫描极谱法	
	—	电感耦合等离子体质谱法

2.镉(Cd)

我国对镉的食品安全问题也非常重视。在 2005 年版的 GB 2762—2005《食品中污染物限量》强制性国家标准中共规定了粮食、肉类、水果、蔬菜、鱼和蛋 6 类食品中镉的限量要求。由于镉化合物的毒性非常强,而且易在体内蓄积,因而在 2005 年版的标准中对镉的限量要求很严格,除禽、畜肾脏的限量指标为 1.0 mg/kg,其他食品类别中的最高限量均不超过 0.5 mg/kg(见表 1-5)。同铅的情况类似,在 2012 年和 2017 年版的《食品安全国家标准 食品中污染物限量》(GB 2762—2012、GB 2762—2017)两个强制性国家标准中,对镉元素的限量要求也改动较大,不但增加了一些新的项目,将先前的食品类别由 6 类扩大为 11 类,也将 2005 年的要求进行了细化。例如,在 2005 版的限量标准中,鱼的限量要求仅规定为不超过 0.1 mg/kg。在 2012 年和 2017 年出版的标准中则细化为"鱼类"、"甲壳类"和"鱼类罐头"等 7 个类别。在 2012 年和 2017 年出版的标准中也增加了对"饮料类"的限量要求,其限量指标为"包装饮用水(矿泉水除外)"的限量指标为"0.005 mg/L","矿泉水"的限量指标为"0.003 mg/L",均非常严格(见表 1-6 和表 1-7)。

对于镉的检测,目前采用的检测方法主要是由国家卫生和计划生育委员会在 2015 年发布的 GB 5009.15—2014《食品安全国家标准 食品中镉的测定》。该标准在 1985 年首次发布,其后在 1996 年和 2003 年进行了两次修订。在该标准现行的版本中,样品的前处理采用的是干法灰化、湿法消解、压力罐消解和密闭微波消解法,删除了 2003 年版标准中的过硫酸铵灰化法;仪器检测采用的是石墨炉原子吸收光谱法(Graphite Furnace-Atomic Absorption Spectrometry,GF-AAS),删除了 2003 年版修订标准中的第二法原子吸收光谱法、第三法比色法和第四法原子荧光法,仅保留了灵敏度高和前处理较简单的石墨炉原子吸收光谱法(见表 1-8)。其实,对于镉元素的检测,采用电感耦合等离子体质谱法分析也是一个不错的选择,因为电感耦合等离子体质谱仪这款仪器非常适合测定镉元素。采用电感耦合等离子体质谱法检测镉时,等离子体质谱分析时经常遇见的质谱干扰和空间电荷效应的影响均比较小。该方法的检测速度、灵敏度、检出限和线性范围也都能满足测定要求,而且可同时测定多种元素。因而,目前已有一些行业或部门建立了采用电感耦合等离子体质谱法测定镉等元素的推荐标准。例如,国家质量监督检验检疫总局发布的推荐标准 SN/T 0448—2011《进出口食品中砷、汞、铅、镉的检测方法 电感耦合等离子体质谱(ICP-MS)法》、SN/T 4893—2017《进出口食用动物中铅、镉、砷、汞的测定 电感耦合等离子体质谱(ICP-MS)法》和国家粮食和物资储备局在 2019 年发布的推荐标准 LS/T6136—2019《粮油检测 大米中锰、铜、锌、铷、锶、镉、铅的测定 快速提取-电感耦合等离子体质谱法》。

表 1-5　GB 2762—2005《食品中污染物限量》中镉限量要求

序号	食品类别	名　　称	限量(MLs)/(mg/kg)
1	粮食	大米、大豆	0.2
		花生	0.5
		面粉	0.1
		杂粮(玉米、小米、高粱、薯类)	0.1
2	肉类	禽畜肉类	0.1
		禽畜肝脏	0.5
		禽畜肾脏	1.0
3	水果	—	0.05
4	蔬菜	根茎类蔬菜(芹菜除外)	0.1
		叶菜、芹菜、食用菌类	0.2
		其他蔬菜	0.05
5	鱼类	—	0.1
6	蛋类	鲜蛋	0.05

表 1-6　GB 2762—2012《食品安全国家标准 食品中污染物限量》中镉限量要求

序号	食品类别	名　　称	限量(以 Cd 计)/(mg/kg)
1	谷物及其制品	谷物(稻谷除外)	0.1
		谷物碾磨加工品(糙米、大米除外)	0.1
		稻谷、糙米、大米	0.2
2	水果及其制品	新鲜水果	0.05
3	食用菌及其制品	新鲜食用菌(香菇和姬松茸除外)	0.2
		香菇	0.5
		食用菌制品(姬松茸制品除外)	0.5
4	豆类及其制品	—	0.2
5	坚果及籽类	花生	0.5

序号	食品类别	名　称	限量(以 Cd 计)/(mg/kg)
6	肉及肉制品	肉类(畜禽内脏除外)	0.1
		畜禽肝脏	0.5
		畜禽肾脏	1.0
		肉制品(肝脏制品、肾脏制品除外)	0.1
		肝脏制品	0.5
		肾脏制品	1.0
7	水产动物及其制品	鱼类	0.1
		甲壳类	0.5
		双壳类、腹足类、头足类、棘皮类	2.0(除去内脏)
		鱼类罐头(凤尾鱼、旗鱼罐头除外)	0.2
		凤尾鱼、旗鱼罐头	0.3
		其他鱼类制品(凤尾鱼、旗鱼制品除外)	0.1
		凤尾鱼、旗鱼制品	0.3
8	蛋及蛋制品	—	0.05
9	调味品	食用盐	0.5
		鱼类调味品	0.1
10	饮料类	包装饮用水(矿泉水除外)	0.005 mg/L
		矿泉水	0.003 mg/L
11	蔬菜及其制品	新鲜蔬菜(叶菜蔬菜、豆类蔬菜、块根和块茎蔬菜、茎类蔬菜除外)	0.05
		叶菜蔬菜	0.2
		豆类蔬菜、块根和块茎蔬菜、茎类蔬菜(芹菜除外)	0.1
		芹菜	0.2

表 1-7　GB 2762—2017《食品安全国家标准 食品中污染物限量》中镉限量要求

序号	食品类别	名　称	限量(以 Cd 计)/(mg/kg)
1	谷物及其制品	谷物(稻谷除外)	0.1
		谷物碾磨加工品(糙米、大米除外)	0.1
		稻谷、糙米、大米	0.2
2	水果及其制品	新鲜水果	0.05

序号	食品类别	名　称	限量(以 Cd 计)/(mg/kg)
3	食用菌及其制品	新鲜食用菌(香菇和姬松茸除外)	0.2
		香菇	0.5
		食用菌制品(姬松茸制品除外)	0.5
4	豆类及其制品	—	0.2
5	坚果及籽类	花生	0.5
6	肉及肉制品	肉类(畜禽内脏除外)	0.1
		畜禽肝脏	0.5
		畜禽肾脏	1.0
		肉制品(肝脏制品、肾脏制品除外)	0.1
		肝脏制品	0.5
		肾脏制品	1.0
7	水产动物及其制品	鱼类	0.1
		甲壳类	0.5
		双壳类、腹足类、头足类、棘皮类	2.0(除去内脏)
		鱼类罐头(凤尾鱼、旗鱼罐头除外)	0.2
		凤尾鱼、旗鱼罐头	0.3
		其他鱼类制品(凤尾鱼、旗鱼制品除外)	0.1
		凤尾鱼、旗鱼制品	0.3
8	蛋及蛋制品	—	0.05
9	调味品	食用盐	0.5
		鱼类调味品	0.1
10	饮料类	包装饮用水(矿泉水除外)	0.005 mg/L
		矿泉水	0.003 mg/L
11	蔬菜及其制品	新鲜蔬菜(叶菜蔬菜、豆类蔬菜、块根和块茎蔬菜、茎类蔬菜除外)	0.05
		叶菜蔬菜	0.2
		豆类蔬菜、块根和块茎蔬菜、茎类蔬菜(芹菜除外)	0.1
		芹菜	0.2
12	特殊膳食用食品	婴幼儿谷类辅助食品	0.06

表 1-8　GB 5009.15—2003 与 GB 5009.15—2014 中镉测定方法比较

项　目	2003 年	2014 年
样品前处理	湿法消解	湿法消解
	干法灰化法	干法灰化法
	过硫酸铵灰化法	—
	压力罐消解法	压力罐消解法
	—	微波消解
样品检测	石墨炉原子吸收光谱法	石墨炉原子吸收光谱法
	原子吸收光谱法(碘化钾-4-甲基戊酮-2 法)	—
	原子吸收光谱法(二硫腙-乙酸丁酯法)	—
	比色法	—
	原子荧光法	—

3.汞(Hg)

在 2005 年由卫生部和国家标准化管理委员会联合发布的 GB 2762—2005《食品中污染物限量》强制性国家标准、2012 年由卫生部出版的 GB 2762—2012《食品安全国家标准 食品中污染物限量》和 2017 年由国家食品药品监督管理总局、国家卫生和计划生育委员会联合发布的 GB 2762—2017《食品安全国家标准 食品中污染物限量》标准中均对很多食品类别中的甲基汞限量进行了明确规定。

在 GB 2762—2005《食品中污染物限量》强制性国家标准中对粮食、薯类、蔬菜、水果、鲜乳和肉蛋类食品中总汞的限量进行了规定,鱼类的汞限量指标,规定的是甲基汞(见表 1-9)。在 2012 年和 2017 年版的《食品安全国家标准 食品中污染物限量》(GB 2762—2012、GB 2762—2017)标准中对汞元素的限量要求完全相同。同铅、镉元素的情况类似,在 GB 2762—2012 和 GB 2762—2017 标准中对汞元素的限量要求也改动较大,增加了一些新的项目,并且将先前的一些食品类别进行了细化。例如,增加了"饮料类"和"特殊膳食用食品"中总汞的限量指标要求(见表 1-10)。

对于食品中汞的测定,目前的标准方法是由国家卫生健康委员会、国家市场监督管理总局在 2021 年发布的 GB 5009.17—2021《食品安全国家标准 食品中总汞及有机汞的测定》强制性国家标准。先前出版的标准方法还有 1996 年发布的 GB/T 5009.17—1996《食品中总汞的测定方法》和 GB/T 5009.45—1996《水产品卫生标准的分析方法》,2003 年发布的 GB/T 5009.45—2003《水产品卫生标准的分析方法》以及 2003 年、2014 年发布的《食品中总汞及有机汞的测定》(GB/T 5009.17—2003、GB 5009.17—2014)等标准。在 2021 年发布的 GB 5009.17—2021 标准中总汞的测定方法共有 4 种,分别是原子荧光光谱法、直接进样测汞法、电感耦合等离子体质谱法和冷原子吸收光谱法。甲基汞的测定采用的是专属性强的液相色谱-原子荧光光谱联用法、液相色谱-电感耦合等离子体质谱联用法。由于电感耦合等离子体质谱仪价格昂贵,普及应用有限制,因而在 2014 年出版的《食品中总汞及有机汞的测定》标准方法中对于甲基汞的测定,仅包含有液相色谱-原子荧光光谱联用法(见表 1-10)。

对于样品前处理,总汞的测定主要采用的是消解法,甲基汞的测定主要采用的是超声波辅助酸提取法(见表 1-11)。

表 1-9 GB 2762—2005《食品中污染物限量》中汞限量要求

序号	食品类别	名　称	限量(MLs)/(mg/kg)
1	粮食	成品粮	0.02
2	薯类	土豆、白薯	0.01
3	水果	—	0.01
4	蔬菜	—	0.01
5	鱼类	鱼(不包括食肉鱼类)及其他水产品	0.5(甲基汞)
		食肉鱼类	1.0(甲基汞)
6	鲜乳	—	0.01
7	肉、蛋(去壳)	0.05	0.05

表 1-10 GB 2762—2012 和 GB 2762—2017 中汞限量要求

序号	食品类别	名　称	限量(以 Hg 计)/(mg/kg)	
			总汞	甲基汞
1	谷物及其制品	稻谷、糙米、大米、玉米、玉米面(渣、片)、小麦、小麦粉	0.02	—
2	食用菌及其制品	—	0.1	—
3	乳及其制品	生乳、巴氏杀菌乳、灭菌乳、调制乳、发酵乳	0.01	—
4	特殊膳食用食品	婴幼儿罐装辅助食品	0.02	—
5	肉及肉制品	肉类	0.05	—
6	水产动物及其制品	水产动物及其制品(肉食性鱼类及其制品除外)	—	0.5
		肉食性鱼类及其制品	—	1.0
7	蛋及蛋制品	鲜蛋	0.05	—
8	调味品	食用盐	0.1	—
9	饮料类	矿泉水	0.001mg/L	—
10	蔬菜及其制品	新鲜蔬菜	0.01	—

表 1-11 GB 5009.17—2014 和 GB 5009.17—2021 中汞测定方法比较

项 目		2014 年	2021 年
样品前处理	总汞	酸消解后,硼氢化钠或硼氢化钾还原(原子荧光光谱法)	酸消解后,硼氢化钠或硼氢化钾还原(原子荧光光谱法)
		酸消解后,氯化亚锡还原(冷原子吸收光谱法)	酸消解后,氯化亚锡还原(冷原子吸收光谱法)
		—	酸消解法(电感耦合等离子体质谱法)
		—	经高温灼烧及催化热解后,汞被还原成汞单质,用金汞齐富集(直接进样测汞法)
	甲基汞	超声波辅助酸提取法	超声波辅助酸提取法
样品检测	总汞	原子荧光光谱法	原子荧光光谱法
		冷原子吸收光谱法	冷原子吸收光谱法
		—	电感耦合等离子体质谱法
		—	直接进样测汞法
	甲基汞	液相色谱-原子荧光光谱联用法	液相色谱-原子荧光光谱联用法
		—	液相色谱-电感耦合等离子体质谱联用法

4.砷(As)

在 2005 年由卫生部和国家标准化管理委员会联合发布的 GB 2762—2005《食品中污染物限量》、2012 年由卫生部出版的 GB 2762—2012《食品安全国家标准 食品中污染物限量》和 2017 年由国家食品药品监督管理总局、国家卫生和计划生育委员会联合发布的 GB 2762—2017《食品安全国家标准 食品中污染物限量》强制性国家标准中均对谷物、水产、蔬菜和肉、乳制品等很多食品类别中的总砷和无机砷含量进行了明确规定(见表 1-12~表 1-14)。在 GB 2762—2012 和 GB 2762—2017 标准中,对总砷和无机砷的限量要求,除"包装饮用水"外(限量为 0.01 mg/L)都在 0.1~0.5 mg/kg 之间,均非常严格。

食品中砷的测定标准方法在 1985 年时首次发布,并于 1996 年和 2003 年进行了两次修订。目前采用的是由国家卫生和计划生育委员会在 2015 年发布的 GB 5009.11—2014《食品安全国家标准 食品中总砷及无机砷的测定》强制性国家标准。与 2003 年版的 GB 5009.11—2003《食品中总砷及无机砷的测定》标准相比,GB 5009.11—2014 标准删除了传统的测定食品中总砷含量的砷斑法(该方法灵敏度差,不易定量)和硼氢化物还原比色法,取消了食品中无机砷测定的原子荧光法和银盐法,增加了食品中总砷测定的电感耦合等离子体质谱法和无机砷测定的液相色谱-原子荧光光谱联用法、液相色谱-电感耦合等离子体质谱联用法(见表 1-15)。检测方法逐渐向操作简单,专属性强的仪器方法过渡。对于样品前处理,总砷的测定主要采用的是微波消解法、高压密闭消解法。采用氢化物发生原子荧光光谱法或银盐法检测的样品,在用干法灰化或湿法消解后还需采用硼氢化钠、硼氢化钾或氯化亚锡等还原剂进行还原。对于无机砷的检测,样品前处理采用的是稀硝酸提取后直接测定法(见表 1-15)。

表 1-12 GB 2762—2005《食品中污染物限量》中砷限量要求

序号	食品类别	名 称	限量(MLs)/(mg/kg)	
			总砷	无机砷
1	粮食	大米	—	0.15
		面粉	—	0.1
		杂粮	—	0.2
2	蔬菜	—	—	0.05
3	水果	—	—	0.05
4	畜禽肉类	—	—	0.05
5	蛋类	—	—	0.05
6	乳粉	—	—	0.25
7	鲜乳	—	—	0.05
8	豆类	—	—	0.1
9	酒类	—	—	0.05
10	水产	鱼	—	0.1
		藻类(干重计)	—	1.5
		贝类及虾蟹类(以鲜重计)	—	0.5
		贝类及虾蟹类(以干重计)	—	1.0
		其他水产食品(以鲜重计)	—	0.5
11	油脂、果汁类	食用油脂	0.1	—
		果汁及果浆	0.2	—
12	可可类	可可脂及巧克力	0.5	—
		其他可可制品	1.0	—
13	食糖	—	0.5	—

表 1-13 GB 2762—2012《食品安全国家标准 食品中污染物限量》中砷限量要求

序号	食品类别	名 称	限量(以 As 计)/(mg/kg)	
			总砷	无机砷
1	谷物及其制品	谷物(稻谷除外)	0.5	—
		谷物碾磨加工品(糙米、大米除外)	0.5	—
		稻谷、糙米、大米	—	0.2
2	食用菌及其制品		—	0.5	—

续表

序号	食品类别	名　称	限量(以 As 计)/(mg/kg)	
			总砷	无机砷
3	乳及其制品	生乳、巴氏杀菌乳、灭菌乳、调制乳、发酵乳	0.1	—
		乳粉	0.5	—
4	特殊膳食用食品	婴幼儿谷类辅助食品(添加藻类的产品除外)	—	0.2
		添加藻类的产品	—	0.3
		婴幼儿罐装辅助食品(以水产及动物肝脏为原料的产品除外)	—	0.1
		以水产及动物肝脏为原料的产品	—	0.3
5	肉及肉制品	—	0.5	—
6	水产动物及其制品	水产动物及其制品(鱼类及其制品除外)	—	0.5
		鱼类及其制品	—	0.1
7	油脂及其制品	—	0.1	—
8	调味品	调味品(水产调味品、藻类调味品和香辛料类除外)	0.5	
		水产调味品(鱼类调味品除外)	—	0.5
		鱼类调味品	—	0.1
9	食糖及淀粉糖	—	0.5	—
10	饮料类	包装饮用水	0.01 mg/L	—
11	蔬菜及其制品	新鲜蔬菜	0.5	—
12	可可类	可可制品、巧克力和巧克力制品以及糖果	0.5	—

表 1-14　GB 2762—2017《食品安全国家标准 食品中污染物限量》中砷限量要求

序号	食品类别	名　称	限量(以 As 计)/(mg/kg)	
			总砷	无机砷
1	谷物及其制品	谷物(稻谷除外)	0.5	—
		谷物碾磨加工品(糙米、大米除外)	0.5	—
		稻谷、糙米、大米	—	0.2
2	食用菌及其制品	—	0.5	—
3	乳及其制品	生乳、巴氏杀菌乳、灭菌乳、调制乳、发酵乳	0.1	—
		乳粉	0.5	—
4	特殊膳食用食品	婴幼儿谷类辅助食品(添加藻类的产品除外)	—	0.2
		添加藻类的产品	—	0.3

序号	食品类别	名　　称	限量(以 As 计)/(mg/kg)	
			总砷	无机砷
4	特殊膳食用食品	婴幼儿罐装辅助食品(以水产及动物肝脏为原料的产品除外)	—	0.1
		以水产及动物肝脏为原料的产品	—	0.3
		辅食营养补充品	0.5	—
		固态、半固态或粉状运动营养食品	0.5	—
		液态运动营养食品	0.2	—
		孕妇及乳母营养补充食品	0.5	—
5	肉及肉制品		—	0.5
6	水产动物及其制品	水产动物及其制品(鱼类及其制品除外)	—	0.5
		鱼类及其制品	—	0.1
7	油脂及其制品		—	0.1
8	调味品	调味品(水产调味品、藻类调味品和香辛料类除外)	0.5	—
		水产调味品(鱼类调味品除外)	—	0.5
		鱼类调味品	—	0.1
9	食糖及淀粉糖		—	0.5
10	饮料类	包装饮用水	0.01 mg/L	—
11	蔬菜及其制品	新鲜蔬菜	0.5	—
12	可可类	可可制品、巧克力和巧克力制品以及糖果	0.5	—

表 1-15　GB 5009.11—2003 和 GB 5009.11—2014 标准中砷测定方法比较

项　　目		2003 年	2014 年
样品前处理	总砷	试样经湿法消解或干法灰化后,加入硫脲使五价砷还原为三价砷,再加入硼氢化钠或硼氢化钾还原成砷化氢(氢化物原子荧光光度法)	试样经湿法消解或干法灰化后,加入硫脲使五价砷还原为三价砷,再加入硼氢化钠或硼氢化钾还原成砷化氢(氢化物发生原子荧光光谱法)
		消解后,以碘化钾、氯化亚锡将高价砷还原为三价砷,然后加入锌粒使其生成新生态的砷化氢(银盐法)	消解后,以碘化钾、氯化亚锡将高价砷还原为三价砷,然后加入锌粒使其生成新生态的砷化氢(银盐法)
		消解后,以碘化钾、氯化亚锡将高价砷还原为三价砷,然后加入锌粒使其生成新生态的砷化氢,再与溴化汞试纸生成黄色至橙色的砷斑,然后与标准砷斑比较定量(砷斑法,见图 1-1)	试样经酸消解后直接进行测定(电感耦合等离子体质谱法)

续表

项目		2003 年	2014 年
样品前处理	总砷	试样经消化还原后,加入硼氢化物将三价砷还原为负三价的砷化氢,然后与标准系列溶液比较定量(硼氢化物还原比色法)	—
	无机砷	盐酸提取后,以碘化钾、氯化亚锡将高价砷还原为三价砷,然后加入锌粒使其生成新生态的砷化氢(银盐法)	试样经稀硝酸提取后,以液相色谱分离,分离后的目标物经硼氢化物还原,生成气态砷化合物(液相色谱-原子荧光光谱联用法)
		盐酸提取法(氢化物原子荧光光度法)	稀硝酸提取后,经液相色谱分离,然后采用电感耦合等离子体质谱检测(液相色谱-电感耦合等离子体质谱联用法)
样品检测	总砷	原子荧光光度计(氢化物原子荧光光度法)	原子荧光光谱仪(氢化物发生原子荧光光谱法)
		分光光度计(银盐法)	分光光度计(银盐法)
		砷斑法(砷斑测定装置,见图 1-1)	电感耦合等离子体质谱仪
		分光光度计(硼氢化物还原比色法)	—
	无机砷	原子荧光光度计(氢化物原子荧光光度法)	液相色谱-原子荧光光谱联用仪
		分光光度计(银盐法)	液相色谱-电感耦合等离子体质谱联用仪

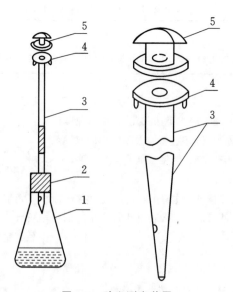

图 1-1　砷斑测定装置

1—锥形瓶;2—橡胶塞;3—测砷管;4—管口;5—玻璃帽

5.铬(Cr)

在 2005 年由卫生部和国家标准化管理委员会联合发布的 GB 2762—2005《食品中污染物限量》、2012 年由卫生部出版的 GB 2762—2012《食品安全国家标准 食品中污染物限量》和 2017 年由国家卫生和计划生育委员会、国家食品药品监督管理总局联合发布的 GB 2762—2017《食品安全国家标准 食品中污染物限量》强制性国家标准中均对粮食、蔬菜、水果和肉类等食品类别中的铬含量进行了明确规定,其限量指标在 0.3～2.0 mg/kg 之间(见表 1-16 和表 1-17)。

食品中铬的测定,目前采用的是由国家卫生和计划生育委员会在 2015 年发布的 GB 5009.123—2014《食品安全国家标准 食品中铬的测定》强制性国家标准。该标准在 1994 年首次发布(GB/T 14962—1994《食品中铬的测定方法》),在 2003 年时进行过一次修订 (GB/T 5009.123—2003《食品中铬的测定》)。在 GB/T 5009.123—2003 标准中,样品前处理采用的是干式消解、高压消解罐消解或硫酸-过氧化氢处理后添加铵-氯化铵缓冲液,以用于后续的示波极谱法分析。样品检测采用的是石墨炉原子吸收光谱法和示波极谱法。在 GB 5009.123—2014 标准中删除了操作烦琐,重复性差的示波极谱法(见表 1-18)。电感耦合等离子体质谱法和电感耦合等离子体原子发射光谱法(Inductively Coupled Plasma-Atomic Emission Spectrometry,ICP-AES)可同时进行多元素分析,灵敏度高,线性范围宽,而且前处理简单,检测速度快,因而近些年来也在一些食品类别的铬元素检测中作为推荐方法出现。例如,在 2018 年由国家质量监督检疫总局和国家标准化管理委员会联合发布的 GB/T 35876—2018《粮油检验 谷物及其制品中钠、镁、钾、钙、铬、锰、铁、铜、锌、砷、硒、镉和铅的测定 电感耦合等离子体质谱法》和 GB/T 35871—2018《粮油检验 谷物及其制品中钙、钾、镁、钠、铁、磷、锌、铜、锰、硼、钡、钼、钴、铬、锂、锶、镍、硫、钒、硒、铷含量的测定 电感耦合等离子体发射光谱法》。由国家质量监督检验检疫总局在 2008 年发布的推荐方法 SN/T2208—2008《水产品中钠、镁、铝、钙、铬、铁、镍、铜、锌、砷、锶、钼、镉、铅、汞、硒的测定 微波消解-电感耦合等离子体-质谱法》。

由于与三价铬(Cr^{3+})相比,六价铬(Cr^{6+})的毒性要强得多。因而,目前在一些食品类别和特殊行业中,也有六价铬的测定方法或限量标准发布。例如,由国家工业和信息化部在 2018 年发布的 QB/T 5291—2018《化妆品中六价铬含量的测定》、国家质量监督检验检疫总局在 2008 年发布的 SN/T 2210—2008《保健食品中六价铬的测定 离子色谱-电感耦合等离子体质谱法》和国家市场监督管理总局、国家标准化管理委员会在 2019 年发布的 GB/T 38295—2019《塑料材料中铅、镉、六价铬、汞限量》(见表 1-19)。

表 1-16　GB 2762—2005《食品中污染物限量》中铬限量要求

序　　号	食品类别	限量(MLs)/(mg/kg)
1	粮食	1.0
2	豆类	1.0
3	薯类	0.5
4	蔬菜	0.5

续表

序　　号	食品类别	限量(MLs)/(mg/kg)
5	水果	0.5
6	肉类(包括肝、肾)	1.0
7	鱼贝类	2.0
8	蛋类	1.0
9	鲜乳	0.3
10	乳粉	2.0

表 1-17　GB 2762—2012 和 GB 2762—2017 中铬限量要求

序号	食品类别	名　　称	限量(以 Cr 计)/(mg/kg)	
			2012 年	2017 年
1	谷物及其制品	谷物	1.0	1.0
		谷物碾磨加工品	1.0	1.0
2	豆类及其制品	—	1.0	1.0
3	肉及肉制品	—	1.0	1.0
4	水产动物及其制品	—	2.0	2.0
5	乳及其制品	生乳、巴氏杀菌乳、灭菌乳、调制乳、发酵乳	0.3	0.3
		乳粉	2.0	2.0
6	蔬菜及其制品	新鲜蔬菜	0.5	0.5

表 1-18　GB/T 5009.123—2003 和 GB 5009.123—2014 中铬测定方法比较

项　　目	2003 年	2014 年
样品前处理	干式消解法(石墨炉原子吸收光谱法)	干法灰化法
	高压消解罐消解法(石墨炉原子吸收光谱法)	高压消解法
	硫酸-过氧化氢处理后示波极谱法	湿法消解法
	—	微波消解法
样品检测	石墨炉原子吸收光谱法	石墨炉原子吸收光谱法
	示波极谱法	—

表 1-19　食品等行业部分六价铬的测定方法和限量要求标准

发布单位	产品名称	测定方法	限量要求/(mg/kg)	来源标准
中华人民共和国海关总署	保健食品、谷物、蔬菜、肉类、水产品、糖果等出口食品	高效液相色谱-电感耦合等离子体质谱法(试样中的铬酸根离子(CrO_4^{2-})采用 pH7.9～8.1 的磷酸氢二钾缓冲溶液(0.1 mol/L)提取,经高速离心后,过 0.45 μm 滤膜,供高效液相色谱-电感耦合等离子体质谱测定,外标法定量)	—	SN/T 2210—2021《出口食品中六价铬的测定》
		离子色谱柱后衍生法(试样中的铬酸根离子(CrO_4^{2-})采用 pH7.9～8.1 的磷酸氢二钾缓冲溶液(0.1 mol/L)提取。提取液经高速离心后,过 0.45 μm 滤膜,通过离子色谱将干扰物分离,与衍生试剂(二苯基碳酰二肼)混合,利用铬酸根的强氧化性,在酸性环境下氧化二苯基碳酰二肼,并且络合成紫红色的络合物,于 540nm 处测定吸光度,外标法定量)		
国家质量监督检验检疫总局	降糖奶粉、营养冲剂和饮品等保健食品	离子色谱-电感耦合等离子体质谱法(试样中的六价铬采用氢氧化钠和碳酸钠碱性溶液提取,提取液采用离子色谱-电感耦合等离子体质谱法测定,外标法定量)	—	SN/T 2210—2008《保健食品中六价铬的测定 离子色谱-电感耦合等离子体质谱法》
工业和信息化部	化妆品	二苯碳酰二肼分光光度法(样品采用碱性提取液提取后,提取液中的六价铬在酸性溶液中与二苯碳酰二肼反应生成紫红色络合物,在 540 nm 波长处进行分光光度法测定)	—	QB/T 5291—2018《化妆品中六价铬含量的测定》
		离子色谱-电感耦合等离子体质谱法(样品采用碱性提取液提取后,提取液采用离子色谱-电感耦合等离子体质谱法测定,外标法进行定量)		

发布单位	产品名称	测定方法	限量要求/(mg/kg)	来源标准
国家市场监督管理总局、国家标准化管理委员会	本标准适用于各类塑料材料、母粒及其制品,包括婴幼儿用品、食品接触材料、电子电气、汽车、家具用品、一般塑料用品等	婴幼儿用品塑料材料	100	GB/T 38295—2019《塑料材料中铅、镉、六价铬、汞限量》
		食品及医用接触塑料材料	100	
		电子电气、汽车、家具用品塑料材料和一般塑料用品	1000	
国家市场监督管理总局、国家标准化管理委员会	各类塑料原料及制品	二苯碳酰二肼分光光度法(将样品粉碎,称取一定量样品粉末,采用搅拌浸提或微波萃取法,使用碱性浸提液将试样中六价铬化合物浸提出来,浸出液中的六价铬在酸性溶液中与二苯碳酰二肼反应生成紫红色络合物,在540 nm波长处采用紫外-可见分光光度计进行定量)	—	GB/T 38287—2019《塑料材料中六价铬含量的测定》
		高效液相色谱-电感耦合等离子体质谱法(将样品粉碎,称取一定量样品粉末,采用搅拌浸提或微波萃取法,使用碱性浸提液将试样中六价铬化合物浸提出来,浸出液经中和过滤,然后采用液相色谱-电感耦合等离子质谱仪进行测定,外标法进行定量)		
国家质量监督检验检疫总局、国家标准化管理委员会	纺织材料及其产品	二苯碳酰二肼分光光度法(将试样用酸性溶液进行萃取,萃取液中的六价铬在酸性溶液中与二苯碳酰二肼反应生成紫红色络合物,在540 nm波长处用紫外-可见分光光度计进行测定)	—	GB/T 17593.3—2006《纺织品 重金属的测定 第3部分:六价铬 分光光度法》

6.镍(Ni)

目前,对食品中镍的限量指标规定较少。卫生部在 2012 年出版的 GB 2762—2012《食品安全国家标准 食品中污染物限量》和国家卫生和计划生育委员会、国家食品药品监督管理总局在 2017 年联合发布的 GB 2762—2017《食品安全国家标准 食品中污染物限量》强制性国家标准中仅对"氢化植物油及氢化植物油为主的产品"有限量要求,其限量指标均为1.0 mg/kg。检测标准为由国家卫生和计划生育委员会、国家食品药品监督管理总局在2017 年联合发布的 GB 5009.138—2017《食品安全国家标准 食品中镍的测定》。在5009.138—2017 标准中,采用的样品前处理方法为无机分析中常用的干法灰化、湿法消解、压力罐消解和密闭微波消解法,检测方法为石墨炉原子吸收光谱法。

7.锡(Sn)

国家卫生部在 2012 年发布的 GB 2762—2012《食品安全国家标准 食品中污染物限量》和国家卫生和计划生育委员会、国家食品药品监督管理总局在 2017 年联合发布的GB 2762—2017《食品安全国家标准 食品中污染物限量》强制性国家标准中,对食品中锡的限量规定为 50～250 mg/kg(见表 1-20)。锡的测定采用的是国家卫生和计划生育委员会在 2015 年发布的 GB 5009.16—2014《食品安全国家标准 食品中锡的测定》。该标准于1985 年首次发布,并于 1996 年和 2003 年进行了两次修订。在 2003 年和 2014 年的标准中,采用的是氢化物原子荧光光谱法或苯芴酮比色法进行检测,样品前处理均采用的是硫酸-硝酸-高氯酸消化法。目前,也有采用原子吸收光谱法或电感耦合等离子体质谱法检测锡的推荐性标准发布。例如,由国家质量监督检验检疫总局在 2011 年发布的 SN/T 0856—2011《进出口罐头食品中锡的检测方法》。对于有机锡化合物的检测,近年来也有一些标准发布,如国家卫生和计划生育委员会在 2016 年发布的 GB 5009.215—2016《食品安全国家标准 食品中有机锡的测定》强制性国家标准和由国家质量监督检验检疫总局在 2012 年发布的 SN/T 3149—2012《出口食品中三苯锡、苯丁锡残留量检测方法 气相色谱-质谱法》推荐性标准(见表 1-21)。

表 1-20　GB 2762—2012 和 GB 2762—2017 中锡限量要求

序　号	食品类别(名称)	限量(以 Sn 计)/(mg/kg)	
		2012 年	2017 年
1	食品(饮料类、婴幼儿配方食品、婴幼儿辅助食品除外)	250	250
2	饮料类	150	150
3	婴幼儿配方食品、婴幼儿辅助食品	50	50

表 1-21　食品等行业部分有机锡测定标准

发布单位	适用范围	测定方法	来源标准
国家质量监督检验检疫总局	苹果、柑橘、萝卜、板栗、猪肉、猪肝、贝肉、大米、茶叶和蜂蜜等出口食品中三环锡（三唑锡）和苯丁锡的含量测定	气相色谱-质谱法（试样经盐酸-四氢呋喃消解后，其中残留的三环锡和苯丁锡用正己烷进行提取，提取液经浓缩后与乙基溴化镁进行衍生化反应。衍生物以弗罗里硅土柱固相萃取净化，洗脱液浓缩定容后采用气相色谱-质谱法测定和确证，外标法定量）	SN/T 4558—2016《出口食品中三环锡（三唑锡）和苯丁锡含量的测定》
		气相色谱法（试样经盐酸-四氢呋喃消解，正己烷进行提取及浓缩后与乙基溴化镁进行衍生化反应。衍生物以弗罗里硅土柱固相萃取净化，洗脱液浓缩定容后采用气相色谱法测定，火焰光度检测器进行检测（FPD），外标法定量）	
国家质量监督检验检疫总局	出口苹果、白菜、大葱、大豆、鱼肉、猪肉、猪肾、牛奶、大米、茶叶和鸡蛋中三苯锡和苯丁锡的残留量测定	离子色谱-电感耦合等离子体质谱法（试样中残留的三苯锡和苯丁锡在酸性条件下用丙酮提取，正己烷液-液分配，再与乙基溴化镁进行衍生化反应，生成三苯基乙基锡和三(2-甲基-2-苯基丙基)乙基锡，再用弗罗里硅土固相萃取净化，洗脱液浓缩和定容后，采用气相色谱-质谱法测定和确证，外标法定量）	SN/T 3149—2012《出口食品中三苯锡、苯丁锡残留量检测方法 气相色谱-质谱法》
国家质量监督检验检疫总局	塑料食品接触材料中二丁基二氯化锡、三丁基氯化锡、二辛基二氯化锡和三苯基氯化锡含量的测定	试样以正己烷提取后，试液在 pH＝4.5±0.1 的酸度下，以四乙基硼化钠为衍生化试剂进行衍生化，然后采用气相色谱-质谱法进行测定，外标法定量	SN/T 3938—2014《食品接触材料 高分子材料有机锡的测定 气相色谱-质谱法》
国家质量监督检验检疫总局	出口葡萄酒中一丁基锡、二丁基锡和三丁基锡含量的测定	液-液萃取法（葡萄酒样品中的丁基锡化合物在乙酸-乙酸钠缓冲液中进行乙基化衍生，经二氯甲烷溶液分配萃取后，用弗罗里硅土柱固相萃取净化，正己烷洗脱，浓缩后进行气相色谱-质谱/质谱分离和检测，内标法定量）	SN/T 4675.17—2016《出口葡萄酒中丁基锡含量的测定 气相色谱-质谱/质谱法》
		固相微萃取法（葡萄酒样品中的丁基锡化合物在乙酸-乙酸钠缓冲液中进行乙基化衍生，同时在磁力搅拌条件下进行顶空固相微萃取，完成后萃取纤维直接插入气相色谱-质谱/质谱仪进样口进行解析、分离和检测，内标法定量）	

续表

发布单位	适用范围	测定方法	来源标准
中华人民共和国海关总署	适用于能溶于四氢呋喃并仅含有硫代甘醇酸异辛酯二正辛基锡的塑料及其制品中硫代甘醇酸异辛酯二正辛基锡的测定	试样用四氢呋喃溶剂溶解后，加入一定量的甲醇进行沉淀，离心分离，洗涤后合并清液，旋转蒸发后定容，取提取液，调节 pH 值＝4.0±0.1），加入四乙基硼化钠溶液进行衍生化反应，用正己烷提取反应物，气相色谱-质谱联用仪进行测定，外标法定量	SN/T 5257—2019《塑料及其制品中硫代甘醇酸异辛酯二正辛基锡的测定 气相色谱-质谱法》
中华人民共和国农业农村部	适用于水果、蔬菜、茶叶、坚果和谷物等植物源食品中三环锡、三苯基氢氧化锡和苯丁锡 3 种有机锡农药残留量的测定	试样用乙腈（含 0.2％甲酸）提取，四乙基硼化钠衍生，经弗罗里硅土柱固相萃取净化后用气相色谱-三重四极杆质谱联用仪检测和确证，外标法定量	NY/T 3565—2020《植物源食品中有机锡残留量的检测方法 气相色谱-质谱法》

8.锑（Sb）

国家质量监督检验检疫总局、国家标准化管理委员会在 2005 年联合发布的 GB 19778—2005《包装玻璃容器 铅、镉、砷、锑溶出允许限量》强制性国家标准中规定"盛装酒、饮料、饮用水等直接进入人体的物料的扁平容器、小玻璃容器、大容器和贮存罐"的锑溶出允许限量分别为 0.7 mg/dm^2、1.2 mg/L、0.7 mg/L 和 0.5 mg/L；在 2009 年发布的 GB 24613—2009《玩具用涂料中有害物质限量》强制性国家标准中，规定锑的允许限量为 60 mg/kg，均比较严格。

对于锑的检测，国家卫生和计划生育委员会、国家食品药品监督管理总局在 2016 年发布的 GB 5009.137—2016《食品安全国家标准 食品中锑的测定》采取的是试样消解后，经硼氢化钠或硼氢化钾还原，生成挥发性的锑化氢，然后采用原子荧光光谱法进行检测。也有一些采用电感耦合等离子体质谱法或电感耦合等离子体原子发射光谱法进行测定的标准发布。例如，国家质量监督检验检疫总局和国家标准化管理委员会在 2018 年联合发布的 GB/T 35828—2018《化妆品中铬、砷、镉、锑、铅的测定 电感耦合等离子体质谱法》，在 2016 年发布的 GB/T 33307—2016《化妆品中镍、锑、碲含量的测定 电感耦合等离子体发射光谱法》采取的就是试样经消解后采用电感耦合等离子体质谱法和电感耦合等离子体发射光谱法进行测定（见表 1-22）。如果要测定锑的形态，则需与色谱法联用，在线分离后进行检测。国家质量监督检验检疫总局在 2014 年发布的 SN/T 3825—2014《化妆品及其原料中三价锑、五价锑的测定》标准中采用的方法为：试样中的三价锑和五价锑经柠檬酸-柠檬酸钠缓冲液提取，阴离子交换色谱柱分离后，再采用氢化物发生原子荧光光谱法进行检测。

表 1-22　食品等行业发布的部分锑测定标准

发布单位	适用范围	测定方法	来源标准
国家卫生和计划生育委员会、国家食品药品监督管理总局	食品中锑的测定	氢化物原子荧光光谱法(试样经酸加热消解后,在酸性介质中,试样中的锑与硼氢化钠或硼氢化钾反应生成挥发性的锑氢化物,以氩气为载气,将锑氢化物导入电热石英原子化器中原子化,在锑空心阴极灯照射下,基态锑原子被激发至高能态,再由高能态回到基态时,发射出特征波长的荧光,其荧光强度与锑含量成正比,与标准系列比较进行定量)	GB 5009.137—2016《食品安全国家标准 食品中锑的测定》
国家质量监督检验检疫总局	进口食品级润滑油(脂)中锑、砷、镉、铅、汞、硒元素的测定	试样经密闭微波消解后引入电感耦合等离子体质谱仪进行检测	SN/T 4759—2017《进口食品级润滑油(脂)中锑、砷、镉、铅、汞、硒元素的测定方法 电感耦合等离子体质谱(ICP-MS)法》
国家质量监督检验检疫总局、国家标准化管理委员会	化妆品中镍、锑、碲含量的测定	试样经密闭微波消解后引入电感耦合等离子体原子发射光谱仪进行检测	GB/T 33307—2016《化妆品中镍、锑、碲含量的测定 电感耦合等离子体发射光谱法》
国家市场监督管理总局、国家标准化管理委员会	肥料中总镍、总钴、总硒、总钒、总锑、总铊的含量测定	试样用王水进行消解,使试样中的镍、钴、硒、钒、钡和锑形成可溶性盐,然后采用电感耦合等离子体原子发射光谱法进行检测。对铊的检测,试样用王水消解后,还需采用甲基异丁基甲酮进行萃取,蒸发,残渣用硝酸消解,然后再采用电感耦合等离子体原子发射光谱仪进行测定	GB/T 39356—2020《肥料中总镍、总钴、总硒、总钒、总锑、总铊含量的测定 电感耦合等离子体发射光谱法》
国家质量监督检验检疫总局	香水、化妆水、乳液、粉底、按摩棉和滑石粉中三价锑、五价锑的测定	液相色谱-氢化物原子荧光光谱联用法(试样中的三价锑和五价锑经柠檬酸-柠檬酸钠缓冲液提取,通过阴离子交换色谱柱分离并经碘化钾在线还原,得到的目标化合物在酸性条件下与硼氢化钾反应,生成锑化氢,然后采用液相色谱-原子荧光光谱联用仪进行测定)	SN/T 3825—2014《化妆品及其原料中三价锑、五价锑的测定》

发布单位	适用范围	测定方法	来源标准
国家质量监督检验检疫总局、国家标准化管理委员会	面霜、润肤乳、唇彩、唇膏、眼线液、粉底液、香水、指甲油、沐浴液和洗发露等化妆品中铬、砷、镉、锑、铅的含量测定	试样经湿法或微波消解后引入电感耦合等离子体质谱仪进行检测	GB/T 35828—2018《化妆品中铬、砷、镉、锑、铅的测定 电感耦合等离子体质谱法》

9.锌(Zn)

对于作为食品添加剂、食品营养强化剂和饲料添加剂使用的葡萄糖酸锌、氯化锌和硫酸锌等都制定了相应的强制或推荐性国家标准。例如,国家卫生部在 2010 年发布的 GB 8820—2010《食品安全国家标准 食品添加剂葡萄糖酸锌》,国家卫生健康委员会、国家市场监督管理总局在 2018 年发布的 GB 1903.34—2018《食品安全国家标准 食品营养强化剂 氯化锌》和国家质量监督检验检疫总局、国家标准化管理委员会在 2011 年发布的 GB/T 25865—2010《饲料添加剂 硫酸锌》等。对于食品中锌的限量卫生指标,国家卫生部在 1991 年发布的 GB 13106—1991《食品中锌限量卫生标准》中就对粮食、蔬菜、水果和饮料等 10 个食品类别中的锌限量卫生指标做了详细规定。农业部在 2005 年发布的 NY 861—2004《粮食(含谷物、豆类、薯类)及制品中铅、镉、铬、汞、硒、砷、铜、锌等八种元素限量》和 NY 929—2005《饲料中锌的允许量》两个标准中,也对锌在食品和饲料中的限量要求进行了规定(见表 1-23)。

对于锌的检测,国家卫生和计划生育委员会、国家食品药品监督管理总局在 2017 年发布的 GB 5009.14—2017《食品安全国家标准 食品中锌的测定》中采取的方法是:试样经适当的干法或湿法消解后,采用火焰原子吸收光谱、电感耦合等离子体原子发射光谱或电感耦合等离子体质谱法进行检测;或者是试样经消解后,在 pH4.0~5.5 时,锌离子与二硫腙形成紫红色络合物,溶于四氯化碳,加入硫代硫酸钠,防止铜、汞、铅、铋、银和镉等离子干扰,然后采用分光光度计,在 530 nm 波长处测定吸光度,与标准系列比较进行定量(见表 1-24)。中华人民共和国农业农村部在 2018 年发布的 NY/T 3318—2018《饲料中钙、钠、磷、镁、钾、铁、锌、铜、锰、钴和钼的测定 原子发射光谱法》标准中采用的测定方法为:试样经适当方法消解后,采用电感耦合等离子体原子发射光谱或微波诱导等离子体原子发射光谱法进行检测。除了上述传统的消解-仪器检测法,也有一些标准采用溶出伏安法或 X 射线荧光光谱法测定锌。例如,海关总署在 2019 年发布的 SN/T 5104—2019《国境口岸饮用水中重金属(锌、镉、铅、铜、汞、砷)阳极溶出伏安检测方法》采用的是阳极溶出伏安法测定国境口岸饮用水中的锌、镉等元素。吉林省质量技术监督局在 2013 年发布的 DB22/T1994—2013《饲料中铜、铁、锰、锌的测定 X 射线荧光光谱法》采用的是 X 射线荧光光谱法测定预混合饲料中的锌、铜、铁和锰。对于水中锌同位素丰度比的测定,国家质量监督检验检疫总局和国家标准化管理委员会在 2014 年也发布了推荐性国家标准(GB/T 31231—2014《水中锌、铅同位素丰度比的测定 多接收电感耦合等离子体质谱法》),测定采用的是价格昂贵的多接收电感耦合等离子体质谱仪(见表 1-24)。

表 1-23　中华人民共和国农业部发布的锌限量标准

类　别	名　称	限量（MLs,以 Zn 计）/(mg/kg)	来源标准
粮食及其制品	谷物及制品	50	NY 861—2004《粮食（含谷物、豆类、薯类）及制品中铅、镉、铬、汞、硒、砷、铜、锌等八种元素限量》
	豆类及制品	100	
	鲜薯类(甘薯、马铃薯)	15	
	薯类制品	50	
猪配合饲料	仔猪	250	NY 929—2005《饲料中锌的允许量》
	生长肥育猪	250	
	种母猪	250	
	种公猪	250	
家禽配合饲料	肉用鸡	250	
	蛋用鸡	250	
	肉用鸭	250	
	蛋用鸭	250	
	鹅	250	
反刍动物配合饲料	奶牛	250	
	肉牛	250	
	绵羊	250	
	肉羊	250	

注:仔猪断奶的前 2 周配合饲料中氧化锌形式锌的允许添加量为≤3000 mg/kg。

表 1-24　食品等行业发布的部分锌测定标准

发布单位	适用范围	测定方法	来源标准
国家卫生和计划生育委员会、国家食品药品监督管理总局	各类食品中锌含量的测定	试样经适当的干法或湿法消解后,采用火焰原子吸收光谱、电感耦合等离子体原子发射光谱或电感耦合等离子体质谱法进行检测	GB 5009.14—2017《食品安全国家标准 食品中锌的测定》
		试样经消解后,在 pH4.0～5.5 时,锌离子与二硫腙形成紫红色络合物,溶于四氯化碳,加入硫代硫酸钠,防止铜、汞、铅、铋、银和镉等离子干扰,然后在 530 nm 波长处测定吸光度,与标准系列比较进行定量	

发布单位	适用范围	测定方法	来源标准
国家质量监督检验检疫总局、国家标准化管理委员会	饲料中钙、铜、铁、镁、锰、钾、钠和锌含量的测定	试样经干法灰化后,用盐酸溶解残渣,然后采用火焰原子吸收光谱法进行测定	GB/T 13885—2017《饲料中钙、铜、铁、镁、锰、钾、钠和锌含量的测定 原子吸收光谱法》
国家质量监督检验检疫总局、国家标准化管理委员会	茶叶中铁、锰、铜、锌、钙、镁、钾、钠、磷、硫的测定	试样经微波或湿法消解后,采用电感耦合等离子体原子发射光谱法进行检测	GB/T 30376—2013《茶叶中铁、锰、铜、锌、钙、镁、钾、钠、磷、硫的测定-电感耦合等离子体原子发射光谱法》
国家质量监督检验检疫总局	适用于锌的质量分数为 0.05% 以上的生胶、混炼胶及硫化橡胶中锌的测定	试样在 550 ℃±25 ℃下进行灰化。将灰分溶解于盐酸溶液中,以锌空心阴极灯做发射光源,用原子吸收光谱仪,在波长 213.8 nm 处进行测定(如含有硅化合物应采用硫酸和氢氟酸除硅)	GB/T 4500—2003《橡胶中锌含量的测定 原子吸收光谱法》
中华人民共和国农业农村部	饲料中钙、钠、磷、镁、钾、铁、锌、铜、锰、钴和钼的含量测定	试样经干灰化、酸提取或微波消解后,将待测液引入电感耦合等离子体原子发射光谱仪或微波诱导等离子体原子发射光谱仪进行测定	NY/T 3318—2018《饲料中钙、钠、磷、镁、钾、铁、锌、铜、锰、钴和钼的测定 原子发射光谱法》
国家质量监督检验检疫总局	出口葡萄酒中钠、镁、钾、钙、铬、锰、铁、铜、锌、砷、硒、银、镉、铅的含量测定	试样采用适当的方法消解后,将待测液引入电感耦合等离子体原子发射光谱仪或电感耦合等离子体质谱仪进行测定	SN/T 4675.19—2016《出口葡萄酒中钠、镁、钾、钙、铬、锰、铁、铜、锌、砷、硒、银、镉、铅的测定》
中华人民共和国海关总署	国境口岸饮用水中锌、镉、铅、铜、汞和砷的测定	在一定的电位下,使待测金属离子部分地还原成金属并溶入微电极或析出于电极表面,然后向电极施加反向电压,使微电极上的金属氧化而产生氧化电流,根据氧化过程的电流-电压曲线进行分析	SN/T 5104—2019《国境口岸饮用水中重金属(锌、镉、铅、铜、汞、砷)阳极溶出伏安检测方法》

发布单位	适用范围	测定方法	来源标准
中华人民共和国工业和信息化部	牙膏和漱口水中酸可溶性锌的测定	采用硝酸消解不含有氧化锌和二氧化硅的试样,采用氢氟酸(添加氟化钠原位生成)消解含有氧化锌和二氧化硅的试样,将试样中的酸可溶性锌化合物全部转入试液,并稀释至适合的浓度范围,然后导入原子分光光度计进行测定	QB/T 5406—2019《口腔清洁护理用品 牙膏和漱口水中酸可溶性锌的检测 原子吸收分光光度法》
国家卫生和计划生育委员会	工作场所空气中气溶胶态锌及其化合物(包括氧化锌和氯化锌等)浓度的检测	空气中气溶胶态锌及其化合物(包括氧化锌和氯化锌等)用微孔滤膜采集,酸消解后,用乙炔-空气火焰原子吸收分光光度计在 213.8 nm 波长下测量吸光度,与标准系列比较进行定量	GBZ/T 300.31—2017《工作场所空气有毒物质测定 第 31 部分:锌及其化合物》
吉林省质量技术监督局	预混合饲料中铜、铁、锰和锌的含量测定	试样制成特定细度的粉末,在特定的条件下加压成型,使用 X 射线荧光光谱仪进行测定,并采用标准曲线法计算元素含量	DB22/T 1994—2013《饲料中铜、铁、锰、锌的测定 X 射线荧光光谱法》
国家质量监督检验检疫总局、国家标准化管理委员会	水中锌、铅同位素丰度比的测定	采用多接收电感耦合等离子体质谱仪,水溶液进样,样品在等离子体中电离后,通过磁场分离,同时测定 ^{64}Zn、^{66}Zn、^{67}Zn、^{68}Zn 和 ^{70}Zn 5 个锌位素的离子流强度,计算得到同位素丰度比值,仪器采用锌同位素丰度比标准物质校准,对样品中锌同位素丰度比进行精密测量	GB/T 31231—2014《水中锌、铅同位素丰度比的测定 多接收电感耦合等离子体质谱法》
广东省农业标准化协会	水稻中铬、镍、铜、锌、砷、镉、汞、铅含量的测定	称取样品 0.5 g 于聚四氟乙烯消解管中,加入 100 μL 汞稳定剂,8 mL 硝酸+高氯酸混合溶液,加盖放入石墨消解仪,温度设置 10 分钟升温至 120 ℃,保持 30 min;10 min 升温至 180 ℃,保持 20 min;10 min 升温至 210 ℃,保持 90 min;开盖沿管内壁加入 5 mL 超纯水,加盖 210 ℃继续焖煮 10 min。取下冷却,用超纯水定容至 25 mL,混匀后采用电感耦合等离子体质谱仪进行测定	T/GDNB 48—2021《水稻中铬、镍、铜、锌、砷、镉、汞、铅的测定 微敞开石墨消解-电感耦合等离子体质谱法》
国家质量监督检验检疫总局、国家标准化管理委员会	肥料中铜、铁、锰、锌、硼、钼的含量测定	将试样经适当的方法消解后,采用电感耦合等离子体原子发射光谱仪进行检测	GB/T 34764—2017 肥料中铜、铁、锰、锌、硼、钼含量的测定 等离子体发射光谱法

二、食品接触材料与添加剂

1.食品接触材料及制品

对于与食品接触用的金属、橡胶、塑料、玻璃、涂料、纸和纸板等材料及其制品中有害元素的质量控制,国家卫生和计划生育委员会、国家质量监督检验检疫总局等部门也有详细规定(见表 1-25 和表 1-26)。在表 1-25 和表 1-26 中,对与食品接触用的材料及其制品中砷、镉、铅、铬、镍、锑和锌等元素的含量限制大多规定的是迁移量或溶出限量。例如,与食品接触用的金属材料及制品中砷、镉和铅等元素迁移量的测定,用于盛装酒、饮料、饮用水等直接进入人体的物料的各种包装玻璃容器中铅、镉、砷、锑溶出量的测定等。也有一些标准中规定的是与食品接触用的材料或制品中有害元素的含量限量,如 GB 4806.8—2016《食品安全国家标准 食品接触用纸和纸板材料及制品》中对纸和纸板材料及制品中铅、砷的限量规定。在表 1-25 和表 1-26 中规定的砷、镉、铅、铬等 8 种元素中,对镉元素的要求很严格。与食品接触用的金属材料及制品中镉的迁移物限量为 0.02 mg/kg,与食品接触用的玻璃制品(贮存罐)的迁移量指标为 0.25 mg/L,出口到欧盟的纸和纸板的要求更高,其水提取物中镉的限量要求为 0.002 mg/dm²。铬、锌两种元素的限量要求相对较低。在 GB 4806.9—2016《食品安全国家标准 食品接触用金属材料及制品》强制性国家标准中,与食品接触的不锈钢材料及制品中的铬的迁移量限量为 2.0 mg/kg。在 GB 4806.2—2015《食品安全国家标准 奶嘴》标准中锌的迁移量限量为 5 mg/kg,数值都比较高。这或许是由于锌的毒性较弱,三价铬(Cr^{3+})在低浓度时几乎没有毒性,而且还是人体必需的微量元素,不锈钢中通常也含有少量的铬。

目前,对于与食品接触的材料及制品中铅、镉、砷、镍、铬和锑等元素的含量检测,迁移或溶出量的测定,采用的测定方法主要是石墨炉原子吸收光谱法、电感耦合等离子体质谱法和电感耦合等离子体原子发射光谱法等专属性强、检出限低、灵敏度高的仪器分析法(见表 1-27)。例如,在国家卫生和计划生育委员会发布的 GB 31604.46—2016《食品安全国家标准 食品接触材料及制品 砷、镉、铬、铅的测定和砷、镉、铬、镍、铅、锑、锌迁移量的测定》、GB 31604.24—2016《食品安全国家标准 食品接触材料及制品 镉迁移量的测定》、GB 31604.41—2016《食品安全国家标准 食品接触材料及制品 锑迁移量的测定》和 GB 31604.33—2016《食品安全国家标准 食品接触材料及制品 镍迁移量的测定》标准方法中,采用的分析方法除了传统的比色法外,还有原子荧光光谱法、石墨炉原子吸收光谱法、电感耦合等离子体质谱法和电感耦合等离子体原子发射光谱法等新型仪器分析法。对于一些项目中重金属总量的测定,有的标准采用的还是传统的直接比色法。例如,国家卫生和计划生育委员会在 2016 年发布的 GB 31604.9—2016《食品接触材料及制品 食品模拟物中重金属的测定》强制性国家标准中对"与食品接触材料及制品"和"与食品接触橡胶制品"在食品模拟物(4%乙酸)中的重金属总量测定,采用的就是在酸性溶液中硫化钠直接比色法和在柠檬酸铵、氨水和氰化钾溶液存在下的掩蔽干扰比色法。

表 1-25　食品接触用金属、橡胶、塑料等材料及制品中有害元素的限量要求

发布单位	产品名称	污染物名称	限量要求/(mg/kg)	来源标准
国家卫生和计划生育委员会	不锈钢的迁移物	砷	0.04	GB 4806.9—2016《食品安全国家标准 食品接触用金属材料及制品》
		镉	0.02	
		铅	0.05	
		铬	2.0	
		镍	0.5	
	其他金属材料及制品的迁移物	砷	0.04	
		镉	0.02	
		铅	0.2	
国家卫生和计划生育委员会	以天然橡胶、合成橡胶（包括经硫化的热塑性弹性体）和硅橡胶为主要原料制成的食品接触材料及制品	重金属总量	1(以 Pb 计)	GB 4806.11—2016《食品安全国家标准 食品接触用橡胶材料及制品》
国家卫生和计划生育委员会	食品接触用塑料材料及制品，包括未经硫化的热塑性弹性体材料及制品	重金属总量	1(以 Pb 计)	GB 4806.7—2016《食品安全国家标准 食品接触用塑料材料及制品》
国家卫生和计划生育委员会	食品接触用纸和纸板材料及制品	铅	3.0	GB 4806.8—2016《食品安全国家标准 食品接触用纸和纸板材料及制品》
		砷	1.0	
国家质量监督检验检疫总局	进口食品接触材料——纸、再生纤维素薄膜类材料	铅	5.0(以 Pb 计)	SN/T 2275—2009《食品接触材料检验规程 纸、再生纤维素薄膜材料类》
		砷	1.0(以 As 计)	
	出口食品接触材料——纸和纸板(欧盟)	镉	0.002 mg/dm²	
		铅	0.003 mg/dm²	
		汞	0.002 mg/dm²	
国家卫生和计划生育委员会	与食品接触用涂料及涂层	重金属总量	1(以 Pb 计)	GB 4806.10—2016《食品安全国家标准 食品接触用涂料及涂层》
国家卫生和计划生育委员会	以天然橡胶、顺式-1,4-聚异戊二烯橡胶、硅橡胶为主要原料加工制成的奶嘴(不适用于安抚奶嘴)	重金属迁移总量	1(以 Pb 计)	GB 4806.2—2015《食品安全国家标准 奶嘴》
		锌迁移量	5	

表 1-26　食品接触用搪瓷、陶瓷和玻璃制品中有害元素的限量要求

发布单位	产品名称		污染物名称	限量要求/(mg/L)	来源标准
国家卫生和计划生育委员会	食品接触用搪瓷制品	非烹饪用扁平制品	铅	0.8 mg/dm²	GB 4806.3—2016《食品安全国家标准 搪瓷制品》
			镉	0.07 mg/dm²	
		非烹饪用空心制品(<3 L)	铅	0.8	
			镉	0.07	
		烹饪用扁平制品	铅	0.1 mg/dm²	
			镉	0.05 mg/dm²	
		烹饪用空心制品(<3 L)	铅	0.4	
			镉	0.07	
		贮存罐	铅	0.1	
			镉	0.05	
国家卫生和计划生育委员会	食品接触用搪瓷制品	扁平制品	铅	0.8 mg/dm²	GB 4806.4—2016《食品安全国家标准 陶瓷制品》
			镉	0.07 mg/dm²	
		贮存罐	铅	0.5	
			镉	0.25	
		大空心制品	铅	1.0	
			镉	0.25	
		小空心制品(杯类除外)	铅	2.0	
			镉	0.30	
		杯类	铅	0.5	
			镉	0.25	
		烹饪器皿	铅	3.0	
			镉	0.3	
国家卫生和计划生育委员会	食品接触用玻璃制品	扁平制品	铅	0.8 mg/dm²	GB 4806.5—2016《食品安全国家标准 玻璃制品》
			镉	0.07 mg/dm²	
		贮存罐	铅	0.5	
			镉	0.25	
		大空心制品	铅	0.75	
			镉	0.25	
		小空心制品	铅	1.5	
			镉	0.5	

发布单位	产品名称		污染物名称	限量要求/(mg/L)	来源标准
国家卫生和计划生育委员会	食品接触用玻璃制品	烹饪器皿	铅	0.5	GB 4806.5—2016《食品安全国家标准 玻璃制品》
			镉	0.05	
		口缘要求	铅	4.0	
			镉	0.4	
国家质量监督检验检疫总局、国家标准化管理委员会	盛装酒、饮料、饮用水等直接进入人体的物料的各种包装玻璃容器	扁平容器	铅	0.8 mg/dm²	GB 19778—2005《包装玻璃容器铅、镉、砷、锑溶出允许限量》
			镉	0.07 mg/dm²	
			砷	0.07 mg/dm²	
			锑	0.7 mg/dm²	
		小容器	铅	1.5	
			镉	0.5	
			砷	0.2	
			锑	1.2	
		大容器	铅	0.75	
			镉	0.25	
			砷	0.2	
			锑	0.7	
		贮存罐	铅	0.5	
			镉	0.25	
			砷	0.15	
			锑	0.5	

表 1-27　食品接触用材料及制品中有害元素的测定方法

发布单位	污染物名称	适用范围	测定方法	来源标准
国家卫生和计划生育委员会	镉	食品接触材料及制品在食品模拟物中浸泡后的迁移量测定	石墨炉原子吸收光谱法	GB 31604.24—2016《食品安全国家标准 食品接触材料及制品镉迁移量的测定》
			电感耦合等离子体质谱法	
			电感耦合等离子体发射光谱法	
			火焰原子吸收光谱法	

续表

发布单位	污染物名称	适用范围	测定方法	来源标准
国家卫生和计划生育委员会	铬	食品接触材料及制品在食品模拟物中浸泡后的迁移量测定	石墨炉原子吸收光谱法	GB 31604.25—2016《食品安全国家标准 食品接触材料及制品 铬迁移量的测定》
			电感耦合等离子体质谱法	
			电感耦合等离子体发射光谱法	
			二苯碳酰二肼比色法(以高锰酸钾将低价铬氧化为六价铬,加沉淀和隐蔽剂消除铁的干扰,然后利用二苯碳酰二肼与铬生成红色络合物,与标准系列比较进行定量)	
国家卫生和计划生育委员会	镍	食品接触材料及制品在食品模拟物中浸泡后的迁移量测定	石墨炉原子吸收光谱法	GB 31604.33—2016《食品安全国家标准 食品接触材料及制品 镍迁移量的测定》
			电感耦合等离子体质谱法	
			电感耦合等离子体发射光谱法	
			丁二酮肟比色法(食品模拟物试液中的镍,在弱碱性条件下与丁二酮肟反应生成红色络合物,用三氯甲烷萃取,向三氯甲烷萃取液中加入稀盐酸反萃取,向稀盐酸萃取液中加入溴水,再加入氨水脱色,最后与碱性丁二酮肟反应生成红色络合物,与标准系列比较进行定量)	
国家卫生和计划生育委员会	锑	食品接触材料及制品在食品模拟物中浸泡后的迁移量测定	石墨炉原子吸收光谱法	GB 31604.41—2016《食品安全国家标准 食品接触材料及制品 锑迁移量的测定》
			原子荧光光谱法	
			电感耦合等离子体质谱法	
			电感耦合等离子体发射光谱法	
			孔雀绿分光光度法(将食品模拟物试液中的锑,全部氧化成五价锑,五价锑离子在一定的 pH 条件下与三苯基甲烷染料孔雀绿形成绿色络合物,生成的络合物用乙酸异戊酯萃取后,根据萃取液在 628 nm 波长处的吸光度测定含量)	

发布单位	污染物名称	适用范围	测定方法	来源标准
国家质量监督检验检疫总局	锑	与食品接触的高密度聚乙烯	原子荧光光谱法(将高密度聚乙烯粉碎后消解,然后在盐酸介质中,加入硫脲将试液中的五价锑还原为三价锑,再加入硼氢化物使三价锑还原为锑化氢,最后导入原子化器中进行原子化和检测)	SN/T 2888—2011《出口食品接触材料 高分子材料 高密度聚乙烯中锑的测定 原子荧光光谱法》
国家卫生和计划生育委员会	锌	食品接触材料及制品在食品模拟物中浸泡后的迁移量测定	火焰原子吸收光谱法	GB 31604.42—2016《食品安全国家标准 食品接触材料及制品 锌迁移量的测定》
			电感耦合等离子体质谱法	
			电感耦合等离子体发射光谱法	
			二硫腙比色法(试样经浸泡后,在 pH4.0～5.5 时,锌离子与二硫腙形成紫红色络合物,溶于四氯化碳,加入硫代硫酸钠防止铜、汞、铅、铋、银和镉等离子干扰,然后与标准系列比较定量)	
国家卫生和计划生育委员会	砷	纸制品、软木塞等经粉碎、消解后的测定	氢化物原子荧光光谱法	GB 31604.38—2016《食品安全国家标准 食品接触材料及制品 砷的测定和迁移量的测定》
			电感耦合等离子体质谱法	
			电感耦合等离子体发射光谱法	
		食品接触材料及制品在食品模拟物中浸泡后的迁移量测定	氢化物原子荧光光谱法	
			电感耦合等离子体质谱法	
			电感耦合等离子体发射光谱法	
国家卫生和计划生育委员会	铅	纸制品、软木塞等经粉碎、消解后的测定	石墨炉原子吸收光谱法	GB 31604.34—2016《食品安全国家标准 食品接触材料及制品 铅的测定和迁移量的测定》
			电感耦合等离子体质谱法	
			电感耦合等离子体发射光谱法	
		食品接触材料及制品在食品模拟物中浸泡后的迁移量测定	石墨炉原子吸收光谱法	
			电感耦合等离子体质谱法	
			电感耦合等离子体发射光谱法	
			火焰原子吸收光谱法	

发布单位	污染物名称	适用范围	测定方法	来源标准
国家卫生和计划生育委员会	砷、镉、铬、铅	纸制品、软木塞等经粉碎、消解后的测定	电感耦合等离子体质谱法	GB 31604.49—2016《食品安全国家标准 食品接触材料及制品 砷、镉、铬、铅的测定和砷、镉、铬、镍、铅、锑、锌迁移量的测定》
	砷、镉、铬、镍、铅、锑、锌	食品接触材料及制品在食品模拟物中浸泡后的迁移量测定	电感耦合等离子体质谱法	
			电感耦合等离子体发射光谱法	
国家卫生和计划生育委员会	重金属	食品接触材料及制品在食品模拟物（4%乙酸）中重金属的测定	直接比色法（经迁移试验所得的食品模拟物试液中重金属（以铅计）与硫化钠作用，在酸性溶液中形成黄棕色硫化物，与铅标准溶液的呈色相比较）	GB 31604.9—2016《食物安全国家标准 食品接触材料及制品 食品模拟物中重金属的测定》
	重金属	食品接触橡胶制品在食品模拟物（4%乙酸）中重金属的测定	掩蔽干扰比色法（经迁移试验所得的食品模拟物试液中重金属（以铅计），在柠檬酸铵溶液、氨水和氰化钾溶液存在下与硫化钠作用，形成黄棕色硫化物，与铅标准溶液呈色相比较）	
国家质量监督检验检疫总局、国家标准化管理委员会	铅、镉	盛装食品、酒和饮用水等物品的玻璃容器	将玻璃容器在 22 ℃±2 ℃下，用4%乙酸溶液（体积分数），浸泡24 h±10 min，萃取玻璃容器表面溶出的铅、镉，用原子吸收分光光度计进行测定	GB/T 21170—2007《玻璃容器铅、镉溶出量的测定方法》
国家质量监督检验检疫总局、国家标准化管理委员会	砷、锑	盛装食品、酒和饮用水等物品的玻璃容器	将一般玻璃容器在 22 ℃±2 ℃下，用4%乙酸溶液（体积分数），浸泡24 h±10 min，或将耐热玻璃包装容器在 98 ℃±1 ℃下，用4%乙酸溶液（体积分数）浸泡 2 h±10 min，萃取玻璃容器表面溶出的砷、锑，用分光光度计进行测定	GB/T 35595—2017《玻璃容器砷、锑溶出量的测定方法》
国家质量监督检验检疫总局	铅、镉、砷、锑	与食品接触的不锈钢、铝制及搪瓷食具容器	在酸性介质中，试液中的铅先与预氧化剂铁氰化钾，镉先与增敏剂Co²⁺及硫脲，砷和锑先与预还原剂L-半胱氨酸作用，然后再与硼氢化钠反应生成相应挥发性组分，由载气带入电热石英原子化器中原子化后检测	SN/T 3941—2014《食品接触材料 食具容器中铅、镉、砷和锑迁移量的测定 氢化物发生原子荧光光谱法》

续表

发布单位	污染物名称	适 用 范 围	测 定 方 法	来 源 标 准
国家质量监督检验检疫总局	铅、镉	与食品接触的玻璃材料及制品	在 22 ℃下，玻璃容器表面与 40 mL/L乙酸溶液接触 24 h，提取铅和(或)镉，然后采用火焰原子吸收光谱法进行测定	SN/T 2886—2011《出口食品接触材料 玻璃容器类模拟物中铅、镉溶出测定 原子吸收光谱法》

2.食品添加剂

对于食品添加剂中铅、砷的控制，国家卫生和计划生育委员会在 2015 年发布了 GB 5009.74—2014《食品安全国家标准 食品添加剂中重金属限量试验》、GB 5009.75—2014《食品安全国家标准 食品添加剂中铅的测定》和 GB 5009.76—2014《食品安全国家标准 食品添加剂中砷的测定》三个标准，对铅、砷和以铅计的重金属总量的限量要求和测定试验方法进行了规定(见表 1-28)。铅的限量试验采用的是试样经干法灰化或湿法消解后双硫腙比色法，定量测定采用的是试样经消解或灰化后与双硫腙反应，生成红色络合物，然后在 510 nm 波长处采用分光光度法，或者是试样经消解或灰化后采用石墨炉原子吸收光谱法进行定量。

砷的测定采用的是试样经消解或灰化处理后，先将试样中的高价砷还原为三价砷，然后三价砷与锌粒和酸产生的新生态氢作用，生成砷化氢气体，除去砷化氢中的硫化氢干扰后，被溶于三乙醇胺-三氯甲烷或吡啶中的二乙氨基二硫代甲酸银溶液吸收并作用，生成紫红色络合物，通过目视比色法或分光光度计进行限量试验或定量测定。另一种定量测定砷的方法是：试样经消解后，加入硫脲使五价砷还原为三价砷，再加入硼氢化物还原为砷化氢，然后采用氢化物原子光度法进行定量测定。

食品添加剂中重金属总量的测定采用的方法是：将待测定的无机或有机试样采用各种消解或消化方法处理后，在弱酸性条件下，试样中的重金属离子与硫化氢作用，生成棕黑色物，与同法处理的铅标准溶液进行比较，进行限量试验的测定。

对于"与食品接触材料及制品用添加剂"中钡、钴、铜、铁、锂、锰和锌 7 种微量元素的控制，国家卫生和计划生育委员会在 2016 年发布的 GB 9685—2016《食品安全国家标准 食品接触材料及制品用添加剂使用标准》中也进行了规定，其限量要求差别很大，钴的限量指标为 0.05 mg/kg，要求最严格；其次是锂和锰，限量指标均为 0.6 mg/kg(见表 1-28)。

表 1-28　食品添加剂中铅、砷、钡、钴、铜、铁、锂、锰和锌的限量要求与测定方法

发布单位	污染物名称	适 用 范 围	测定方法或限量要求	来 源 标 准
国家卫生和计划生育委员会	重金属总量	食品添加剂中重金属的限量试验	待测定的无机或有机试样采用各种消解或消化方法(湿法消解、干法消解和压力消解罐消解法等)处理后，在弱酸性(pH3～4)条件下，试样中的重金属离子与硫化氢作用，生成棕黑色物，与同法处理的铅标准溶液比较，做限量试验	GB 5009.74—2014《食品安全国家标准 食品添加剂中重金属限量试验》

发布单位	污染物名称	适用范围	测定方法或限量要求	来源标准
国家卫生和计划生育委员会	铅	食品添加剂中铅的限量试验和定量试验	双硫腙比色法试样经湿法消解或干法灰化处理后,加入柠檬酸氢二铵、氰化钾和盐酸羟胺等,消除铁、铜、锌等离子干扰。在 pH8.5～9.0 时,铅离子与二苯基硫巴腙(双硫腙)生成红色络合物,用三氯甲烷提取,与标准系列比较做限量试验或定量试验	GB 5009.75—2014《食品安全国家标准 食品添加剂中铅的测定》
			试样经灰化或酸消解后,注入原子吸收分光光度计石墨炉中,电热原子化后吸收 283.3 nm 共振线,在一定浓度范围内,其吸收值与铅含量成正比,与标准系列比较进行定量	
国家卫生和计划生育委员会	砷	食品添加剂中砷的限量试验和定量试验	二乙氨基二硫代甲酸银比色法(在碘化钾和氯化亚锡存在下,将试样溶液中的高价砷还原为三价砷,三价砷与锌粒和酸产生的新生态氢作用,生成砷化氢气体,经乙酸铅棉花除去硫化氢干扰后,被溶于三乙醇胺-三氯甲烷或吡啶中的二乙氨基二硫代甲酸银溶液吸收并作用,生成紫红色络合物,通过目视比色法或分光光度计进行限量试验或定量)	GB 5009.76—2014《食品安全国家标准 食品添加剂中砷的测定》
			氢化物原子荧光光度法(试样经消解后,加入硫脲使五价砷还原为三价砷,再加入硼氢化钠或硼氢化钾使其还原为砷化氢,由氩气带入石英原子化器中分解为原子态砷,在特制砷空心阴极的发射光激发下产生原子荧光,其荧光强度在固定条件下与被测液中的砷浓度成正比,然后与标准系列比较进行定量)	
国家卫生和计划生育委员会	钡、钴、铜、铁、锂、锰、锌	食品接触材料及制品用添加剂	Ba 1;Co 0.05;Cu 5;Fe 48;Li 0.6;Mn 0.6;Zn 25(单位 mg/kg)	GB 9685—2016《食品安全国家标准 食品接触材料及制品用添加剂使用标准》

第二节　国际食品法典委员会标准

国际食品法典委员会(Codex Alimentarius Commission,CAC)是由联合国粮农组织(Food and Agriculture Organization of the United Nations,FAO)和世界卫生组织(World Health Organization,WHO)共同建立,以保障消费者的健康和确保食品贸易公平为宗旨的一个制定国际食品标准的政府间组织。自 1961 年第 11 届粮农组织大会和 1963 年第 16 届世界卫生大会分别通过了创建 CAC 的决议以来,已有 170 多个国家和地区加入该组织,覆盖了全球 98% 以上的人口。CAC 目前下设秘书处、执行委员会、6 个地区协调委员会、21 个专业委员会和 1 个政府间特别工作组。所有国际食品法典标准都主要在其各下属委员会中讨论和制定,然后经 CAC 大会审议后通过。CAC 标准都是以科学为基础,并在获得所有成员一致同意的基础上制定出来的。CAC 成员参照和遵循这些标准,既可以避免重复性工作又可以节省大量人力和财力,而且有效地减少了国际食品贸易摩擦,促进了贸易的公平和公正。

目前,国际上食品安全方面的标准主要有 CAC 制定的食品安全标准、国际标准化组织(International Organization for Standardization,ISO)标准、世界动物卫生组织(World Organization for Animal Health;法语:Office international des épizooties,OIE;也称国际兽疫局)制定的动物安全标准、国际植物保护公约(International Plant Protection Convention,IPPC)的植物安全标准以及世贸组织(World Trade Organization,WTO)涉及农业领域的协定而制定的一些农业标准。在这些标准中,主要以 CAC 制定的标准为主,世界上一些发达国家在制定本国相关农产品安全标准时,参考的国际标准也主要是 CAC 标准。

CAC 的重点是制定食品安全质量标准,因此,在 CAC 的食品标准中有关农药残留和重金属等污染物的残留限量方面的标准和技术规程非常多。CAC 关于食品中重金属限量的规定主要集中在《食品和饲料中污染物和毒素通用标准》(Codex Stan 193—1995)。该标准自发布以后经过多次修订,最后的一次修订为 2019 年。表 1-29～表 1-33 分别为 Codex Stan 193—2019 中对砷、镉、铅、汞和锡的限量要求与适用范围。表 1-34～表 1-38 为 Codex Stan 193—2019 与 GB 2762—2017《食品安全国家标准 食品中污染物限量》中砷、镉、铅、汞和锡的部分适用商品限量比较。综合分析,在重金属的限量控制方面,我国与 CAC 标准的要求大致相当。对于有些食品类别的控制,我们根据自己的实情进行了细化,有些项目的要求比 CAC 还严格。例如,对于糙米中无机砷的控制,我国和 CAC 的限量指标分别为 0.2 mg/kg 和 0.35 mg/kg(见表 1-34);对于大米中镉元素的限量要求,GB 2762—2017 规定的限量标准为 0.2 mg/kg,而 CAC 标准中精米(在我国习惯上将"精米"称为"大米")的限量指标为 0.4 mg/kg(见表 1-35),均比 CAC 标准中规定得严格。对于婴儿配方类食品中的铅元素的限制,GB 2762—2017 标准中的限量要求没有 CAC 严格,但进行了细化,将 CAC 标准中的"婴儿配方及特殊医用婴儿配方和较大婴儿配方食品"详细划分成了"婴幼儿配方食品(液态产品除外)"和"婴幼儿配方食品(液态产品)"等 8 个类别,分别规定了限量要求(见表 1-36)。

表 1-29　Codex Stan 193—2019 中砷限量要求

序号	食品类别(名称)	限量(MLs)/(mg/kg)	最大限量适用的商品/产品部位	备　注
1	食用油脂	0.1	完整商品	鱼油(无机砷)
2	脂肪涂抹物和混合涂抹物	0.1	—	—
3	天然矿泉水	0.01	—	mg/L
4	糙米	0.35	完整商品	无机砷
5	精米	0.2	完整商品	无机砷
6	食品级盐	0.5	—	—

表 1-30　Codex Stan 193—2019 中镉限量要求

序号	食品类别(名称)	限量(MLs)/(mg/kg)	最大限量适用的商品/产品部位	备　注
1	十字花科蔬菜	0.05	卷心菜和甘蓝:去除明显腐烂或萎蔫叶片后上市的完整商品。花椰菜和花茎甘蓝:头状花序(仅未成熟的花序)。球芽甘蓝:仅"芽部"	不适用于十字花科叶菜
2	鳞茎类蔬菜	0.05	鳞茎/干燥大葱和大蒜:去除根部、黏附的泥土及所有易于剥离的外皮后的完整商品	—
3	果类蔬菜	0.05	去茎后的完整商品。甜玉米和鲜食玉米:穗粒加穗轴,但不带外皮	不适用于西红柿及食用菌
4	叶菜	0.2	通常去除明显腐烂或萎蔫叶片后上市的完整商品	适用于十字花科叶菜
5	豆类蔬菜	0.1	消费时的完整商品。新鲜状态可整个豆荚或去荚食用	—
6	豆类	0.1	完整商品	不适用于(干)大豆
7	块根和块茎类蔬菜	0.1	去除顶部后的完整商品。去除黏附的泥土(例如,在流水中冲洗或轻轻擦拭干燥商品)。马铃薯:去皮马铃薯	不适用于块根芹
8	茎类蔬菜	0.1	去除明显腐烂或萎蔫叶片后上市的完整商品。食用大黄:仅叶柄。洋蓟:仅头状花序。芹菜和芦笋:去除黏附的泥土	—

序号	食品类别（名称）	限量（MLs）/(mg/kg)	最大限量适用的商品/产品部位	备 注
9	谷物	0.1	完整商品	该最大限量不适用于荞麦、苍白茎藜、藜麦、小麦及大米
10	精米	0.4	完整商品	—
11	小麦	0.2	完整商品	该最大限量适用于普通小麦、硬质小麦、斯佩耳特小麦及二粒小麦
12	海洋双壳软体动物	2	去除外壳后的完整商品	该最大限量适用于蛤、鸟蛤及贻贝，但不适用于牡蛎和扇贝
13	头足纲	2	去除外壳后的完整商品	该最大限量适用于墨鱼、章鱼及鱿鱼（去内脏）
14	天然矿泉水	0.003	—	相关法典商品标准为 CXS 108—1981
15	食品级盐	0.5	—	相关法典商品标准为 CXS 150—1985
16	含有或声称干物质≥50%但<70%总可可固形物的巧克力	0.8	用于批发或零售的完整商品	包括甜巧克力、吉安地哈榛果巧克力、半苦巧克力、小细条巧克力/巧克力片、苦味巧克力
17	含有或声称干物质≥70%总可可固形物的巧克力	0.9	用于批发或零售的完整商品	包括甜巧克力、吉安地哈榛果巧克力、半苦巧克力、小细条巧克力/巧克力片、苦味巧克力

表 1-31　Codex Stan 193—2019 中铅限量要求

序号	食品类别（名称）	限量（MLs）/(mg/kg)	最大限量适用的商品/产品部位	备 注
1	浆果和其他小果	0.1	去除果蒂和果柄后的完整商品	不适用于蔓越莓、无核小葡萄和西洋接骨木

序号	食品类别（名称）	限量（MLs）/(mg/kg)	最大限量适用的商品/产品部位	备　注
2	蔓越莓	0.2	去除果蒂和果柄后的完整商品	—
3	无核小葡萄	0.2	带果柄的水果	—
4	西洋接骨木	0.2	去除果蒂和果柄后的完整商品	—
5	水果	0.1	完整商品。 浆果和其他小果：去除果蒂和果柄后的完整商品。 仁果类：去除果柄后的完整商品。 核果、枣和橄榄：去除果柄和果核后的完整商品。 菠萝：去除冠芽后的完整商品。 鳄梨、杧果和类似带硬籽的水果：去除果核后的完整商品，但以整果计算	不适用于蔓越莓、无核小葡萄和西洋接骨木
6	十字花科蔬菜	0.1	卷心菜和甘蓝：去除明显腐烂或萎蔫叶片后上市的完整商品。 花椰菜和花茎甘蓝：头状花序（仅未成熟的花序）。 球芽甘蓝：仅"芽部"	不适用于羽衣甘蓝和十字花科叶菜
7	鳞茎类蔬菜	0.1	鳞茎/干燥大葱和大蒜：去除根部、黏附的泥土及所有易于剥离的外皮后的完整商品	—
8	果类蔬菜	0.05	去茎后的完整商品。 甜玉米和鲜食玉米：穗粒加穗轴，但不带外皮	不适用于菌类及蘑菇
9	叶菜	0.3	通常去除明显腐烂或萎蔫叶片后上市的完整商品	适用于十字花科叶菜，但不适用于菠菜
10	豆类蔬菜	0.1	消费时的完整商品。新鲜状态可整个豆荚或去荚食用	—

序号	食品类别（名称）	限量（MLs）/(mg/kg)	最大限量适用的商品/产品部位	备 注
11	鲜蘑（普通蘑菇（Agaricus bisporous）、香菇（Lentinula edodes）、鲍鱼菇（Pleurotus ostreatus））	0.3	完整商品	相关法典商品标准为 CXS 38—1981
12	豆类	0.1	完整商品	—
13	块根和块茎类蔬菜	0.1	去除顶部后的完整商品。去除黏附的泥土（例如，在流水中冲洗或轻轻擦拭干燥商品）。马铃薯：去皮马铃薯	—
14	水果罐头	0.1	消费时的产品	相关法典商品标准为 CXS 242—2003、CXS 254—2007、CXS 78—1981、CXS 159—1987、CXS 42—1981、CXS 99—1981、CXS 60—1981、CXS 62—1981
15	果酱、果冻、柑橘酱	0.4	—	相关法典商品标准为 CXS 296—2009（仅适用于果酱和果冻）
16	杧果酱	0.4	—	相关法典商品标准为 CXS 160—1987
17	蔬菜罐头	0.1	消费时的产品	相关法典商品标准为 CXS 297—2009
18	番茄罐头	1	—	相关法典商品标准为 CXS 13—1981。为审议该产品的浓度，确定污染物的最大限量时，应将自然总可溶性固形物考虑在内，鲜果的参考值为 4.5

续表

序号	食品类别（名称）	限量（MLs）/（mg/kg）	最大限量适用的商品/产品部位	备　注
19	食用橄榄	0.4	—	相关法典商品标准为 CXS 66—1981
20	腌黄瓜（黄瓜泡菜）	0.1	—	相关法典商品标准为 CXS 115—1981
21	板栗和板栗酱罐头	0.05	—	相关法典商品标准为 CXS 145—1985
22	果汁	0.03	完整商品（非浓缩）或加水复原到原果汁浓度后的即饮商品。该最大限量也适用于即饮果浆	该最大限量仅不适用于浆果和其他小果果汁。相关法典商品标准为 CXS 247—2005
23	浆果和其他小果果汁	0.05	完整商品（非浓缩）或加水复原到原果汁浓度后的即饮商品。该最大限量也适用于即饮果浆	该最大限量不适用于葡萄汁。相关法典商品标准为 CXS 247—2005
24	葡萄汁	0.04	完整商品（非浓缩）或加水复原到原果汁浓度后的即饮商品。该最大限量也适用于即饮果浆	相关法典商品标准为 CXS 247—2005
25	谷物	0.2	完整商品	该最大限量不适用于荞麦、苍白茎藜及藜麦
26	婴儿配方及特殊医用婴儿配方和较大婴儿配方食品	0.01	完整商品	相关法典商品标准为 CXS 72—1981 和 CXS 156—1987。该最大限量适用于消费时的配方食物
27	鱼类	0.3	完整商品（通常去除消化道后）	—
28	牛肉、猪肉和羊肉	0.1	完整商品（去骨）	该最大限量也适用于肉中的脂肪
29	家禽肉和脂肪	0.1	完整商品（去骨）	—
30	可食用牛内脏	0.5	完整商品	—

序号	食品类别（名称）	限量（MLs）/(mg/kg)	最大限量适用的商品/产品部位	备 注
31	可食用猪内脏	0.5	完整商品	—
32	可食用家禽内脏	0.5	完整商品	—
33	食用油脂	0.08	用于批发或零售的完整商品	相关法典商品标准为 CXS 19—1981、CXS 33—1981、CXS 210—1999、 CXS 212—1999、CXS 329—2017
34	脂肪涂抹物和混合涂抹物	0.04	用于批发或零售的完整商品	相关法典商品标准为 CXS 256—2007
35	奶	0.02	完整商品	奶是指产奶动物的正常乳腺分泌物，可通过一次或多次挤奶获得，不含添加物也未经提炼，拟以液态奶形式消费或用于深加工。 浓缩系数适用于半脱水或全脱水奶
36	粗加工乳制品	0.02	完整商品	该最大限量适用于消费时的食品
37	天然矿泉水	0.01	—	相关法典商品标准为 CXS 108—1981。 该最大限量以 mg/L 表示
38	食品级盐	1	用于批发或零售的完整商品	相关法典商品标准为 CXS 150—1985。 不包括沼泽盐
39	葡萄酒	0.2	—	

表 1-32　Codex Stan 193—2019 中汞和甲基汞限量要求

序号	食品类别（名称）	限量（MLs）/(mg/kg)	最大限量适用的商品/产品部位	备　注
1	天然矿泉水	0.001（汞）	—	相关法典商品标准为 CXS 108—1981
2	食品级盐	0.1（汞）	—	相关法典商品标准为 CXS 150—1985
3	金枪鱼	1.2（甲基汞）	新鲜或冷冻完整商品（通常去除消化道后）	各个国家或进口商在应用鱼中甲基汞最大限量时，可通过分析鱼中总汞含量，决定采用其自身的遴选标准。如果样本总汞浓度低于或等于甲基汞最大限量，则不需进一步测试，并将该样本确定为符合最大限量要求。如果总汞浓度高于甲基汞最大限量，则应进行后续测试，以确定甲基汞浓度是否高于最大限量。该最大限量也适用于供进一步加工的鲜鱼或冷冻鱼。 各国应考虑为育龄妇女和儿童制定全国相关消费者建议，对该最大限量予以补充
4	鱼眼鲷	1.5（甲基汞）		
5	马林鱼	1.7（甲基汞）		
6	鲨鱼	1.6（甲基汞）		

表 1-33　CodexS tan 193—2019 中锡限量要求

序号	食品类别（名称）	限量（MLs）/(mg/kg)	最大限量适用的商品/产品部位	备　注
1	罐装食品（非饮料）	250	不适用于非马口铁罐装熏制熟肉块、熏制熟火腿、熏制熟猪肩肉、粗盐腌牛肉和午餐肉	相关法典商品标准包括 CXS 62—1981、CXS 254—2007、CXS 296—2009、CXS 242—2003、CXS 297—2009、CXS 78—1981、CXS 159—1987、CXS 42—1981、CXS 60—1981、CXS 99—1981、CXS 160—1987、CXS 66—1981、CXS 13—1981、CXS 115—1981、CXS 57—1981、CXS 145—1981、CXS 98—1981、CXS 96—1981、CXS 97—1981、CXS 88—1981、CXS 89—1981
2	罐装饮料	150		相关法典商品标准为 CXS 247—2005

序号	食品类别（名称）	限量（MLs）/（mg/kg）	最大限量适用的商品/产品部位	备注
3	熏制熟肉块	50		相关法典商品标准为 CXS 98—1981
4	熏制熟火腿	50		相关法典商品标准为 CXS 96—1981
5	熏制熟猪肩肉	50	该最大限量适用于存放在非马口铁容器中的产品	相关法典商品标准为 CXS 97—1981
6	粗盐腌牛肉	50		相关法典商品标准为 CXS 88—1981
7	午餐肉	50		相关法典商品标准为 CXS 8—1981

表 1-34　Codex Stan 193—2019 与 GB 2762—2017 中砷限量比较

CAC 标准		中 国 标 准	
食品类别（名称）	限量（MLs）/（mg/kg）	食品类别（名称）	限量（MLs）/（mg/kg）
食用油脂	0.1	油脂及其制品	0.1
天然矿泉水	0.01（mg/L）	包装饮用水	0.01（mg/L）
精米	0.2（无机砷）	大米	0.2（无机砷）
糙米	0.35（无机砷）	糙米	0.2（无机砷）

表 1-35　Codex Stan 193—2019 与 GB 2762—2017 中镉限量比较

CAC 标准		中 国 标 准	
食品类别（名称）	限量（MLs）/（mg/kg）	食品类别（名称）	限量（MLs）/（mg/kg）
叶菜	0.2	叶菜蔬菜	0.2
豆类蔬菜	0.1	豆类蔬菜	0.1
块根和块茎类蔬菜	0.1	块根和块茎类蔬菜	0.1
茎类蔬菜	0.1	茎类蔬菜（芹菜除外）	0.1
—	—	芹菜、黄花菜	0.2
十字花科蔬菜	0.05	—	—
鳞茎类蔬菜	0.05	—	—
果类蔬菜	0.05	—	—
谷物	0.1	谷物（稻谷除外）	0.1

续表

CAC标准		中国标准	
食品类别(名称)	限量(MLs)/(mg/kg)	食品类别(名称)	限量(MLs)/(mg/kg)
精米	0.4	谷物碾磨加工品(糙米、大米除外)	0.1
小麦	0.2	稻谷、糙米、大米	0.2
天然矿泉水	0.003(mg/L)	矿泉水	0.003(mg/L)
—	—	包装饮用水(矿泉水除外)	0.005(mg/L)
海洋双壳软体动物	2	鱼类	0.1
头足纲	2	甲壳类	0.5
—	—	双壳类、腹足类、头足类、棘皮类	2.0(除去内脏)
—	—	鱼类罐头(凤尾鱼、旗鱼罐头除外)	0.2
—	—	凤尾鱼、旗鱼罐头	0.3
—	—	其他鱼类制品(凤尾鱼、旗鱼制品除外)	0.1
—	—	凤尾鱼、旗鱼制品	0.3

表 1-36 Codex Stan 193—2019 与 GB 2762—2017 中铅限量比较

CAC标准		中国标准	
食品类别(名称)	限量(MLs)/(mg/kg)	食品类别(名称)	限量(MLs)/(mg/kg)
谷物	0.2	麦片、面筋、八宝粥罐头、带馅(料)面米制品除外	0.2
—	—	麦片、面筋、八宝粥罐头、带馅(料)面米制品	0.5
鲜蘑(普通蘑菇(Agaricus bisporous)、香菇(Lentinula edodes)、鲍鱼菇(Pleurotus ostreatus))	0.3	食用菌及其制品	1.0
浆果和其他小果	0.1	新鲜水果(浆果和其他小粒水果)	0.1
蔓越莓	0.2	浆果和其他小粒水果	0.2
无核小葡萄	0.2	—	—

CAC 标准		中 国 标 准	
食品类别（名称）	限量（MLs)/(mg/kg)	食品类别（名称）	限量（MLs)/(mg/kg)
西洋接骨木	0.2	—	—
水果	0.1	—	—
十字花科蔬菜	0.1	新鲜蔬菜（芸薹类蔬菜、叶菜蔬菜、豆类蔬菜、薯类除外）	0.1
鳞茎类蔬菜	0.1	芸薹类蔬菜、叶菜蔬菜	0.3
豆类蔬菜	0.1	豆类蔬菜、薯类	0.2
叶菜	0.3	—	—
块根和块茎类蔬菜	0.1	—	—
豆类	0.1	豆类	0.2
—	—	豆类制品（豆浆除外）	0.5
—	—	豆浆	0.05
食用油脂	0.08	油脂及其制品	0.1
天然矿泉水	0.01(mg/L)	包装饮用水	0.01(mg/L)
牛肉、猪肉和羊肉	0.1	肉类（畜禽内脏除外）	0.2
家禽肉和脂肪	0.1	畜禽内脏	0.5
可食用牛内脏	0.5	肉制品	0.5
可食用猪内脏	0.5	—	—
可食用家禽内脏	0.5	—	—
婴儿配方及特殊医用婴儿配方和较大婴儿配方食品	0.01	婴幼儿配方食品（液态产品除外）	0.15（以粉状产品计）
—	—	婴幼儿配方食品（液态产品）	0.02（以即食状态计）
—	—	婴幼儿谷类辅助食品（添加鱼类、肝脏、蔬菜类的产品除外）	0.2
—	—	婴幼儿谷类辅助食品（添加鱼类、肝脏、蔬菜类的产品）	0.3
—	—	婴幼儿罐装辅助食品（以水产及动物肝脏为原料的产品除外）	0.25
—	—	婴幼儿罐装辅助食品（以水产及动物肝脏为原料的产品）	0.3

CAC标准		中国标准	
食品类别（名称）	限量（MLs）/（mg/kg）	食品类别（名称）	限量（MLs）/（mg/kg）
—	—	特殊医学用途配方食品（特殊医学用途婴儿配方食品涉及的品种除外）10岁以上人群的产品	0.5（以固态产品计）
—	—	特殊医学用途配方食品（特殊医学用途婴儿配方食品涉及的品种除外）1岁～10岁人群的产品	0.15（以固态产品计）
葡萄酒	0.2	酒类（蒸馏酒、黄酒除外）	0.2
—	—	蒸馏酒、黄酒	0.5
果汁	0.03	果蔬汁类及其饮料（浓缩果蔬汁（浆）除外）含乳饮料	0.05 mg/L
浆果和其他小果果汁	0.05	浓缩果蔬汁（浆）	0.5 mg/L
葡萄汁	0.04	其他饮料	0.3 mg/L
果酱、果冻、柑橘酱	0.4	果冻	0.5

表 1-37 Codex Stan 193—2019 与 GB 2762—2017 中汞限量比较

CAC标准		中国标准	
食品类别（名称）	限量（MLs）/（mg/kg）	食品类别（名称）	限量（MLs）/（mg/kg）
食品级盐	0.1	食用盐	0.1
天然矿泉水	0.001（mg/L）	矿泉水	0.001（mg/L）
金枪鱼	1.2（甲基汞）	水产动物及其制品（肉食性鱼类及其制品除外）	0.5（甲基汞）
鱼眼鲷	1.5（甲基汞）	肉食性鱼类及其制品	1.0（甲基汞）
马林鱼	1.7（甲基汞）	—	—
鲨鱼	1.6（甲基汞）	—	—

表 1-38　Codex Stan 193—2019 与 GB 2762—2017 中锡限量比较

CAC 标准		中 国 标 准	
食品类别（名称）	限量（MLs）/（mg/kg）	食品类别（名称）	限量（MLs）/（mg/kg）
罐装食品（非饮料）	250	食品（饮料类、婴幼儿配方食品、婴幼儿辅助食品除外）	250
罐装饮料	150	饮料类	150
熏制熟肉块	50	婴幼儿配方食品、婴幼儿辅助食品	50
熏制熟火腿	50	—	—
熏制熟猪肩肉	50	—	—
粗盐腌牛肉	50	—	—
午餐肉	50	—	—

第三节　欧 盟 标 准

欧盟（European Union，EU）在 1993 年时通过了理事会法规 315/93/EEC《食品中污染物的共同体程序》，规定了欧盟控制食品污染物的基本原则，在 315/93/EEC 的规定下，欧盟委员会在 2001 年时通过了法规（EC）466/2001《设定食品中某些污染物的最高限量》，对食品中某些污染物设定了最高限量，其后经过多次修订，在 2006 年时欧盟又发布了法规（EC）No 1881/2006《设定食品中某些污染物的最高限量》，详细规定了欧盟水产品、谷物、蔬菜、水果和牛奶等食品中铅、镉、汞和锡的最高限量（见表 1-39～表 1-42），并于 2008 年对镉和汞的限量标准进行了修订（Amending Regulation（EC）No 1881/2006 setting maximum levels for certain contaminants in foodstuffs，（EC）No 629/2008），2021 年对铅和镉两种元素的限量要求进行了修订（Amending Regulation（EC）No 1881/2006 as regards maximum levels of lead in certain foodstuffs，（EU）2021/1317；Amending Regulation（EC）No 1881/2006 as regards maximum levels of cadmium in certain foodstuffs，（EU）2021/1323），调整了肉类、奶类等食品中这些元素的限量标准。

表 1-43 为欧盟（EC）No 629/2008、（EU）2021/1323）与中国 GB 2762—2017 标准中部分食品的镉元素的限量比较。从表 1-43 可以看出，（EU）2021/1323）标准对（EC）No 629/2008 标准中的一些食品类别进行了细化。例如，对于蔬菜、水果和谷物等食品类别中检测项目的增加和细化。从整体上看，对于蔬菜和水果中的镉元素的控制，（EU）2021/1323 标准比我国的规定更详细和严格。GB 2762—2017 与（EU）2021/1323 在禽、畜肝脏、肾脏中的 Cd 限量要求相当，禽、畜肉类以及水产品中的 Cd 限量要求中国比欧盟宽松。表 1-44 为欧盟（EU）2021/1317 与中国 GB 2762—2017 标准中部分食品类别的 Pb 元素限量比较。从表 1-44 可以看出，我国与欧盟在谷物、豆类、水果、蔬菜和果汁方面与欧盟的限量要求相当；香料、蜂蜜、部分肉类和水产品的 Pb 限量要求比欧盟宽松；婴幼儿奶粉类食品也比欧盟的要求宽松，

但进行了细化;在酒类的限量要求方面与欧盟相当,欧盟对酒类的要求进行了细化。对于汞元素的限量要求,我国的 GB 2762—2017 标准与欧盟的(EC)No 629/2008 标准在水产品方面一致,对于谷物、蔬菜、肉类、乳类、蛋类和食用菌等其他多种食品类别的总汞限量,GB 2762—2017 标准也进行了详细规定,(EC)No 629/2008 标准则未做要求(见表 1-45)。对于食品中锡元素的限量控制,欧盟的(EC)No 1881/2006 标准比我国的 GB 2762—2017 标准稍严格(见表 1-46)。

表 1-39　(EC)No 1881/2006 中铅限量要求

序号	食品类别(名称)	限量(MLs)/(mg/kg)
1	生乳、热处理牛奶和用于制造奶制品的奶	0.02
2	婴幼儿配方及较大婴幼儿配方	0.02
3	牛肉、羊肉、猪肉及禽肉(不包括内脏)	0.1
4	牛、羊、猪及禽的内脏	0.5
5	鱼肉	0.3
6	甲壳类动物,不包括褐色蟹肉、龙虾胸肉及类似的大甲壳动物(海螯虾科和龙虾科)	0.5
7	双壳贝类	1.5
8	头足类(除去内脏)	1
9	谷物、豆类蔬菜及豆类	0.2
10	蔬菜,不包括芸薹属蔬菜、叶类蔬菜、新鲜草本植物及养殖真菌;马铃薯的限量按照去皮马铃薯计算	0.1
11	芸薹蔬菜、叶类蔬菜及养殖真菌	0.3
12	水果,不包括草莓及小水果	0.1
13	草莓及小水果	0.2
14	脂肪和油,不包括乳脂	0.1
15	水果汁、浓缩果汁及水果花蜜	0.05
16	葡萄酒(包括汽酒,不包括烈酒)、苹果酒、梨酒及果酒	0.2
17	加香葡萄酒、加香葡萄酒饮料及加香鸡尾酒	0.2

表 1-40　(EC)No 1881/2006 中镉限量要求

序号	食品类别(名称)	限量(MLs)/(mg/kg)
1	牛、羊、猪及禽肉(不包括内脏)	0.05
2	马肉,不包括内脏	0.2

序号	食品类别(名称)	限量(MLs)/(mg/kg)
3	牛、羊、猪、马及禽内脏	0.5
4	牛、羊、猪、马及禽的肾脏	1
5	鱼肉不包括6及7中列出的种类	0.05
6	以下这些鱼类的肌肉:凤尾鱼(鳀鱼类)、鲣鱼(沙丁鱼类)、鲷(鲷科)、鳗(鳗鱼属)、乌鱼(鲻鱼类)、竹夹鱼(竹夹鱼类)、鳀鲭(鲹鲭科)、沙丁鱼(沙丁鱼类)、金枪鱼(鲔属)、楔形鱼(鲷鱼)	0.1
7	箭鱼肉(箭鱼)	0.3
8	甲壳类动物,不包括褐色蟹肉、龙虾胸肉及类似的大甲壳动物(海螯虾科和龙虾科)	0.5
9	双壳贝类	1
10	头足类(除去内脏)	1
11	谷物(糠、胚芽、小麦、大米除外)	0.1
12	糠、胚芽、小麦、大米	0.1
13	大豆	0.2
14	蔬菜和水果,不包括叶类蔬菜、新鲜草本植物、养殖真菌、茎类蔬菜、花生、根类蔬菜及马铃薯	0.05
15	叶类蔬菜、新鲜草本植物、养殖真菌及芹菜	0.2
16	茎、根类蔬菜及马铃薯,不包括芹菜。马铃薯的最大限量按去皮马铃薯计	0.1

表 1-41　(EC)No 1881/2006 中汞限量要求

序号	食品类别(名称)	限量(MLs)/(mg/kg)
1	安康鱼、大西洋鲶鱼、鲣(等金枪鱼科鱼类)、鳗鱼、太平洋胸棘鲷、腔吻鳕鱼、大比目鱼(蝶鱼)、枪鱼(青枪鱼,四鳃旗鱼)、鳞鲆属、鲻鱼、梭鱼、鳕鱼、红鱼、旗鱼(两个种类的)、安哥拉带鱼、鲨鱼(各种各样的)、金枪鱼(金枪鱼类、鲔属、鲣鱼)、姆鱼(姆鱼类;蝶鲛)、鲭或鲳鱼(鳞蛇鲭属、棘鳞蛇鲭、海鱼)	1
2	水产品及鱼肉,在1中列出的种类除外。最大限量按甲壳动物计,褐色蟹肉及龙虾胸肉及类似的大甲壳动物除外(海螯虾科及龙虾科)	0.5

表 1-42　（EC）No 1881/2006 中锡限量要求

序号	食品类别（名称）	限量（MLs）/（mg/kg）
1	非饮料类罐装食品	200
2	罐装饮料,包括水果汁及蔬菜汁	100
3	专供婴幼儿食用的罐装婴儿食品及经加工的谷物食品,不包括干燥粉末状制品	50
4	罐装婴幼儿奶粉及较大婴幼儿罐装奶粉(也包括婴幼儿牛奶及较大婴幼儿牛奶),不包括干燥精粉制品	50
5	专供婴幼儿的特殊医疗用罐装食品(不包括干燥精粉制品)	50

表 1-43　（EC）No 629/2008、（EC）No 2021/1323 与 GB 2762—2017 中部分食品的镉限量比较

欧 盟 标 准			中 国 标 准	
食品类别（名称）	限量（MLs）/（mg/kg）		食品类别（名称）	限量（MLs）/（mg/kg）
	（EC）No 2021/1323	（EC）No 629/2008		
叶菜、新鲜香草、块根芹	—	0.2	新鲜蔬菜(叶菜蔬菜、豆类蔬菜、块根和块茎蔬菜、茎类蔬菜除外)	0.05
根和茎类蔬菜(不包括块根芹)、削皮后的土豆	—	0.1	叶菜蔬菜	0.2
其他蔬菜	—	0.05	豆类蔬菜、块根和块茎蔬菜、茎类蔬菜(芹菜除外)	0.1
削皮后的土豆,茎类蔬菜(不包括萝卜、热带茎类、欧芹根、芜菁、甜菜根、芹菜、辣根、欧洲防风草、婆罗门参)	0.1	—	芹菜、黄花菜	0.2
萝卜、热带茎类、欧芹根、芜菁、甜菜根、芹菜、辣根、欧洲防风草、婆罗门参	分别为:0.02、0.05、0.05、0.05、0.06、0.15、0.2、0.2 和 0.2	—	—	—
鳞茎类蔬菜(不包括大蒜)	0.03	—	—	—
大蒜	0.05	—	—	—
果类蔬菜(不包括茄子)	0.02	—	—	—
茄子	0.03	—	—	—

欧 盟 标 准			中 国 标 准	
食品类别(名称)	限量(MLs)/(mg/kg)		食品类别(名称)	限量(MLs)/(mg/kg)
	(EC)No 2021/1323	(EC)No 629/2008		
芸薹属蔬菜(不包括多叶芸薹属蔬菜)	0.04	—	—	—
多叶芸薹属蔬菜	0.1	—	—	—
叶类蔬菜(不包括菠菜和类似叶菜、芥菜苗、新鲜香草)	0.1	—	—	—
菠菜和类似叶菜、芥菜苗和新鲜香草	0.2	—	—	—
豆类蔬菜	0.02	—	—	—
茎类蔬菜(除了韭菜和芹菜)	0.03	—	—	—
韭菜	0.04	—	—	—
芹菜	0.1	—	—	—
豆类(不包括豆类蛋白质)	0.04	—	豆类及其制品	0.2
豆类蛋白质	0.1	—	—	—
油籽(不包括油菜籽、花生、大豆、芥菜籽、亚麻籽、葵花籽和罂粟籽)	0.1	—	坚果及籽类(花生)	0.5
油菜籽、花生、大豆、芥菜籽、亚麻籽、葵花籽和罂粟籽	分别为:0.15、0.2、0.2、0.3、0.5、0.5 和 1.2	—	—	—
稻米、小麦、糠、麸	—	0.2	谷物(稻谷除外)	0.1
其他谷物(不包括稻米、小麦、糠、麸)	—	0.1	谷物碾磨加工品(糙米、大米除外)	0.1
谷物(不包括黑麦、大麦、大米、藜麦、麦麸、小麦面筋、硬粒小麦和小麦胚芽)	0.1	—	稻谷、糙米、大米	0.2
黑麦和大麦	0.05	—	—	—
大米、藜麦、麦麸和小麦面筋	0.15	—	—	—
硬粒小麦	0.18	—	—	—
小麦胚芽	0.2	—	—	—

续表

欧盟标准			中国标准	
食品类别（名称）	限量（MLs）/（mg/kg）		食品类别（名称）	限量（MLs）/（mg/kg）
	（EC）No 2021/1323	（EC）No 629/2008		
柑橘类水果、梨果、核果、食用橄榄、猕猴桃、香蕉、杜果、木瓜、菠萝、浆果、小水果、树莓	0.02	—	水果及其制品	0.05
浆果和小水果（树莓除外）	0.03	—	—	—
树莓	0.04	—	—	—
水果（柑橘类水果、梨果、核果、食用橄榄、猕猴桃、香蕉、杜果、木瓜、菠萝、浆果、小水果、树莓除外）	0.05	—	—	—
水果	—	0.05		
双胞蘑菇、平菇、香菇	—	0.2	新鲜食用菌（香菇和姬松茸除外）	0.2
真菌类	—	1.0	香菇	0.5
栽培菌类（不包括香菇、侧耳和平菇）	0.05	—	食用菌制品（姬松茸制品除外）	0.5
香菇、侧耳和平菇	0.15	—		
野生菌类	0.5	—	—	—
鱼肉（不包括鲣鱼、双带重牙鲷鱼、鳗鱼、灰鲻鱼、鲭鱼或竹荚鱼、鲭科鱼、鲯鳅鱼、沙丁鱼、拟沙丁鱼、金枪鱼、鲽鱼、圆花鲣、凤尾鱼、旗鱼）	—	0.05	鱼类	0.1
鲣鱼、双带重牙鲷鱼、鳗鱼、灰鲻鱼、鲭鱼或竹荚鱼、鲭科鱼、鲯鳅鱼、沙丁鱼、拟沙丁鱼、金枪鱼、鲽鱼、圆花鲣	—	0.2	甲壳类	0.5
凤尾鱼、旗鱼	—	0.3	双壳类、腹足类、头足类、棘皮类	2.0（除去内脏）
甲壳类	0.5	0.5	鱼类罐头（凤尾鱼、旗鱼罐头除外）	0.2
双壳软体动物	1.0	1.0	凤尾鱼、旗鱼罐头	0.3
无内脏的头足类动物	1.0	1.0	其他鱼类制品（凤尾鱼、旗鱼制品除外）	0.1

续表

欧盟标准			中国标准	
食品类别(名称)	限量(MLs)/(mg/kg)		食品类别(名称)	限量(MLs)/(mg/kg)
	(EC)No 2021/1323	(EC)No 629/2008		
鱼肉(不包括鲭鱼、金枪鱼、炸弹鱼、凤尾鱼、箭鱼和沙丁鱼)	0.05	—	凤尾鱼、旗鱼制品	0.3
鲭鱼和金枪鱼	0.1	—	—	—
炸弹鱼	0.15	—	—	—
凤尾鱼、箭鱼和沙丁鱼	0.25	—	—	—
牛、羊、猪、马和家禽的肝脏	0.5	0.5	肉类(畜禽内脏除外)	0.1
牛、羊、猪、马和家禽的肾脏	1.0	1.0	畜禽肝脏	0.5
牛、羊、猪和家禽肉	0.05	0.05	畜禽肾脏	1.0
马肉	0.2	0.2	肉制品(肝脏制品、肾脏制品除外)	0.1
—	—	—	肝脏制品	0.5
—	—	—	肾脏制品	1.0

表 1-44　(EU)2021/1317 与 GB 2762—2017 中铅限量比较

欧盟标准		中国标准	
食品类别(名称)	限量(MLs)/(mg/kg)	食品类别(名称)	限量(MLs)/(mg/kg)
谷物	0.2	谷物及其制品(麦片、面筋、八宝粥罐头、带馅(料)面米制品除外)	0.2
—	—	麦片、面筋、八宝粥罐头、带馅(料)面米制品	0.5
水果(不包括蔓越莓、醋栗果、接骨木果和草莓树果)	0.1	新鲜水果(浆果和其他小粒水果除外)	0.1
蔓越莓、醋栗果、接骨木果和草莓树果	0.2	浆果和其他小粒水果	0.2
—	—	水果制品	1.0
果汁、浓缩果汁和果肉饮料,来自浆果和其他小水果	0.05	果蔬汁类及其饮料(浓缩果蔬汁(浆)除外)含乳饮料	0.05 mg/L
果汁、浓缩果汁和果肉饮料,来自浆果和其他小水果之外的水果	0.03	浓缩果蔬汁(浆)	0.5 mg/L

续表

欧 盟 标 准		中 国 标 准	
食品类别(名称)	限量(MLs)/(mg/kg)	食品类别(名称)	限量(MLs)/(mg/kg)
—	—	其他饮料	0.3 mg/L
豆类	0.2	豆类	0.2
—	—	豆类制品(豆浆除外)	0.5
—	—	豆浆	0.05
牛、羊、猪和家禽肉(不包括内脏)	0.1	肉类(畜禽内脏除外)	0.2
牛和羊的内脏	0.2	畜禽内脏	0.5
猪的内脏	0.15	肉制品	0.5
家禽的内脏	0.1	—	—
鱼肉	0.3	鱼类、甲壳类	0.5
双壳类软体动物	1.5	双壳类	1.5
甲壳类动物	0.5	鲜、冻水产动物(鱼类、甲壳类、双壳类除外)	1.0(除去内脏)
头足类动物	0.3	水产制品(海蜇制品除外)	1.0
—	—	海蜇制品	2.0
原料奶	0.020	生乳、巴氏杀菌乳、灭菌乳、发酵乳、调制乳	0.05
热处理奶	0.020	乳粉、非脱盐乳清粉	0.5
用于制造乳制品的奶	0.020	其他乳制品	0.3
脂肪和油,包括乳脂	0.1	油脂及其制品	0.1
—	—	调味品(食用盐、香辛料类除外)	1.0
盐(以下未精制的盐除外:"fleur de sel"和"grey salt",这两种盐是从具有黏土底部的盐沼中人工收获的)	1.0	食用盐	2.0
以下未精制的盐:"fleur desel"和"grey salt",它们是从具有黏土底部的盐沼中人工收获的	2.0	—	—
干香料:水果香料	0.6	香辛料类	3.0

欧 盟 标 准		中 国 标 准	
食品类别(名称)	限量(MLs)/(mg/kg)	食品类别(名称)	限量(MLs)/(mg/kg)
干香料:根茎香料	1.5	—	—
干香料:树皮香料	2.0	—	—
干香料:花蕾和花雌蕊香料	1.0	—	—
干香料:种子香料	0.9	—	—
葡萄酒(包括气泡酒,不包括利口酒)、苹果酒、梨酒和水果酒,在 2001 年水果收获期至 2015 年水果收获期生产的产品	0.2	酒类(蒸馏酒、黄酒除外)	0.2
葡萄酒(包括气泡酒,不包括利口酒)、苹果酒、梨酒和水果酒,在 2016 年水果收获期至 2021 年水果收获期生产的产品	0.15	蒸馏酒、黄酒	0.5
葡萄酒(包括气泡酒,不包括利口酒)、苹果酒、梨酒和水果酒,在 2022 年水果收获期生产的产品	0.1	—	—
芳香葡萄酒、芳香葡萄酒饮料和芳香葡萄酒制成的鸡尾酒,在 2001 年水果收获期至 2015 年水果收获期生产的产品	0.2	—	—
芳香葡萄酒、芳香葡萄酒饮料和芳香葡萄酒制成的鸡尾酒,在 2016 年水果收获期至 2021 年水果收获期生产的产品	0.15	—	—
芳香葡萄酒、芳香葡萄酒饮料和芳香葡萄酒制成的鸡尾酒,在 2022 年水果收获期生产的产品	0.1	—	—

欧 盟 标 准		中 国 标 准	
食品类别（名称）	限量（MLs）/（mg/kg）	食品类别（名称）	限量（MLs）/（mg/kg）
由葡萄制成的利口酒，在2022年水果收获期生产的产品	0.15	—	—
婴儿、较大婴儿和幼儿配方奶粉	0.020	婴幼儿配方食品（液态产品除外）	0.15（以粉状产品计）
婴儿、较大婴儿和幼儿配方奶粉（液态）	0.010	婴幼儿配方液态产品	0.02（以即食状态计）
婴幼儿加工谷物食品和婴儿食品	0.020	婴幼儿谷类辅助食品（添加鱼类、肝脏、蔬菜类的产品除外）	0.2
—	—	婴幼儿谷类辅助食品（添加鱼类、肝脏、蔬菜类的产品）	0.3
—	—	婴幼儿罐装辅助食品（以水产及动物肝脏为原料的产品除外）	0.25
—	—	婴幼儿罐装辅助食品（以水产及动物肝脏为原料的产品）	0.3
—	—	特殊医学用途配方食品（特殊医学用途婴儿配方食品涉及的品种除外）10岁以上人群的产品	0.5（以固态产品计）
—	—	特殊医学用途配方食品（特殊医学用途婴儿配方食品涉及的品种除外）1岁～10岁人群的产品	0.15（以固态产品计）
根茎类蔬菜（不包括波罗门参、鲜姜和鲜姜黄）、鳞茎类蔬菜、开花芸薹属、大头菜、豆类蔬菜和茎类蔬菜	0.1	新鲜蔬菜（芸薹类蔬菜、叶菜蔬菜、豆类蔬菜、薯类除外）	0.1

欧 盟 标 准		中 国 标 准	
食品类别(名称)	限量(MLs)/(mg/kg)	食品类别(名称)	限量(MLs)/(mg/kg)
芸薹属叶类蔬菜、波罗门参、叶类蔬菜(不包括新鲜香草)和下列食用菌:双孢菇、平菇、香菇	0.3	芸薹类蔬菜、叶菜蔬菜	0.3
野生菌类、鲜姜黄、鲜姜	0.8	豆类蔬菜、薯类	0.2
甜玉米	0.1	蔬菜制品	1.0
果菜(除了甜玉米)	0.05	食用菌及其制品	1.0
—	—	茶叶	5.0
—	—	干菊花	5.0
—	—	苦丁茶	2.0
蜂蜜	0.1	蜂蜜	1.0

表 1-45 (EC)No 629/2008 与 GB 2762—2017 中汞限量比较

欧 盟 标 准		中 国 标 准	
食品类别(名称)	限量(MLs)/(mg/kg)	食品类别(名称)	限量(MLs)/(mg/kg)
食品添加剂	0.1	食用盐	0.1
鱼肉(不包括:琵琶鱼、大西洋鲶鱼、鲣、鳗鲡、锯鳞鱼、鳕鱼、大比目鱼、[南非]岬羽鼬、枪雨、鲽鱼、胭脂鱼、鳗鲡、草原鲣、细鳕、葡萄牙角鲨鱼、魟鱼、雄鲑、安哥拉带鱼、铜盆鱼类、鲭鱼、鲟鱼、旗鱼、剑鱼、金枪鱼)	0.5	水产动物及其制品(肉食性鱼类及其制品除外)	0.5(甲基汞)
琵琶鱼、大西洋鲶鱼、鲣、鳗鲡、锯鳞鱼、鳕鱼、大比目鱼、[南非]岬羽鼬、枪雨、鲽鱼、胭脂鱼、鳗鲡、草原鲣、细鳕、葡萄牙角鲨鱼、魟鱼、雄鲑、安哥拉带鱼、铜盆鱼类、鲭鱼、鲟鱼、旗鱼、剑鱼、金枪鱼	1.0	肉食性鱼类及其制品	1.0(甲基汞)
—	—	矿泉水	0.001(mg/L)

欧盟标准		中国标准	
食品类别(名称)	限量(MLs)/(mg/kg)	食品类别(名称)	限量(MLs)/(mg/kg)
—	—	稻谷、糙米、大米、玉米、玉米面(渣、片)、小麦、小麦粉	0.02
—	—	鲜蛋	0.05
—	—	生乳、巴氏杀菌乳、灭菌乳、调制乳、发酵乳	0.01
—	—	婴幼儿罐装辅助食品	0.02
—	—	肉及肉制品	0.05
—	—	食用菌及其制品	0.1
—	—	蔬菜及其制品	0.01

表 1-46 (EC)No 1881/2006 与 GB 2762—2017 中锡限量比较

欧盟标准		中国标准	
食品类别(名称)	限量(MLs)/(mg/kg)	食品类别(名称)	限量(MLs)/(mg/kg)
非饮料类罐装食品	200	食品(饮料类、婴幼儿配方食品、婴幼儿辅助食品除外)	250
罐装饮料,包括水果汁及蔬菜汁	100	饮料类	150
专供婴幼儿食用的罐装婴儿食品及经加工的谷物食品(不包括干燥粉末状制品)	50	婴幼儿配方食品、婴幼儿辅助食品	50
罐装婴幼儿奶粉及较大婴幼儿罐装奶粉、婴幼儿牛奶及较大婴幼儿牛奶(不包括干燥精粉制品)	50	—	—
专供婴幼儿的特殊医疗用罐装食品(不包括干燥精粉制品)	50	—	—

参 考 文 献

［1］王庚.ICPMS用于海洋和中药材中重金属元素及其汞砷形态分析的研究［D］.济南：山东大学，2008.

［2］梁速，陈祖洪.工业有毒物质的毒害与预防 第九讲 铬镍及其化合物中毒与预防［J］.工业安全与防尘，1986(12)：39-40＋48.

［3］陈祖洪，梁速.工业有毒物质的中毒与预防 第八讲 镉汞及其化合物中毒与预防［J］.工业安全与防尘，1986(11)：32-33.

［4］梁速，陈祖洪.工业有毒物质的毒害与预防 第六讲 溴和溴化氢及碘和碘蒸气的中毒与预防［J］.工业安全与防尘，1986(09)：40-41.

［5］陈祖洪，梁速.工业有毒物质的毒害与预防 第五讲 氟及其化合物和氯及其化合物的中毒与预防［J］.工业安全与防尘，1986(08)：32-33.

［6］钟映雄，陈佳佳，汪思钧，陈建平，李瑞，贾学静，刘晓菲，宋兵兵，钟赛意.海产品中砷的形态及其毒性研究进展［J］.食品与发酵工业，2022(23)：337-343.

［7］倪晓敏.六价铬长期暴露对海洋青鳉鱼的毒性研究［D］.厦门：厦门大学，2018.

［8］仪民，仪慧兰，吴丽华.铬在小鼠体内的蓄积效应与毒性［J］.生态毒理学报，2017,12(06)：259-265.

［9］钟传德.铬的毒性研究进展［J］.中国畜牧兽医，2014,41(07)：132-135.

［10］戴宇，杨重法，郑袁明.土壤-植物系统中铬的环境行为及其毒性评价［J］.环境科学，2009,30(11)：3432-3440.

［11］王艳敏，周鸿，熊丽，宋迎春，李娟，于晖.江西省食品中镍含量调查与健康风险评估［J］.现代预防医学，2020,47(15)：2724-2728.

［12］吴茂江.镍与人体健康［J］.微量元素与健康研究，2014,31(01)：74-75.

［13］曹翠萍，王雪莉.重金属-镍对人体健康的危害及预防［J］.中国现代药物应用，2013,7(09)：78-79.

［14］孙邈.微量元素铬、镍与人体健康［J］.微量元素与健康研究，2010,27(06)：63-64.

［15］郑克纯，宋志忠.镍与人体健康关系的研究进展［J］.现代预防医学，2009,36(03)：430-431.

［16］韦友欢，黄秋婵，苏秀芳.镍对人体健康的危害效应及其机理研究［J］.环境科学与管理，2008(09)：45-48.

［17］李青仁，苏斌，李胜钏.微量元素钴、镍与人体健康［J］.广东微量元素科学，2008(01)：66-70.

［18］曹宏梅，赖红伟，董树国，朱志国.微量元素镍概论［J］.广东微量元素科学，2006(12)：2-6.

［19］何依芳，黄清辉，陈玲，王峰.南极菲尔德斯半岛近岸海洋生物体有机锡污染状况［J］.环境科学学报，2018,38(03)：1256-1262.

［20］张可刚，史建波，何滨，徐维海，李向东，江桂斌.我国沿海典型渔港表层底泥中的有机锡污染［J］.科学通报，2012,57(33)：3205.

［21］邓利，倪睿，钟毅，陈大玮.深圳蛇口港及其临近海域海水有机锡污染［J］.环境科学学

报,2008(08):1682-1687.

[22] 高俊敏,胡建英,郑泽根.海洋生物的有机锡化合物污染[J].海洋科学,2006(05):65-70.

[23] 王璐,陈凤英,吴雄灏,赵磊.三甲基氯化锡中毒研究进展[J].中国职业医学,2017,44(01):89-94.

[24] 涂巍巍,邢鸣鸾,徐进.三丁基锡毒性研究进展[J].卫生研究,2014,43(06):1048-1050+1056.

[25] 王礞礞.有机锡对 HepG$_2$ 细胞的毒性效应及其机制研究[D].厦门:厦门大学,2008.

[26] 李桃,詹晓黎.微量元素锡与健康[J].广东微量元素科学,2003(11):7-12.

[27] 张霞,刘文杰.锡的毒性及测定[J].卫生研究,2002(04):322-324.

[28] 刘悦珍,陈浩然,程星,于晗,林志涵,陈德蓉,任胜男,马玲,曹文泽,温巧玲,李志勇.我国与南亚主要国家农食产品重金属限量标准的对比分析[J].食品安全质量检测学报,2022,13(09):3026-3033.

[29] 何雅静,韩刚,高芳,房金岑,孙慧武.2016—2020 年国际食品法典委员会大会有关水产品标准议题的跟踪分析及启示[J].食品安全质量检测学报,2022,13(07):2299-2307.

[30] 李丽敏,曹帅,季申.中药中重金属及有害元素控制的思考与建议[J].中国食品药品监管,2022(03):104-109.

[31] 王华丽,丁颖,张俭波.第 52 届国际食品添加剂法典委员会进展[J].中国食品添加剂,2021,32(12):214-220.

[32] 张利真,汪滨,张明,周坤超,于立梅,李菁.国内外玉米糁中金属污染物、真菌毒素限量标准比对分析[J].标准科学,2021(08):107-111.

[33] 刘婧,安晓宁.国内外稻米重金属残留限量标准比较分析[J].粮食加工,2021,46(02):46-49.

[34] 温巧玲,潘芳,魏霜,关丽军,李冠斯,李志勇.中国与欧亚经济联盟主要国家重要贸易农食产品重金属限量标准对比分析[J].食品安全质量检测学报,2021,12(06):2447-2454.

[35] 湛艳红,彭喜洋,汪家琦,戴智勇,何湘丽,李浩,董玲.国内外婴幼儿配方乳粉中重金属研究及法规概况[J].中国乳业,2019(03):56-61.

[36] 杨旭,余垚,李花粉,胡义熬,张承林.我国与欧美化肥重金属限量标准的比较和启示[J].植物营养与肥料学报,2019,25(01):149-156.

[37] 初柏君,李世磊,惠菊.我国与欧盟植物油中污染物的限量标准比较[J].粮食与食品工业,2017,24(05):13-15+18.

[38] 纪盛滨,钱程伟,陈晓东,黄旭宇,许少萍,陈岳峰,郭晓彤.中韩活鱼兽药残留和重金属残留安全限量标准比较分析及对策研究[J].中国标准化,2017(19):102-105+117.

[39] 周颖,刘伯科,李玲玲.中欧食品污染物标准比较分析[C].第十四届中国标准化论坛论文集,2017:1340-1343.

[40] 孔繁越.中药材重金属限量标准和农残限量标准研究及标准制定相关建议[D].北京:北京中医药大学,2017.

[41] 李江华,司丁华,王雪琪,席兴军,初侨.东盟与中国食用农产品法规和标准比较研究[J].食品科学,2017,38(11):283-290.

[42] 晁红风,徐莹.国内外食品接触材料法规中迁移限量的比较分析[J].印刷质量与标准

化,2017(02):5-8.

[43] 联合国粮农组织限定婴儿食品和大米重金属含量[J].食品与生物技术学报,2014,33(09):986.

[44] 联合国粮农组织限定婴儿食品和大米重金属含量[J].中国食品学报,2014,14(07):184.

[45] 赵凤霞,王正平,宋学立,朱景伟,孙卉卉,高相彬,王海涛.我国与欧盟主要农产品的重金属限量标准比较[J].贵州农业科学,2014,42(03):162-166.

[46] 聂继云.CAC和我国果品及其制品污染物和毒素限量标准比较[J].中国果树,2014(01):82-84.

[47] 费瑶.关于国内外食品安全卫生标准的比较[J].大家健康(学术版),2013,7(21):212-213.

[48] 秦挺鑫.国内外食品安全卫生标准比较[J].世界标准信息,2007(04):24-26+1.

[49] 食品法典——乳和乳制品 联合国粮食及农业组织、世界卫生组织(连载二)[J].中国乳业,2006(07):9-11.

[50] 滕葳,柳琪,王磊.国内外食品安全卫生标准状况的比较研究[J].食品研究与开发,2006(06):184-186.

[51] 吴娟.我国食品污染物限量标准研究[D].泰安:山东农业大学,2006.

[52] 仇凯,邵懿,王亚,吴刚,屠振华,东思源,武竹英.罐头食品安全标准体系国内外对比分析研究[J].中国食品卫生杂志,2021,33(04):509-517.

[53] 温巧玲,潘芳,魏霜,关丽军,李冠斯,李志勇.中国与欧亚经济联盟主要国家重要贸易农食产品重金属限量标准对比分析[J].食品安全质量检测学报,2021,12(06):2447-2454.

[54] 陈瑞瑞,杜李继,祖艳红,石丁夫,陈世金,王凯,许舒雯.不同产地黄精中重金属含量差异以及限量标准[J].安徽农业大学学报,2020,47(06):996-1000.

[55] 雷晨,应朝辉,陈琼,聂婕,张朵."赤壁青砖茶"国内外农药最大残留限量标准比较研究[J].中国质量与标准导报,2020(06):27-31+35.

[56] 吴敏,吴攀,李玲,杨利玉,廖路,李松鹏.西南喀斯特地区典型矿渣中砷、锑的赋存形态及其潜在风险评价[J].环境科学学报,2022(10):420-429.

[57] 刘晓芸,刘晶晶,柯勇,王庆伟,颜旭.水体中锑的形态及转化规律研究进展[J].中国有色金属学报,2021,31(05):1330-1346.

[58] 赵思岚,刘慧敏,胡红云,黄永达,袁兵,邓双,贾建丽.燃煤过程中锑的释放特性与污染控制综述[J].燃料化学学报,2020,48(12):1476-1487.

[59] 谭伊曼,谭湘武.大气颗粒物中重金属锑的来源、含量及形态综述[J].微量元素与健康研究,2021,38(02):63-65+68.

[60] 王玉婷,武红叶,曾明.锑化合物的毒性作用及临床应用研究概况[J].中国药理学与毒理学杂志,2018,32(12):979-986.

[61] 戈兆凤,韦朝阳.锑环境健康效应的研究进展[J].环境与健康杂志,2011,28(07):649-653.

[62] 朱盼盼,马彦平,周忠雄,石磊.微量元素锌与植物营养和人体健康[J].肥料与健康,2021,48(05):16-18+23.

[63] 滕天明,杨清.锌及锌稳态与高血压的关系探讨[J].中国医药,2019,14(10):1586-1589.

［64］ 王中伟,袁玮,陈玖斌.锌稳定同位素地球化学综述[J].地学前缘,2015,22(05):84-93.

［65］ 张文玲,孙瑞香,魏洪芹,周长祥,安仰生.某些微量元素与人体健康的关系[J].山东地质,2003(S1):40-43.

［66］ 夏敏.必需微量元素与人体健康[J].中国食物与营养,2003(10):50-53.

［67］ 陈兆和,杨德忠.微量元素对老年人健康的作用与危害[J].广东微量元素科学,2002(08):2-7.

［68］ 张谦宗,黄启明.浅论必需微量元素过量时在人体中的毒性[J].广东微量元素科学,1996(02):9-13.

［69］ Codex Alimentarius international food standards.General Standard for Contaminants and Toxins in Food and Feed,CXS 193-1995 Modified in 2019.https://www.fao.org/fao-who-codexalimentarius/en.

［70］ Council Regulation (EEC) No 315/93.Laying down Community procedures for contaminants in food.https://eur-lex.europa.eu/legal-content/EN/ALL/? uri=CELEX:31993R0315.

［71］ Commission Regulation (EC) No 466/2001.Setting maximum levels for certain contaminants in foodstuffs. https://eur-lex. europa. eu/legal-content/EN/TXT/? uri = CELEX:32001R0466.

［72］ Commission Regulation (EC) No 1881/2006.Setting maximum levels for certain contaminants in foodstuffs. https://eur-lex. europa. eu/legal-content/EN/ALL/? uri = CELEX:32006R1881.

［73］ Commision Regulation (EC) No 629/2008.Amending Regulation (EC) No 1881/2006 setting maximum levels for certain contaminants in foodstuffs. https://eur-lex.europa.eu/legal-content/EN/ALL/? uri=CELEX:32008R0629.

［74］ Commission Regulation (EU) 2021/1323.Amending Regulation (EC) No 1881/2006 as regards maximum levels of cadmium in certain foodstuffs.https://eur-lex.europa.eu/legal-content/EN/TXT/HTML/? uri=CELEX:32021R1323&from=EN.

［75］ 栾琳琳.化妆品中重金属含量的法规要求及测试方法研究[J].山东化工,2022,51(01):138-141+145.

［76］ 李燕颖,秦志钧.国内外玩具涂料中有害重金属限值法规的差异[J].质量与认证,2021(S1):305-308.

［77］ 庞淑婷,刘颖.中外谷物及其制品中污染物限量要求分析[J].标准科学,2021(03):70-76.

［78］ 张文焕,邱静,李耘,许彦阳,钱永忠.国内外生姜质量安全标准比对研究[J].农产品质量与安全,2020(05):29-35.

［79］ 陈丽辉.中国与主要国际组织、发达国家水产品中重金属限量比对分析研究[J].渔业研究,2020,42(04):394-403.

［80］ 翟晨,李梦瑶,时超,杨悠悠.中欧粮油产品重金属限量标准及减控措施对比[J].食品科技,2019,44(08):347-354.

［81］ 杨卫民,徐广超,季澜洋,尚艳娥.CAC、欧盟、美国与中国粮食中重金属限量标准的差异分析[J].食品科学技术学报,2019,37(01):16-19.

第二章　无机元素性质及毒性

第一节　无机元素性质

铬、镍、砷、硒、镉、汞、铅是烟草行业重点关注的无机元素,国内外烟草领域都建立了这些无机元素的分析检测方法,在某些产品中还制定了重金属相关的产品质量标准。

一、铬(Cr)

铬元素符号为 Cr,在元素周期表中属ⅥB族,铬的原子序数为 24,原子量为 51.9961,是体心立方晶体。1797 年法国化学家沃克兰(L.N.Vauquelin)在西伯利亚红铅矿(现成为铬铅矿 PbCrO4)中发现了一种新元素,因该元素的化合物有各种颜色从而被命名为 Chromium(希腊语中 Chroma 的意思是颜色)。1798 年用木炭还原 CrO_3 首次分离得到金属形态的铬。

铬是银白色金属,质硬而脆,密度为 7.20 克/立方厘米,熔点为(1857±20) ℃,沸点为2672 ℃。化合价为+2、+3 和+6,铬第一电离能为 6.766 电子伏特(eV),第二电离能为16.49 eV。

自然界中存在的铬有 50、52、53 和 54 四个稳定同位素。其丰度分别为 4.31%、83.76%、9.55%、2.38%。

铬是人体必需的微量元素,铬的毒性与其存在的价态有关,三价的铬是对人体有益的元素,而六价铬是有毒的。六价铬对人主要是慢性毒害,它可以通过消化道、呼吸道、皮肤和黏膜侵入人体,在体内主要积聚在肝、肾和内分泌腺中。铬元素经呼吸道进入人体时,会侵害上呼吸道,引起鼻炎、咽炎、支气管炎、甚至会造成鼻中隔穿孔,长期作用还会引起肺炎、支气管扩张、肺硬化及肺癌等。铬经消化道进入人体,可引起口角糜烂、恶心、呕吐腹泻、腹疼和溃疡等病变。铬经皮肤浸入,可使人发生皮炎、湿疹及"铬疮"。短时间接触可使人患各种过敏症,长期接触亦可引起全身性中毒。人口服重铬酸盐的致死剂量为 3 g。

美国纽约大学研究员贝兰博士对大量青少年近视病例进行研究之后指出,体内缺乏微量元素铬与近视的形成有一定的关系,青少年长期缺铬,会引起眼睛晶体渗透压的变化,使晶状体变凸,屈光度增加,从而产生近视。

铬的物理性质如表 2-1 所示。

表 2-1　铬的物理性质

CAS	NO.7440-48-3
原子序数	24
原子量	51.996
密度	7.14 g/cm³(20 ℃)
熔点	(1903±10) ℃
沸点	2642 ℃
原子半径	128 pm
离子半径	Cr^{6+}:(52～53) pm,Cr^{3+}:64 pm
电离能	第 1 级:6.764 eV,第 2 级:16.49 eV
光谱特征线/nm	357.869、359.349、360.533、425.437、427.480

二、镍(Ni)

镍来自德语 Nickel 的音译,早在 2000 年前中国就已懂得冶炼白铜,它是铜镍合金。公元前 235 年,我国就开始使用镍矿物制造硬币。在古代,中国、埃及和巴比伦人都曾用含镍很高的陨铁制作器物,且由于镍不生锈,也被秘鲁土著人看作是银。17 世纪后期德国人用萨克森地方的一种沉重的红棕色矿石来给玻璃着色,生产绿玻璃,那时的矿工们总以为这是一种铜矿,因为多次冶炼尝试都失败了,因而就把这种矿石称为鬼铜,德语是 Kupfernickel,因为 Kupfer 是德语的铜,德语里称魔鬼为 Nick,后来定名为 Nickel,所以镍 Nickel 来源于此。1751 年,斯德哥尔摩的 Alex Fredrik Cronstedt 研究一种新的金属——叫作红砷镍矿(NiAs)。他以为其包含铜,但他提取出的是一种新的金属,并于 1754 年宣布并命名为 nickel(镍),直到 1775 年纯净的镍才被 Torbern Bergman 制取出来。

镍是一种银白色金属,属于过渡金属元素,位于第四周期第Ⅷ族,原子序数为 28,具有良好的机械强度和延展性,不溶于水,对酸和碱的抗蚀能力很强,但易溶于稀硝酸和王水中。耐高温,熔点为 1455 ℃,沸点为 2730 ℃,密度为 8.902 g/cm³。

镍是人体必需的生命元素,在人体内含量极微,正常情况下,成人体内含镍约 10 mg,血液中正常浓度为 0.11 μg/mL。在激素作用和生物大分子的结构稳定性上及新陈代谢过程中都有镍的参与,人体对镍的日需求量为 0.3 mg。镍缺乏可引起糖尿病、贫血、肝硬化、尿毒症、肾衰、肝脂质和磷脂质代谢异常等病症。

镍同时也是最常见的致敏性金属,镍离子可以通过毛孔和皮脂腺渗透到皮肤里面去,从而引起皮肤过敏发炎,其临床表现为瘙痒、丘疹性或丘疹水泡性皮炎和湿疹,伴有苔藓化。一旦出现致敏症状,镍过敏能无限期持续。更为严重的是因镍摄入过多而导致的中毒现象。人体每天摄入可溶性镍 250 mg 则会引起中毒,特有症状是皮肤炎、呼吸器官障碍及呼吸道癌症。依据动物实验,超量摄取镍,可导致心肌、脑、肺、肝和肾退行性变。金属镍几乎没有急性毒性,一般的镍盐毒性也较低,但羰基镍却能产生很强的毒性。

镍具有很好的可塑性、耐腐蚀性和磁性等性能,因此主要被用于钢铁、镍基合金、电镀及电池等领域,广泛用于飞机、雷达等各种军工制造业,民用机械制造业和电镀工业等。

镍的物理性质如表 2-2 所示。

表 2-2　镍的物理性质

CAS	NO.7440-02-0
原子序数	28
原子量	58.6934
密度	8.908 g/cm³（20 ℃）
熔点	1453 ℃
沸点	2732 ℃
原子半径	128 pm
离子半径	Cr^{6+}:52～53 pm,Cr^{3+}:64 pm
电离能	第 1 级:7.633 eV,第 2 级:18.15 eV
光谱特征线/nm	232.003、231.10、233.749、323.226

三、砷(As)

人们在古代就知道砷的化合物可作为颜料和药物。古埃及人在沙草纸上提及其作为金属镀金的方法。希腊哲学家 Theophrastus 认识两种硫化砷矿物:雌黄（As_2S_3）和雄黄（As_4S_4）。我国西周时代已经用雌黄画绘织物,战国时代已用雄黄和舆石（FeAsS)治病。公元 6 世纪北魏末期贾思勰在《齐民要术》中指出,雄黄和雌黄粉与胶水混合浸纸可防虫蛀。在欧洲,公元 1 世纪,希腊以生用焙烧砷的硫化物矿制得三氧化二砷作为药物。罗马博物学家 Pliny 记录了在金矿和银矿中发现砷的硫化物,并称它为 Auripigmentum(Auri 意思是金黄色,Pigmentum 意思是颜料,整个词的意思是金黄色的颜料）。更早一些,希腊哲学家 Aristotle 的著作中记载过 Arsenikon,当今称之为雌黄,Arsenic 就是来源于它。

有些外国学者认为单质砷是德国人 Albertus Magnus 于 1250 年用雌黄与肥皂共同加热首先制得的。1649 年 J.SchrÓder 刊行的《药典》中列举了用木炭还原氧化砷和用石灰使雄黄分解还原制取单质砷的两种方法。我国的葛洪（283—363 年)在《抱朴子仙药篇》中及医药大师孙思邈（581—682 年)在《太清丹经要诀》中都记录了单质砷的制备方法。由此来看首先制得单质砷的是中国的炼丹家葛洪,而不是德国人 Albertus Magnus。

砷,俗称砒,是一种非金属元素,在化学元素周期表中位于第 4 周期、第ⅤA 族,原子序数为 33,元素符号为 As,单质以灰砷、黑砷和黄砷这三种同素异形体的形式存在,室温下最稳定的是灰色的、菱形的金属型的 α-砷。砷只有一种稳定的同位素 75As。

砷化合物在自然环境中广泛存在,砷和它的所有化合物几乎都有剧毒,三价砷毒性大于五价砷。内服 0.1 g 砒霜（As_2O_3)就可使人死亡,空气中砷的最高许可浓度为 0.0003 mg/L。砷的中毒机理是由于它封锁了蛋白质的氢硫基或者是从酶的活性中心置换了铜或锌。在体内,砷可与细胞内巯基酶结合从而使其失去活性,影响组织的新陈代谢,引起细胞死亡,也可引起神经细胞代谢障碍,造成神经系统病变。砷对消化道有腐蚀作用,接触部位可产生急性炎症、出血与坏死。砷化合物可通过皮肤、呼吸道和消化道被人体吸收,砷对人的心肌、呼吸、神经、生殖、造血、免疫系统都有不同程度的损害。砷中毒急救的解药首选氢氧化铁,它可与 As_2O_3 结合生成砷酸铁,既能保护胃黏膜不受破坏,又能阻止砷的进一步吸收,氢氧化铁可由氧化镁和硫酸铁溶液制得,是悬浮液。特效的解毒剂还有二巯基丙醇和二巯基丙酸钠。

砷的氧化物还有治疗白血病的作用,1985 年,上海血研所王振义教授在国际上率先应用全反式维甲酸(ATRA)治疗急性早幼粒细胞性白血病(APL)患者取得成功,80％以上的患者的病情可以完全缓解,但短期内容易复发。20 世纪 90 年代,哈尔滨医科大学张庭栋教授等应用传统中药三氧化二砷治疗 APL 患者取得疗效。上海交通大学医学院附属瑞金医院上海血液学研究所/医学基因组学国家重点实验室在国际权威杂志《科学》(Science)上发表了三氧化二砷治疗急性早幼粒细胞性白血病(APL)分子机制的最新研究成果,该研究揭示了癌蛋白 PML-RAR 是砷剂治疗 APL 的直接药物靶点。

砷的物理性质如表 2-3 所示。

表 2-3　砷的物理性质

CAS	7440-38-2
原子序数	33
原子量	74.9216
密度	5.7 g/cm³
熔点	816 ℃(3.91 MPa)
沸点	615 ℃
金属半径	139 pm
离子半径 M3+	69 pm
电离能	第 1 级:9.79 eV,第 2 级:18.59 eV
光谱特征线/nm	188.990、193.696、197.197

四、镉(Cd)

镉,英文名 cadmium,源自 kadmia,"泥土"的意思。镉是亲硫元素,单质镉不存在于自然界,常与锌和汞一起浓集于硫化物沉积物中。镉在地壳中的丰度在 0.1～0.2 ppm。1817 年德国哥廷根大学教授 Stromeyer 首次将镉制备出来,当时他发现代替药用氧化锌的碳酸锌在加热时不能转化为白色氧化锌从而引起了注意,教授将这种不纯氧化锌溶于硫酸,再通以硫化氢气体得到混合硫化物沉淀,沉淀经洗涤后再溶于浓盐酸,除去过量盐酸后加入碳酸铵以溶解锌和铜,将不溶于碳酸铵的沉淀过滤、清洗、灼烧成为褐色的氧化物,然后用碳还原得到有光泽的蓝灰色金属——镉。因镉广泛存在于含锌矿石——菱锌矿(古名 cadmia)中,所以 Stromeyer 教授将这个新元素命名为 cadmium。

钢铁表面的镉薄膜可以防止锈蚀,对碱和海水有较好的抗腐蚀性,有较好的延展性,也易于焊接且能长期保持光泽。因此镀镉被广泛应用于飞机、船舶零件和电器零件上,镉(98.65％)镍(1.35％)合金是飞机发动机的轴承材料。用于充电电池:镍-镉和银-镉、锂-镉电池具有体积小、容量大等优点。但因其具有毒性,不能用于炊具、水管道。

胎儿和幼儿体内的镉含量几乎为零,人体因不断摄入而积蓄,进入体内的镉主要通过肾脏经尿排出,但也有相当数量由肝脏经胆汁随粪便排出,镉的排出速度很慢,人肾皮质镉的生物学半衰期是10~30年。人体镉中毒主要通过两个途径:一是经呼吸道吸入,症状是从咳嗽、有痰咽喉有刺激感开始,进一步发展到阻塞性肺病综合征和肺气肿;二是经消化道摄入,引起食欲不振、呕吐及腹泻等肠胃疾病症状,特别会引起肾障碍等特征症状。镉被人体吸收后,在体内形成镉硫蛋白,选择性蓄积在肝、肾中,其中三分之一浓集于肾,六分之一浓集于肝。长期吸入镉可产生慢性中毒,引起肾脏损害,病者出现糖尿、蛋白尿和氨基酸尿,特别是由于骨骼代谢受阻,会造成骨质疏松、萎缩、变形等一系列症状。

欧盟将镉列为高危害有毒物质和可致癌物质并予以规管。美国环境保护署限制排入湖、河、弃置场和农田的镉量并禁止杀虫剂中含有镉。美国环境保护署允许饮用水含有10 ppb 的镉,并打算把限制减到5 ppb。美国食品和药物管理局规定食用色素的含镉量为不得多于15 ppm。美国职业安全卫生署规定工作环境空气中镉含量在烟雾为100 $\mu g/m^3$,镉尘为200 $\mu g/m^3$。美国职业安全卫生署计划将空气中所有镉化合物含量限制在1~5 $\mu g/m^3$。

亚洲是全球最大的初级镉金属产区,以中国、韩国、日本为主。

镉的物理性质如表 2-4 所示。

表 2-4 镉的物理性质

CAS	NO.7440-43-9
原子序数	48
原子量	112.41
密度	8.65 g/cm³
熔点	320.9 ℃
沸点	765 ℃
原子半径	151 pm
共价半径	(144±9) pm
电离能	第 1 级:8.991 eV,第 2 级:16.904 eV
特征光谱线/nm	214.44、228.80、226.50

五、汞(Hg)

汞的符号是 Hg,它来自人造的拉丁词 hydrargyrum,其词根来自希腊语 γδραργνρos (hydrargyros),这个词的两个词根分别表示"水"(Hydro)和"银"(argyros),由于汞与水一样是液体,又像银一样闪亮。在西方,人们用罗马神墨丘利来命名汞,墨丘利以他的速度和流动性著名。天然的硫化汞又称为朱砂或丹砂,由于它有鲜红的色泽,因而很早就用来作为红色的颜料。在公元前 1500 年的古埃及墓中人们就找到了汞的存在。殷墟出土的甲骨文上涂有丹砂,我国在公元前二世纪就知道了由硫化汞制水银,葛洪是最早详细记录相关反应的人。汞是唯一一种炼金术士给的名字变成现在常用的名称的金属。

汞在地壳中的平均储藏量是 $5×10^{-5}$%,总储量达 1600 亿吨,在海水中的浓度约为

$3 \times 10^{-9} \%$。

汞及其化合物都是毒性物质,很容易被皮肤以及呼吸道和消化道吸收,经血液循环后储存在肝肾脾脏和骨骼中。汞会破坏中枢神经系统,对口、黏膜和牙齿有不良影响。长时间暴露在高汞环境中可以导致脑损伤和脑死亡,空气中汞最大允许含量是 $0.1~\mathrm{mg/m^3}$。有机汞极易挥发,空气中允许的最大含量为 $0.01~\mathrm{mg/m^3}$,最危险的汞有机化合物是二甲基汞 $[(CH_3)_2Hg]$,仅数微升接触在皮肤上就可以致死,硫化汞是毒性较低的化合物。汞的化合物尤其是溶液状的毒性极大,致死量为 $0.5~\mathrm{g}$。

汞在室温下呈液态,可流动且在 $0 \sim 200~℃$ 之间体积膨胀系数很均匀,又不润湿玻璃,故广泛用于制作温度计。但因汞的毒性,故今天的温度计大多数使用酒精取代汞,但因其精确度高,一些医用温度计仍然使用汞。

由于汞的密度高,电导率低,仅为铜的 1.68%,但其电阻有随温度升高而降低的特性,汞的蒸汽在电弧中导电,并放出富有紫外线的光,故在电器和机械工业中可用来制作汞弧整流器和振荡器。但从 20 世纪 70 年代中期起,汞弧整流器被硅半导体整流器和大功率晶闸管电路所取代。

在可控制条件下,汞的化合物可以用作具有治疗价值的药物,例如 RHg_x 的衍生物可用作利尿剂,其他的有机汞可以治疗梅毒,它们对霉菌和细菌有高度的毒性。

汞的物理性质如表 2-5 所示。

表 2-5　汞的物理性质

CAS	7439-98-6
原子序数	80
原子量	200.59
密度	$13.534~\mathrm{g/cm^3}$（25 ℃）
熔点	$-38.87~℃$
沸点	$356.57~℃$
金属半径	157 pm
共价半径	149 pm
电离能	第 1 级：10.434 eV,第 2 级：18.751 eV
特征光谱线/nm	184.957、253.652

六、硒（Se）

1817 年,瑞典化学大师贝采利乌斯(J.J.Berzelius)从硫酸厂的铅室底部的红色粉状物质中制得硒。起初认为是碲,翌年 2 月做出更正为硒,希腊文的原意是"月亮",其在化学性质上与碲相似。贝采利乌斯还原硒的氧化物,得到橙色无定形硒;缓慢冷却熔融的硒,得到灰色晶体硒;在空气中让硒化物自然分解,得到黑色晶体硒。

硒在地壳中的含量为 $0.05 \times 10^{-6} \%$,通常极难形成工业富集。硒的赋存状态大概可分为三类:一类以独立矿物形式存在,其次以类质同象形式存在,还有一类以黏土矿物吸附形式存在。

硒的稳定同位素有六个，分别为74Se、76Se、77Se、78Se、80Se 和 82Se。

单质硒是无毒的，但硒的化合物特别是有机化合物是有毒的，食物中含 5 ppm 或饮料中含 0.5 ppm 的硒会对人体产生潜在的危险，有机化合物会导致湿疹和皮炎。空气中硒的最高允许浓度为 0.1 mg/m³。

另一方面硒又是生命必需的基本微量元素，主要以硒代氨基酸和多肽等形式存在于人和动物的内脏组织和血液中，并通过正常代谢维持一定水平。硒过多或过少都将致病。我国某些地区的多发病——克山病，病因之一就是缺硒。缺硒会导致未老先衰，严重缺乏硒会引发心肌病及心肌衰竭，精神萎靡不振，精子活力下降，易患感冒。2000 年制订的《中国居民膳食营养素参考摄入量》18 岁以上者的推荐摄入量为 50 μg/d，适宜摄入量为 50～250 μg/d，可耐受最高摄入量为 400 μg/d。

硒在工业上可用作光敏材料，如干印术的光复制，这是利用无定形硒的薄膜对光的敏感性，能使含有铁化合物的有色玻璃褪色。也用作油漆、搪瓷、玻璃和墨水中的颜色、塑料。还用于制作光电池、整流器、光学仪器、光度计等。硒在电子工业中可用作光电管、太阳能电池，在电视和无线电传真等方面也使用硒。

硒的物理性质如表 2-6 所示。

表 2-6　硒的物理性质

CAS	74782-49-2
原子序数	34
原子量	78.96
密度	4.81 g/cm³
熔点	221 ℃
沸点	684.9 ℃
原子半径	117 pm
离子半径	198 pm
电离能	第 1 级：10.434 eV，第 2 级：18.751 eV
特征光谱线/nm	196.090、203.985、206.219、207.479

七、铅（Pb）

铅为带蓝色的银白色重金属，其化学符号源于拉丁文，化学符号是 Pb（拉丁语 Plumbum），由于氧化铅矿石易被碳或一氧化碳还原成金属铅，以及硫化铅矿石再用火灼烧时能析出少量金属铅，所以铅的发现很早，并成为古代人类使用最早的六种金属（金、银、铜、铁、锡、铅）之一。

$$Pb_3O_4 + 2C \longrightarrow 3Pb + 2CO_2 \uparrow$$

$$PbO + C \longrightarrow Pb + CO \uparrow$$

铅是人类最早使用的金属之一，公元前 3000 年，人类已会从矿石中熔炼铅，在英国博物馆里藏有在埃及阿拜多斯(Abydos)清真寺发现的公元前 3000 年的铅制塑像。直到 16 世纪,在用石墨制造铅笔以前,在欧洲,从希腊、罗马时代起,人们就是手握夹在木棍里的铅条在纸上写字,这正是今天"铅笔"这一名称的来源。我国早在公元前 2000 年已经用铅铸造货币,名叫"铅刀"。根据《尚书·禹贡》记载,商代以前,山东青州已生产铅,殷代和西周使用的青铜器是锡铅铜的合金。

铅在地壳中的含量估计为 $1.6 \times 10^{-3}\%$,在海水中的浓度为 0.004 g/t,主要矿石是方铅矿(PbS),这种矿石广泛分布于世界各地。铅是质量最大的稳定元素,在自然界中有四种稳定同位素:铅 204、206、207、208,还有 20 多种放射性同位素。

铅和所有铅的化合物都有毒性,少量的铅在人体正常的新陈代谢过程中能顺利排出,一般不致引起积累性中毒,但若摄入量过多可导致人体中毒。当人体血液中铅的累计含量达到 $0.6 \times 10^{-6}\% \sim 0.8 \times 10^{-6}\%$ 时,就会损坏肝脏,引起造血机能的衰退,出现腹揭、疝痛、脑出血和慢性肾炎等铅中毒病症。铅是一种具有蓄积性、多亲和性的毒物,对人体各组织器官都有毒性作用,主要损害神经系统、造血系统、消化系统和肾脏,还损害人体的免疫系统,使机体抵抗力下降。铅中毒的治疗常采用注射乙二胺四乙酸二钠钙的方法,可使尿中铅的排出量增加 10~30 倍,短时间内得到减轻或消除症状的疗效。

婴幼儿和学龄前儿童对铅是易感人群。国际上普遍认为儿童血铅达到或超过 100 mg/L 为血铅偏高。铅超标会影响儿童的智力,包括说话能力、记忆力和注意力等。孩子血铅超标一般不会有明显的症状,主要表现为注意力不集中,会有攻击性,有时肚子会疼。由于这些症状不具有特异性,因此往往会被家长忽略。

室内环境铅污染主要有以下几个方面:一是来源于室内某些装饰品;二是来源于煤及煤制品;三是来源于室内吸烟,有人对在吸烟家庭中长大的孩子与在不吸烟家庭中长大的孩子进行对比发现,前者患铅中毒的比例比后者要高出 10 倍以上;四是来源于空气污染。

一般饮用水中铅含量的安全界限是 100 μg/L,而最高可接受水平是 50 μg/L。后来又进一步规定自来水中可接受的铅最大浓度为 50 μg/L(0.05 mg/L)。空气中含铅最大允许量为 0.15 mg/m³。

铅大量用于制造铅蓄电池,四乙基铅被用作汽油抗震剂。铅合金可用于铸铅字,做焊锡;铅还用来制造放射性辐射、X 射线的防护设备。铅还可用在枪弹和炮弹中,例如开花弹(又名达姆弹)。

铅的物理性质如表 2-7 所示。

表 2-7　铅的物理性质

CAS	7439-92-1
原子序数	82
原子量	207.2
密度	11.34 g/cm³
熔点	327.5 ℃
沸点	1749 ℃
原子半径	181 pm

离子半径	119 pm(配位数 6)
电离能	第 1 级：7.415 eV，第 2 级：15.03 eV
特征光谱线/nm	216.999、202.202、205.327、283.306

八、锡（Sn）

锡是第 5 周期ⅣA 族元素，原子序数 50，相对原子质量 118.710。锡有灰锡（α 锡）和白锡（β 锡）两种常见晶型和 10 种稳定同位素，氧化态为＋2 价和＋4 价。锡在地壳中的质量分数为 0.006％～0.040％。自然界中锡大都以锡石（SnO_2）形式存在。我国锡储量居世界第一位，主要分布在云南、广西等。锡矿主要分散在岩石和矿砂中，并且逐渐转移到土壤、水域和大气中。土壤中的锡含量通常低于岩石中，且主要积聚在有机质含量较高的表土中。在港口、海湾等地方的水体中，锡含量较高。有机锡化合物倾向于在水体的表层和水底腐殖质中富集，大气中锡含量随受污染程度而变化。伴随着锡及其化合物、合金等越来越多地被应用于现代生活中，锡的环境污染也随之而来。

在 T/CSES38—2021《重金属环境健康风险评估技术规范》标准的"重金属的毒性参数"表中，锡的经口摄入参考剂量（RfD_{oral}）为 0.6 mg/(kg·d)。有机锡化合物多数有毒，部分还是剧烈的神经毒物。有机锡化合物中毒会影响神经系统的能量代谢和氧自由基的清除，导致脑水肿、脑软化、头痛、头晕、健忘和颅内压增高，脊髓病等症状。与有机锡化合物不同，大多数无机锡化合物的毒性较弱，但长时间吸入 SnO_2 的烟雾或粉尘也可引起肺部的纤维病变，导致锡肺，而且有学者认为锡化氢（SnH_4）的毒性比砷化氢（AsH_3）还大。美国毒物与疾病登记署（Agency for Toxic Substances & Disease Registry；ATSDR）公布的 MRLs 名单（Minimal Risk Levels for Hazardous Substances；MRLs）和 CERCLA-PLOHS 名单（The Comprehensive Environmental Response，Compensation，and Liability Act Priority List of Hazardous Substances；CERCLA-PLOHS）中均含有锡。

锡的物理性质如表 2-8 所示。

表 2-8　锡的物理性质

CAS	7440-31-5
原子序数	50
原子量	118.71
密度	6.54 g/cm³
熔点	231.89 ℃
沸点	2260 ℃
原子半径	145 pm
离子半径	112 pm
电离能	7.34 eV
特征光谱线/nm	224.60、235.44、286.33

九、锑(Sb)

锑的元素符号为 Sb,原子序数为 51。它是一种有金属光泽的类金属,在自然界中主要存在于硫化物矿物辉锑矿(Sb_2S_3)中。锑化合物在古代就用作化妆品,早在公元前 3100 年的埃及前王朝时代,三硫化二锑就用作化妆用的眼影粉。金属锑在古代也有记载,但那时却被误认为是铅。1556 年法国冶金学家 G. Agricola 正式提出锑是一种独立金属,1615 年,Libavius 叙述过用铁还原辉锑矿(Sb_2S_3)得到金属锑。

锑在地壳中的丰度为 0.002‰~0.005‰,中国是世界上锑产量最大的国家,占了全球的 84%。虽然自然界中会有一些锑单质存在,但多数锑依然存在于它最主要的矿石——辉锑矿(主要成分为 Sb_2S_3)中。锑化合物通常分为 +3 价和 +5 价两类。与同主族的砷一样,它的 +5 氧化态更为稳定。

锑的最主要用途是它的氧化物——三氧化二锑用于制造耐火材料。除了含卤素的聚合物阻燃剂以外,它几乎总是与卤化物阻燃剂一起使用。三氧化二锑形成锑的卤化物的过程可以减缓燃烧,这些化合物与氢原子、氧原子和羟基自由基反应,最终使火熄灭。商业中这些阻燃剂应用于儿童服装、玩具、飞机和汽车座套。它也用于玻璃纤维复合材料(俗称玻璃钢)工业中聚酯树脂的添加剂,例如轻型飞机的发动机盖。锑在新兴的微电子技术中也有着它的广泛用途,如用于 AMD 显卡制造。

锑和它的许多化合物有毒,作用机理为抑制酶的活性,这点与砷类似。锑的毒性比砷低得多,锑化合物的毒性差异很大,元素锑比无机锑盐毒性大,三价锑(Sb^{3+})比五价锑(Sb^{5+})毒性大,硫化物毒性大于氧化物。锑可以通过呼吸、饮食或皮肤等暴露途径进入人或动物体内。经吸入暴露锑的慢性毒性作用的靶器官为呼吸系统,其临床症状主要表现为肺功能改变、慢性支气管炎、肺气肿、早期肺结核、胸膜粘连和尘肺病。除了呼吸系统外,锑慢性毒性作用的靶器官还包括心血管系统和肾脏。人长期吸入 SbH_3 后,还会出现红细胞溶解、肌红蛋白尿症和血尿症以及肾衰竭等症状。

锑的物理性质如表 2-9 所示。

表 2-9 锑的物理性质

CAS	7440-36-0
原子序数	51
原子量	121.75
密度	6.697 g/cm³
熔点	630 ℃
沸点	1587 ℃
原子半径	145 pm
离子半径	76 pm
电离能	第一级:8.64 eV,第二级:16.53 eV
特征光谱线/nm	217.58、206.83、212.73

十、锌(Zn)

锌是一种浅灰色的过渡金属。锌是第四"常见"的金属,仅次于铁、铝及铜。1668年,佛兰德的冶金家P.Moras de Respour,据传闻说从氧化锌中提取了金属锌,但欧洲认为锌是由德国化学家Andreas Marggraf在1746年发现的。在10～11世纪中国是首先大规模生产锌的国家,明朝末年宋应星所著的《天工开物》一书中有世界上最早的关于炼锌技术的记载。1745年东印度公司的船在瑞典的海岸沉没,其运载的货物是中国的锌,通过分析回收的铸锭证明了它们是几乎纯净的金属。

在常温下锌是硬而易碎的,但在100～150 ℃下会变得有韧性。当温度超过210 ℃时,锌又重新变脆,可以通过敲打来粉碎它。锌的电导率居中。

锌是人体必需的微量元素之一,在人体生长发育、生殖遗传、免疫、内分泌等重要生理过程中起着极其重要的作用,被人们冠以"生命之花""智力之源""婚姻和谐素"的美称。锌缺乏容易引起食欲不振、味觉减退、嗅觉异常、生长迟缓、侏儒症、智力低下、溃疡、皮节炎、脑腺萎缩、免疫功能下降、生殖系统功能受损、创伤愈合缓慢、感冒、流产、早产、生殖无能、头发早白、脱发、视神经萎缩、近视、白内障、老年黄斑变性、老年人加速衰老、缺血症、毒血症、肝硬化。

锌的物理性质如表2-10所示。

表 2-10　锌的物理性质

CAS	7440-66-6
原子序数	30
原子量	65.409
密度	7.14 g/cm³
熔点	419.53 ℃
沸点	907 ℃
原子半径	134 pm
离子半径	30 pm
电离能	9.39 eV,17.964 eV
特征光谱线/nm	213.856、202.551、206.191、307.59

第二节　重金属致癌效应

对于重金属等有害元素的致癌效应强弱,可用致癌效应毒性参数来衡量,常用的致癌毒性参数有致癌斜率因子(Slope Factor,SF)和吸入单位风险(Inhalation Unite Risk,IUR)等如表2-11所示;对于非致癌毒性参数,常用参考剂量(Reference Dose,RfD)或参考浓度(Reference Concentration,RfC)表示,如表2-12所示。中国环境科学学会在2021年发布了T/CSES38—2021《重金属环境健康风险评估技术规范》标准。

表 2-11 重金属的致癌毒性参数

CAS 编号	中文名称	呼吸吸入致癌斜率因子 (SF_{inh})		经口摄入致癌斜率因子 (SF_{oral})		呼吸吸入单位风险 (IUR_{inh})	
		数值/$[mg/(kg \cdot d)]^{-1}$	来源	数值/$[mg/(kg \cdot d)]^{-1}$	来源	数值/$(\mu g/m^3)^{-1}$	来源
7440-38-2	无机砷	1.2×10^1	OEHHA	1.5	IRIS	1.5×10^1	IRIS
7440-43-9	镉	1.5×10^1	OEHHA	—	—	1.5×10^1	IRIS
7439-92-1	无机铅	4.2×10^{-2}	OEHHA	8.5×10^{-3}	OEHHA	1.5×10^1	OEHHA
18540-29-9	六价铬	5.1×10^2	OEHHA	1.2×10^{-2}	IRIS	1.5×10^1	IRIS
7440-42-7	铍	—	—	—	—	2.4×10^{-3}	IRIS
7440-48-4	钴	—	—	—	—	9×10^{-3}	PPRTV
7440-02-0	镍	—	—	—	—	2.6×10^{-4}	OEHHA
1314-62-1	钒	—	—	—	—	8×10^{-3}	PPRTV

注:IRIS 代表数据来自"美国环保局综合风险信息系统(USEPA Integrated Risk Information System)";OEHHA 代表数据来自"美国加州环境健康危害评估办公室(California Office of Environmental Health Hazard Assessment)数据";PPRTV 代表数据来自美国环保局"临时性同行审定毒性数据(The Provisional Peer Reviewed Toxicity Values)"。表格中未包含的污染物可参考以上数据库的最新更新版本获取其参数。

表 2-12 重金属的非致癌毒性参数

CAS 编号	中文名称	呼吸吸入参考浓度(RfC_{inh})		经口摄入参考剂量(RfD_{oral})	
		数值/(mg/m^3)	来源	数值/$[mg/(kg \cdot d)]$	来源
7440-38-2	无机砷	1.5×10^{-5}	OEHHA	3×10^{-4}	IRIS
7440-43-9	镉	1×10^{-5}	RSL	5×10^{-4}(饮水) 1×10^{-3}(食物)	IRIS
16065-83-1	三价铬	—	—	1.5	IRIS
18540-29-9	六价铬	1×10^{-4}	IRIS	3×10^{-3}	IRIS
7439-97-6	汞	3×10^{-4}	IRIS	—	—
22967-92-6	甲基汞			1×10^{-4}	IRIS
7429-90-5	铝	5×10^{-3}	PPRTV	1	PPRTV
7440-36-0	锑	3×10^{-4}	ATSDR	4×10^{-4}	IRIS
7440-39-3	钡	5×10^{-4}	RSL	0.2	IRIS
7440-42-7	铍	2×10^{-5}	IRIS	2×10^{-3}	IRIS
7440-42-8	硼	2×10^{-2}	RSL	0.2	IRIS
7440-48-4	钴	6.0×10^{-6}	PPRTV	3×10^{-4}	PPRTV
7440-50-8	铜	—	—	4×10^{-2}	RSL

续表

CAS 编号	中文名称	呼吸吸入参考浓度（RfC_inh）		经口摄入参考剂量（RfD_oral）	
		数值/(mg/m³)	来源	数值/[mg/(kg·d)]	来源
7439-89-6	铁	—	—	0.7	PPRTV
7439-96-5	锰	5×10^{-5}	IRIS	0.14	IRIS
7439-98-7	钼			5×10^{-3}	IRIS
7440-02-0	镍	9×10^{-5}	ATSDR	2×10^{-2}	IRIS
7782-49-2	硒	—	—	5×10^{-3}	IRIS
7440-22-4	银	—	—	5×10^{-3}	IRIS
7440-28-0	铊	—	—	1×10^{-5}	RSL
7440-32-5	锡	—	—	0.6	RSL
1314-62-1	钒	7.0×10^{-6}	PPRTV	9×10^{-3}	IRIS
7440-66-6	锌	—	—	0.3	IRIS

注：IRIS 代表数据来自"美国环保局综合风险信息系统（USEPA Integrated Risk Information System）"；ATSDR 代表数据来自"美国毒物和疾病登记署（Agency for Toxic Substances and Disease Registry）数据"；OEHHA 代表数据来自"美国加州环境健康危害评估办公室（California Office of Environmental Health Hazard Assessment）数据"；PPRTV 代表数据来自美国环保局"临时性同行审定毒性数据（The Provisional Peer Reviewed Toxicity Values）"；RSL 代表数据来自美国环保局"区域筛选值（Regional Screening Levels）总表"污染物毒性数据（2018 年 5 月发布）。表格中未包含的污染物可参考以上数据库的最新更新版本获取其参数。

在 T/CSES 38—2021 标准的"重金属的毒性参数"表中，无机铅经呼吸吸入途径的致癌斜率因子（SF_inh）、经口摄入致癌斜率因子（SF_oral）和呼吸吸入单位风险（IUR_inh）分别为 $4.2\times10^{-2}[mg/(kg\cdot d)]^{-1}$、$8.5\times10^{-3}[mg/(kg\cdot d)]^{-1}$ 和 $1.2\times10^{-5}(\mu g/m^3)^{-1}$，均较高。镉的呼吸吸入致癌斜率因子（SF_inh）为 $1.5\times10^{1}[mg/(kg\cdot d)]^{-1}$，仅低于六价铬（$5.1\times10^{2}[mg/(kg\cdot d)]^{-1}$）；呼吸吸入参考浓度（RfC_inh）为 1×10^{-5} mg/m³，仅高于钒（7.0×10^{-6} mg/m³）和钴（6.0×10^{-6} mg/m³），因而镉的致癌毒性和非致癌毒性均非常强。

参 考 文 献

[1] 张青莲.无机化学丛书 第三卷:碳 硅 锗分族[M].北京:科学出版社,1988.
[2] 张青莲.无机化学丛书 第四卷:氮 磷 砷分族[M].北京:科学出版社,1988.
[3] 张青莲.无机化学丛书 第五卷:氧 硫 硒分族[M].北京:科学出版社,1988.
[4] 张青莲.无机化学丛书 第六卷:卤 素 铜 锌分族[M].北京:科学出版社,1988.
[5] 张青莲.无机化学丛书 第八卷:钛 钒 铬分族[M].北京:科学出版社,1988.
[6] 张青莲.无机化学丛书 第九卷:锰 铁 铂分族[M].北京:科学出版社,1988.
[7] 史慧明.稀有元素化学分析[M].北京:人民教育出版社,1962.
[8] 郭承基.稀有元素矿物化学[M].北京:科学出版社,1965.

第三章　无机元素含量分析方法

第一节　样品前处理技术

无机元素含量分析常用的前处理方法主要有干法消解、湿法消解和微波消解。对于不同类型的样品,其前处理方法略有不同,针对单一的汞元素含量分析,目前还可以采用直接进样的方法,不需要进行样品前处理(具体的方法见汞的直接测量),但需要固体测汞仪设备。

一、干法消解

干法消解法分为高温灰化法和低温灰化法。高温灰化法是将试样置于石英坩埚内,在马福炉中以适当的温度灰化,灼烧除去有机成分,再用酸溶解,使其微量元素转化成可测定状态。该法优点是:设备简单、取样量较大、溶剂用量不多而且可批量操作。缺点是:加热时间长、耗电量大。对于汞、砷等易挥发元素,高温灰化法易造成元素的损失,影响测定结果的准确度。低温灰化法是利用高频电场作用下产生的激发态氧等离子体消解试样中的有机体。该法虽然取样量少且减少了挥发性元素的损失,但灰化时间长、设备昂贵、实验条件要求高,因此一般不采用此方法。

二、湿法消解

湿法消解主要采用硝酸和硫酸的混合酸对样品进行高温消解处理,为了加快样品的消解速度可以添加少量的高氯酸,该方法简单、快速,但是各种消解试剂用量较大,产生的酸雾对人体有较大伤害,同时存在一定的安全风险。

湿法消解法是把试样放在无砷硼硅三角烧瓶中,先用硝酸消解,再加硫酸、高氯酸加热消解,并不时补加硝酸,直至完全消解。

浓硝酸与浓硫酸均具有很强的氧化性,当它们混合时,HNO_3 被质子化成 $H_2NO_3^+$,随即分解为 NO_2^+ 和 H_2O。

$$HNO_3 + 2H_2SO_4 \longrightarrow NO_2^+ + H_3O^+ + 2HSO_4^-$$

对样品进行混合酸加热处理时,可使之硝基化,同时释放出大量 SO_2 和黄色的 NO_2 气体。

$$R-M+HNO_3+H_2SO_4\longrightarrow CO_2+M^{2+}+H_2O+NO_2\uparrow+SO_2\uparrow$$

开始消解后,溶液逐渐变为深棕色,随着不断地加入浓硝酸,可观察到溶液的颜色逐渐变浅,若有机物质消化分解完全,则溶液最终变为无色或微带黄色。若消解产物为黄色,说明消解还没有完全,应继续消解,必要时可加入高氯酸进一步消解,经过充分消解后的样品应为无色或浅黄色。

需要注意的是,高氯酸是氧化性最强的无机酸,在加入高氯酸时要小心滴加,防止高氯酸剧烈分解而爆炸。

$$4HClO_4\longrightarrow 2Cl_2\uparrow+7O_2\uparrow+2H_2O\quad(>363K)$$

用这样的消解法,只需 0.5～1.5 小时,消耗时间少。需要注意的是,完全没有损失的消解通常是难以办到的。对于无机物试样的消解,由于消解迅速、时间短(有时仅十几分钟),铅与砷的损失少,回收率一般可达 99.8% 以上。而对于有机物试样的消解,铅与砷(特别是砷)是容易挥发损失的。在达到硫酸的沸点 338 ℃ 或当消解出现炭化、蒸干时损失就变得更加容易,回收率一般在 98% 以上。所以,对有机物的消解应在相对低的温度下进行,当然消解时间就延长了。

消解完全的样品要严格按标准要求,在经过两次加水煮沸后,最后蒸发至几毫升的体积以除去多余的硝酸。

三、微波消解

1.微波消解原理

称取适量样品置于消解罐中,加入适量的酸。当微波通过试样时,极性分子随微波频率快速变换取向,2450 MHz 的微波,分子每秒钟变换方向 2.45×10^9 次,分子来回转动,与周围分子相互碰撞摩擦,分子的总能量增加产生高热。试液中的带电粒子(离子、水合离子等)在交变的电磁场中,受电场力的作用而来回作迁移运动,也会与邻近分子撞击,使得试样温度升高。同时,一些无机酸类物质溶于水后,分子电离成离子,在微波电场作用下,离子定向流动,形成离子电流,离子在流动过程中与周围的分子和离子发生高速摩擦和碰撞,使微波能转化为热能。微波消解的能量大多来自这一过程,这种加热方式使得密闭容器内的所有物质都可以得到均匀加热,特别是在加压条件下,样品和酸的混合物吸收微波能量后,酸的氧化反应速率增加,使样品表层搅拌、破裂,不断产生新的样品表面与酸溶剂接触直至样品消解完毕。

样品进行微波消解不仅与微波的功率有关,还与试样的组成、浓度以及所用试剂即酸的种类和用量有关。要使一个试样在较短的时间内消解完,应该选择合适的酸、合适的微波功率与时间。

微波消解结合了高压消解和微波加热两方面的性能,相比湿法消解有以下优点:①微波加热是"体加热",具有加热速度快、加热均匀、无温度梯度和无滞后效应等特点;②消解样品的能力强;③溶剂用量少,一般只需要 5～10 mL 溶剂;④减小了劳动强度,改善了操作环境,避免了湿法消解大量酸雾对人体的潜在危害;⑤由于样品采用密闭消解,有效减少了易挥发元素的损失。

2.微波消解常用试剂

微波消解常用的溶剂通常有以下几种。

1)硝酸

硝酸在密闭状态下可加热至 180～200 ℃,有很强的氧化性,可与许多金属形成易溶的硝酸盐。硝酸主要用于氧化有机基质,是一种强酸,又是一种强氧化剂。它与芳香族和脂肪族有机化合物都能发生反应,能分解大多数的样品。一般来说,硝酸仅用于纯净的样品或很容易被氧化的物质,但是由于沸点较低,其通常与硫酸(用以改变沸点)、高氯酸(用以硝酸氧化后的继续氧化)、盐酸和过氧化氢(提高氧化效率)一起使用,以使有些样品完全消解。硝酸还能够消解接装纸中的纤维素(使其变为可溶性葡萄糖)和某些无机盐类化合物。

有机物：　　$(CH_2)_n + 2HNO_3 + \Delta T \longrightarrow CO_2\uparrow + 2NO\uparrow + 2H_2O$

金属：　　$6H^+ + 3M + 2HNO_3 + \Delta T \longrightarrow 3M^{2+} + 2NO\uparrow + 4H_2O$

2)盐酸

盐酸主要用于溶解大部分活泼金属及其合金、天然或合成的碳酸盐、有机及无机碱。一些有氧化能力的矿物如软锰矿也溶于盐酸。而一些含硫化合物的矿物被盐酸分解时,先释放出硫化氢,然后再加入氧化剂如硝酸、溴水或过氧化氢等使其完全溶解。盐酸可与接装纸中的金属氧化物发生反应使其溶解。

$$6HCl + Fe_2O_3 =\!=\!= 2FeCl_3 + 3H_2O$$

3)氢氟酸

氢氟酸是矿样(特别是硅酸盐矿物及有关工业制品)分解中常用的酸,是一种易挥发的弱酸。作为溶剂,它有两个显著的特点:与硅和其他化合物迅速反应,和许多高价金属离子生成稳定的络合物。因此氢氟酸在硅酸盐矿物的分解中特别重要。氢氟酸是唯一可与硅、二氧化硅及硅酸盐等硅化物很快作用的无机酸,室温下最终产物为强酸硅氟酸。在加热时,H_2SiF_6 即分解成为气态的 SiF_4,于是得到无硅的溶液,以此可消除硅。氢氟酸的氟离子可与许多高价阳离子如 Al^{3+}、Fe^{3+}、Ti^{4+} 等形成稳定的逐次离解的络合物。氢氟酸还可使接装纸中的 SiO_2 和 TiO_2 等物质分解。

$$6HF + SiO_2 =\!=\!= H_2SiF_6 + 2H_2O$$

$$3F^- + TiO_2 + 2H^+ =\!=\!= TiOF_3^- + H_2O$$

4)过氧化氢

过氧化氢是很强的氧化剂,化学反应比较剧烈,可与某些有机物直接作用,甚至燃烧,能强烈地腐蚀皮肤。由于过氧化氢溶液在氧化有机物时具有较高的效率,故主要用于分解有机样品。例如许多有机染料、天然高分子物质如橡胶、锯屑,用硝酸和硫酸混合液不能使其分解,而用过氧化氢处理却能得到清亮的溶液。对于含汞、砷、锑、铋、金、银或锗的金属有机化合物,用硫酸和过氧化氢混合液分解效果甚好。过氧化氢在消解过程中主要起加快反应速率和一些其他的辅助作用。

在密闭体系中,样品分解受许多复杂因素的影响,大多数无机酸都是良好的微波吸收体,某些酸在密闭容器中以微波作用后其稳定性、蒸汽压等性质都会发生不同的变化。应当根据样品的基体组成和被测元素的性质、分解效果和反应后得到的是否为可溶性盐、反应速率等情况来全面考虑选用什么溶剂。因为每种溶剂只能有效地分解某一基体中的个别组分,因此应运用一种或多种溶剂构成混合溶剂进行消解,以达到样品分解完全、不引入干扰并且试剂用量少、溶解后很少或没有样品后续的处理过程等目的。

3.样品赶酸

微波消解处理后的样品一般要用原子吸收光谱法或电感耦合等离子体质谱法进行检测。原子吸收光谱法对酸度有一定的要求,同时过高的酸度也会降低石墨管的使用寿命;而电感耦合等离子体质谱法要求酸度低于10%,由于设备进样系统多采用石英玻璃,如果酸体系中含有氢氟酸会对进样系统造成损毁,所以都需要对微波消解后的样品进行赶酸处理。由于样品中含有砷汞等易挥发元素,过高的赶酸温度会造成这些元素的损失,但是较低的赶酸温度又会延长样品处理时间,所以选择合适的赶酸温度是一个关键,一般赶酸温度控制在130~140 ℃之间,最高不得超过140 ℃。

第二节 比 色 法

一、食品添加剂中铅的测定

1.原理

处理(消化)后的样品,在控制一定条件下(pH 值为 8.5~9.0),双硫腙与铅离子生成红色络合物(也称铅红)。在一定波长下(510 nm)测其吸光度进行定量检测。

2.试剂的配制

1)双硫腙的配制

双硫腙是关键试剂——显色剂(铅试剂)。

在化学试剂中的显色剂一般分为无机显色剂和有机显色剂两大类。有机显色剂的种类和数量大大超过无机显色剂,并且某些性能特别是反应灵敏度和选择性优于无机显色剂。研究表明,几乎所有的无机离子特别是金属离子都能与显色剂发生反应生成盐或络合物,并呈现出明显的颜色变化,这一点有机显色剂尤为突出。

双硫腙是带有金属光泽的紫黑色结晶粉末,别名苯肼硫代羰偶氮苯、二苯基硫卡巴腙、苯肼硫羰偶氮苯、二苯磺卡贝松、铅试剂。分子式为 $C_{13}H_{12}N_4S$,分子量为 256.32,熔点为165~169 ℃(分解),于 40~120 ℃升华,易溶于四氯化碳、三氯甲烷,不溶于水,溶于碱性溶液呈黄色。

双硫腙能与许多金属离子(Cu^{2+}、Cd^{2+}、Hg^{2+}、Pb^{2+}等)形成不溶于水的络合物,易被三氯甲烷萃取。络合物颜色一般为红紫色或金黄色。表 3-1 给出某些双硫腙金属络合物吸收光谱的波长位置。

表 3-1　不同金属双硫腙络合物吸收波长

M	Cd^{2+}	Cr^{3+}	Hg^{2+}	In^{3+}	Sn^{2+}	Pb^{2+}
λ_{max}	520	525	485	510	520	510

从表 3-1 中可以看出,许多双硫腙金属络合物光谱位置相近,所以要控制反应条件和加入隐蔽剂,反应才能准确定量进行。

市售的双硫腙一般是由苯肼与二硫化碳在无水乙醇中反应制得的,所得产物不纯,纯度为 30%～90%,需要进行提纯。另外双硫腙极易被氧化,氧化反应在弱的氧化条件下即可进行,日光、较高的温度及氧化剂均可使之氧化,氧化的产物主要是二苯硫代二腙。

该物质也能溶于三氯甲烷,同时也呈现黄色,但不溶于碱性溶液和酸性溶液,且失去与金属离子络合的能力。因为市售的双硫腙中易混有少量氧化产物,因此,必须要进行提纯。

按照标准(GB 5009.75—2014)称取一定量的双硫腙溶于三氯甲烷中,用滤纸过滤于分液漏斗中,以除去少量的残渣。然后用氨水萃取三次,这时由于双硫腙氧化物不溶于碱性溶液,故被留在三氯甲烷中而双硫腙进入氨水溶液呈黄色。将氨水溶液合并后用盐酸调节至酸性,直至有双硫腙沉淀析出。最后将沉淀出的双硫腙用三氯甲烷萃取三次,合并萃取液(该溶液为绿色)即为配好的双硫腙储备液。该储备液放入棕色瓶密封,在冰箱中可保存数月。但最好是新鲜配制使用。

双硫腙的使用液要按照标准先算出双硫腙储备液的使用量在临用前配制。

2)柠檬酸氢二铵和盐酸羟胺的配制

称取一定量的试剂用水溶解,加氨水调节 pH 至 8.5～9.0,酚红指示剂的变色序列为:橙色(酸性)—黄色(中性)—红色(碱性,pH 为 8.5),所以在调节 pH 时,当溶液由黄变红后,氨水需多加两滴。由于试剂中可能含有少量的铅及其他金属离子,所以需要用双硫腙三氯甲烷储备液进行萃取,以除去所有的金属离子。当萃取液的绿色不变时,可认为所有金属离子均已完全除尽。然后用三氯甲烷萃取可能残留在溶液中的双硫腙。最后按照标准配制成规定的浓度。

3)其他试剂

(1)所用的水必须是去离子水或经过证实的无铅水。如果采用自制的蒸馏水是不合适的,应制作二次蒸馏水。

(2)氰化钾溶液在必要时也应按照标准中的方法进行处理,以除去可能含有的金属离子。

(3)其他试剂也应保证是无铅试剂。必要时可进行检查。

3.干扰的消除

由于许多碱土金属和过渡金属均能与双硫腙反应,干扰检测结果的准确性,同时由于双硫腙极易被氧化,氧化性物质的存在会使检测灵敏度降低甚至导致双硫腙被氧化而失效,所以需加入隐蔽剂和还原剂进行消除。

1)柠檬酸氢二铵

在分析过程中,加入柠檬酸氢二铵是为了防止溶液中的碱土金属在碱性溶液中形成沉淀吸附铅离子,使测定结果偏低。

2)盐酸羟胺

在分析过程中,盐酸羟胺的作用是还原剂,它能还原溶液中的氧化性物质(如 $Fe^{3+} \rightarrow Fe^{2+}$),可防止双硫腙被氧化而失效。

3)氰化钾

氰化钾是络合剂,可与某些能与双硫腙反应的金属离子如 Cu^{2+}、Hg^{2+}、Fe^{2+} 等生成稳定的络合物,因而可消除对铅测定的干扰。

4.定量测定

吸取试样和铅的限量标准液分别置于分液漏斗中,加入硝酸、柠檬酸氢二铵、盐酸羟胺,用酚红做指示剂,用氨水调节至红色,然后加入氰化钾溶液,摇匀使之反应以除去其中的干扰物质,最后加入双硫腙使用液,剧烈摇动,静置分层。分液后将有机相进行比色分析。

萃取比色一般有两种:混色比色和单色比色。标准中所规定的是单色比色,它是利用双硫腙能溶于碱性溶液的特性,用氨水将未作用的多余的双硫腙除去,即去掉其绿色成分,仅保留三氯甲烷层中铅的双硫腙络合物的单一颜色。根据颜色深浅目视比色,进行限量实验或用分光光度计进行定量测定。

5.注意事项

(1)所用玻璃器具均应用 10％～20％的硝酸浸泡 24 小时以上,以除去可能附着在表面的金属离子。

(2)氰化钾溶液必须严格按照标准给定的碱性条件下加入。

二、食品添加剂中砷的测定

1.原理

试样经过消化处理后,其中的砷全部氧化为高价砷 As(Ⅴ),高价砷被氯化亚锡和碘化钾还原为三价砷 As(Ⅲ),三价砷与新生态氢生成砷化氢气体,该步作为微量砷的分离浓集的重要手段,在砷的分析化学上称为砷化氢分离法。产生的砷化氢气体可直接导入银-吡啶-三氯甲烷吸收液,用分光光度法对砷进行定量测定。还可以与溴化汞反应将其还原为黄褐色的汞化砷,进行限量对比实验(砷斑法)。本法检测砷的灵敏度为每升 0.2 毫克。砷斑法不适用于铜、钴、镍、汞含量高的试样。

2.步骤

1)高价砷还原为三价砷

消化好的试液在酸性条件下加入氯化亚锡与碘化钾还原砷(Ⅴ)为砷(Ⅲ)。在这个反应中氯化亚锡与碘化钾均是还原剂,但是,碘化钾同时还是一个指示剂,它用来指示氯化亚锡的量是否合适,下面我们具体分步讨论:

$$AsO_4^{3-} + SnCl_2 \longrightarrow AsO_3^{3-} + SnCl_4 (H^+) \tag{1}$$

$$AsO_4^{3-} + 2KI + 2H^+ \longrightarrow AsO_3^{3-} + 4K^+ + H_2O + I_2 \downarrow \quad (H^+) \tag{2}$$

$$I_2 + Sn^{2+} \longrightarrow I^- + Sn^{4+} (H^+) \tag{3}$$

式(2)不是一个完全反应,当反应进行到一定程度时即达到平衡,不能定量进行反应。式(1)是一个不可逆的氧化还原反应,是高价砷还原为低价砷的主反应,在我们正常操作的情况下,三个反应同时发生,式(2)中产生的 I_2 观察不到,因析出的单质碘随即与氯化亚锡反应[见式(3)]。当消化液中的硝酸未赶尽时,试液中由于单质碘的析出而呈棕红色,HNO_3 将 I^- 氧化为 I_2,Sn^{2+} 氧化为 Sn^{4+},氯化亚锡不能完全将试液中的高价砷还原为低价砷。这样将直接影响最终的检测结果,为使该步反应充分、完全,试液加入试剂后应充分混合均匀,因氧化还原反应速度较慢,故放置 10 分钟。有资料显示,为使反应充分,最好加热煮沸。碘化钾溶液由于受光照、氧化而易析出单质碘,所以,应新鲜配制于棕色瓶中。氯化亚锡溶液配制后,应加入几粒锡粒,以防止 Sn(Ⅱ)被氧化成 Sn(Ⅳ)。加入酸的目的在于防止氯化亚锡水解。

$$SnCl_2 + H_2O \longrightarrow Sn(OH)Cl\downarrow + HCl \tag{4}$$
$$Sn + Sn^{4+} \longrightarrow 2Sn^{2+} \tag{5}$$

该反应中,主要的干扰物有两个:硫化氢和锑化氢。前者可通过加热煮沸、乙酸铅棉花吸收来消除。对于锑化氢的干扰,氯化亚锡和碘化钾能够抑制消除。$50\sim60\ \mu g$ 的锑所产生的锑化氢与溴化汞反应所呈现的颜色深度约相当于两微克的砷。

2)砷化氢的产生

对于砷化氢气体的产生,一般分为盐酸或硫酸·金属锌还原法和硼氢化钠还原法两类。标准中采用的是盐酸·金属锌还原法。该方法是基于 $0.9\sim1.8\ mol/L$ 硫酸溶液中,在无砷的金属锌作用下使砷(Ⅲ)还原成砷化氢挥发而达到分离的目的。硼氢化钠还原法是在微酸性的酒石酸溶液中,在硼氢化钠(钾)作用下使砷还原成砷化氢挥发而达到分离的目的。

新生态的氢气与三价砷反应生成砷化氢气体,其反应如下:
$$AsO_3^{3-} + Zn + H^+ \longrightarrow AsH_3\uparrow + Zn^{2+} + H_2O \tag{6}$$

砷(Ⅲ)还原成砷化氢挥发时,溶液中的盐酸的浓度在 $0.2\sim0.8\ mol/L$ 随酸度增加砷化氢挥发率增高,在 $0.8\sim2\ mol/L$ 的盐酸范围内,砷化氢可完全挥发。酸度低于 $0.8\ mol/L$,锌粒与盐酸的作用慢,难以使砷生成砷化氢完全挥发。大于 $2\ mol/L$ 的盐酸,锌与酸的反应剧烈,并有硫化氢气体产生。其反应如下:
$$H^+ + KI \longrightarrow K^+ + I_2 + H_2O + H_2S\uparrow \tag{7}$$

前面在介绍铅的检测方法时已经讨论过铅和 S^{2-} 的反应。HgS 的颜色为黑色,若不将 S^{2-} 除去,溴化汞同时也与 H_2S 反应,严重干扰颜色的判断,所以在测砷管中要通过乙酸铅除去 H_2S 的干扰。
$$Pb^{2+} + H_2S \longrightarrow PbS(黑) + H^+ \tag{8}$$

用金属锌粒还原砷,使砷化氢挥发吸收法测定砷的适宜酸度为 $0.9\sim1.5\ mol/L$ 盐酸。这种酸度是指使用市售的无砷金属锌粒而言。因为反应的酸和反应时间主要取决于使用的金属锌的形状和粒度。用金属锌粒还原三价砷时,试样中相当多的金属离子加速金属锌的溶解。
$$Zn + M^{2+} \longrightarrow Zn^{2+} + M \tag{9}$$

当反应进行一段时间后,有一定量的金属离子还原析出,附着在锌粒的表面使反应速度减缓,这种情况下通常使砷的测定结果偏低。溶液中的碘化钾能与许多金属离子形成稳定的络合物,可除去这些金属离子的干扰。无砷锌粒的选用一般采取蜂窝状的、30 目左右的锌粒,反应效果最好。

3）砷斑对比

砷化氢气体与溴化汞反应为显色反应，生成黄色至橙色的色斑，与砷限量标准液的同步反应对比，因生成的黄橙色随砷含量的增多而加重，故而据此判断。

$$AsH_3 + 3HgBr_2 \longrightarrow As(HgBr)_3 + 3HBr \tag{10}$$

$$As(HgBr)_3 + AsH_3 \longrightarrow 3HBr + As_2Hg_3（黄橙色） \tag{11}$$

因为汞化砷受光照歧化成单质砷和单质汞，所以应马上进行颜色的对比，否则，颜色会减退直至无色。

针对该部分内容小结如下：

（1）必须控制试样的酸度，硝酸应赶尽。

（2）碘化钾的作用有三个：还原剂、指示剂、络合剂。

（3）氯化亚锡的作用有两个：还原剂、抗干扰剂。

（4）锌粒的使用应合乎要求（蜂窝状、30 目左右、无砷锌粒）。

3.操作注意事项

（1）溴化汞试纸可长期浸于 5% 溴化汞乙醇溶液中，置于冰箱中，用前取出阴干。这是因为溴化汞试纸若长时间暴露于空气中，溴化汞会慢慢分解为 Hg 与 Br_2，这将降低试纸的灵敏度，影响比色结果。

（2）因为最终的反应是产生气体的反应，其气体产生的速率与温度有直接关系。所以在进行砷斑反应时，应控制温度，以保证检测结果的准确性、可比性和重复性。同样控制一致的反应时间也出于相同的考虑。

（3）AsH_3 气体有毒，反应应在通风橱中进行。

第三节　原子吸收光谱法

原子吸收光谱（atomic absorption spectroscopy，AAS）分析是基于试样蒸气中被测元素的基态原子对由光源发出的该原子的特征性窄频辐射产生共振吸收，其吸光度在一定范围内与蒸气相中被测元素的基态原子浓度成正比，以此测定试样中该元素含量的一种仪器分析方法。AAS 作为一种分析方法是从 1955 年开始的，澳大利亚物理学家瓦尔西（Walsh A）发表了著名论文《原子吸收光谱法在化学分析中的应用》，奠定了原子吸收光谱分析方法的理论基础。

原子吸收光谱分析具有检出限低、精密度高、选择性好、灵敏度高、抗干扰能力强、仪器简单、操作方便等特点，其应用几乎涉及人类生产和科研的各个领域，已发展成为分析实验室重要的检测技术。

一、原子吸收光谱法的基本原理

一切物质的分子均由原子组成，而原子是由一个原子核和核外电子构成。原子核内有中子和质子，质子带正电，核外电子带负电；其电子的数目和构型决定了该元素的物理和化学性质。电子按一定的轨道绕核旋转；根据电子轨道离核的距离，有不同的能量级，可分为不同的壳层。每一壳层所允许的电子数是一定的。当原子处于正常状态时,每个电子趋向占有低能量的能级,这时原子所处的状态叫基态(E_0)。在热能、电能或光能的作用下,原子中的电子吸收一定的能量,处于低能态的电子被激发跃迁到较高的能态,原子此时的状态叫激发态(E_q),原子从基态向激发态跃迁的过程是吸能的过程。处于激发态的原子是不稳定的,一般在 $10^{-10} \sim 10^{-8}$ s 内就要返回到基态(E_0)或较低的激发态(E_p)。此时,原子释放出多余的能量,辐射出光子束,如图 3-1 所示,其辐射能量的大小由式(3-1)表示:

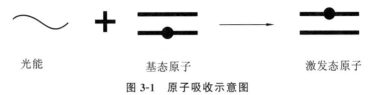

光能　　　　　　　基态原子　　　　　　激发态原子

图 3-1　原子吸收示意图

$$\Delta E = E_q - E_p(E_0) = hf = hc/\lambda \tag{3-1}$$

式中:h 为普朗克常量,为 6.6234×10^{-27} erg·s;

f 和 λ 为电子从 E_q 能级返回到 E_p(或 E_0)能级时所发射光谱的频率和波长;

c 为光速。

E_q、E_p 或 E_0 值的大小与原子结构有关,不同元素,其 E_q、E_p 或 E_0 值不相同,一般元素的原子只能发射由其 E_q、E_p 或 E_0 决定的特定波长或频率的光,即:

$$f = \frac{E_q - E_p(\text{或} E_0)}{h} \tag{3-2}$$

每种物质的原子都具有特定的原子结构和外层电子排列,因此不同的原子被激发后,其电子具有不同的跃迁,能辐射出不同波长的光,即每种元素都有其特征的光谱线。在一定的条件下,一种原子的电子可能在多种能态间跃迁,而辐射不同特征波长的光,这些光是一组按次序排列的不同波长的线状光谱,这些谱线可作鉴别元素的依据,对元素作定性分析,而谱线的强度与元素的含量成正比,以此可测定元素的含量作定量分析。

某种元素被激发后,核外电子从基态 E_0 激发到最接近基态的最低激发态 E_1 称为共振激发。当其又回到 E_0 时发出的辐射光线即为共振线(resonance line)。而基态原子吸收共振线辐射也可以从基态上升至最低激发态,由于各种元素的共振线不相同,并具有一定的特征性,所以原子吸收仅能在同种元素的一定特征波长中观察,当光源发射的某一特征波长的光通过待测样品的原子蒸气时,原子的外层电子将选择性地吸收其同种元素所发射的特征谱线,使光源发出的入射光减弱,可将特征谱线因吸收而减弱的程度用吸光度 A 表示,A 与被测样品中的待测元素含量成正比,即基态原子的浓度越大,吸收的光量越多,通过测定吸收的光量,就可以求出样品中待测的金属及类金属物质的含量,对于大多数金属元素而言,共振线是该元素所有谱线中最灵敏的谱线,这就是原子吸收光谱分析法的原理,也是该法之所以有较好的选择性,可以测定微量元素的根本原因。

二、原子吸收线的轮廓和宽度

通常认为原子吸收光谱是线光谱,但原子吸收光谱线并不是严格几何意义上的线,而是占据着有限的相当窄的频率或波长范围,即有一定的宽度,这是因为每一条原子谱线都有相当窄的频率或波长范围。假设频率为 ν、强度为 I_0 的入射光,通过自由原子蒸气厚度 dL 后,光强度衰减的量为 $-dI_\nu$,则

$$-dI_\nu = KI_0 dL \qquad (3-3)$$

对式(3-3)积分,得到

$$I_\nu = I_0 e^{-K_\nu L} \qquad (3-4)$$

式中:I_ν 是透射光的强度;

K_ν 是吸收系数,表示单位吸收层厚度内光强的衰减率。

用透射光强对频率作图,见图 3-2。可见在中心频率 ν_0 处透光强度最小,吸收系数最大,在紧靠中心频率左右,透光强度增大,吸收系数减小。

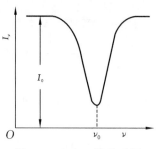

图 3-2 I_ν 与 ν 的关系图

将吸收系数对频率作图,得到的曲线称为吸收系数的轮廓,又称为吸收线的轮廓,见图 3-3。图 3-3 中 K_0 是中心频率处的吸收系数,又称为峰值吸收系数,$\Delta\nu$ 是峰值吸收系数一半处吸收线轮廓上两点之间的频率差,称为半宽度。

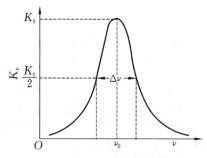

图 3-3 吸收线轮廓与半宽度

吸收线的中心频率由原子能级分布决定,半宽度受以下因素的影响。

1.自然宽度

没有外界影响,谱线仍有一定的宽度,称为自然宽度,它与激发态原子的平均寿命有关,平均寿命越长,谱线宽度越窄,不同谱线有不同的自然宽度,多数情况下约为 10^{-5} nm 数量级。

2.多普勒变宽

由于辐射原子处于无规则的热运动,因此辐射原子可以看作运动的波源。这一不规则

热运动与观测器两者间形成相对位移运动从而发生多普勒效应,使谱线变宽。这种谱线变宽是由热运动产生的,所以又称为热变宽,一般可达 10^{-3} nm,是谱线变宽的主要原因。谱线的多普勒变宽 $\Delta\nu_D$ 可由下式决定:

$$\Delta\nu_D = \frac{2\nu_0}{c}\sqrt{\frac{2\ln 2 RT}{M}} = 7.162\times 10^{-7}\nu_0\sqrt{\frac{T}{M}} \tag{3-5}$$

式中:R 为摩尔气体常数;

　c 为光速;

　M 为原子量;

　T 为热力学温度(K);

　ν_0 为谱线的中心频率。

由上式可见,多普勒变宽与元素的原子量、温度和谱线频率有关。随温度升高和原子量减小,多普勒变宽增加。

3.压力变宽

由于原子与其他粒子(原子、分子、离子等)间的相互碰撞,引起能级差的微小变化而产生的谱线变宽,统称为压力变宽,一般可达 10^{-3} nm。同种原子碰撞引起的变宽称为霍尔兹马克(Holtzmark)变宽;由原子与异种粒子碰撞引起的变宽称为洛伦兹(Lorentz)变宽。通常被测元素原子的浓度较低,霍尔兹马克变宽可以忽略。

4.其他变宽

除上述因素外,影响谱线变宽的还有其他一些因素,例如场致变宽、自吸效应等。但在通常的原子吸收分析实验条件下,吸收线的轮廓主要受多普勒和洛伦兹变宽的影响。在 2000~3000 K 的温度范围内,原子吸收线的宽度为 10^{-3}~10^{-2} nm。

三、原子吸收光谱的测量

1.吸收曲线的面积与吸光原子数的关系

原子吸收光谱产生于基态原子对特征谱线的吸收。假设频率为 ν、强度为 I_0 的入射光,通过自由原子蒸气厚度 L 后,透光强度为

$$I_\nu = I_0 e^{-K_\nu L} \tag{3-6}$$

吸光度为

$$A_\nu = -\lg\frac{I_\nu}{I_0} = 0.434 K_\nu L \tag{3-7}$$

分子吸收曲线上的任意各点都与不同的跃迁能级相对应,即一个点对应一个跃迁能级。而一条原子吸收线轮廓上的所有点只与一个跃迁能级相对应。吸光度 A_ν 只与部分基态原子对应,原子吸收线轮廓下所包括的整个面积,即积分吸收才与全部基态原子相对应。

积分吸收

$$A = 0.434L\int K_\nu \mathrm{d}\nu = 0.434L\,\frac{\pi e^2}{mc}N_0 f \tag{3-8}$$

式中:e 为电子电荷;

m 为电子质量;

c 为光速;

N_0 为单位体积原子蒸气中吸收辐射的基态原子数,亦即基态原子密度;

f 为振子强度,代表每个原子中能够吸收或发射特定频率光的平均电子数,在一定条件下对一定元素,f 可视为一定值。

基态原子数 N_0 约等于原子数 N,积分吸收可用式 $A=KN$ 表示,即积分吸收与待测原子的总数 N 呈线性关系。

要实现半宽度为 $10^{-3} \sim 10^{-2}$ nm 吸收线积分吸收值的准确测量,需要有分辨率高达 50 万的单色器,这在目前的技术条件下难以实现。

2.峰值吸收

1955 年瓦尔西提出,采用锐线光源测量谱线峰值吸收代替难以测定的积分吸收。在中心频率(峰值处)ν_0 处,用比吸收线窄许多的入射光通过自由基态原子,测量峰值吸收,如图 3-4 所示。这样吸光度 $A=0.434 K_0 L$,在一定条件下,峰值吸收系数 K_0 为一定值。

$$K_0 = \frac{2}{\Delta \nu}\sqrt{\frac{\ln 2}{\pi}} \frac{\pi e^2}{mc} f N_0 \tag{3-9}$$

则

$$A = KN_0 \approx KN \tag{3-10}$$

在实验条件一定时,试样中某组分浓度 C 与气态原子总数 N 成正比,式(3-10)可改写为

$$A = KC$$

这样峰值吸收测量的吸光度与试样中被测组分的浓度呈线性关系。

要实现峰值吸收必须满足两个条件:

(1)光源发射线的半宽度应小于吸收线的半宽度;

(2)通过原子蒸气的发射线的中心频率恰好与吸收线的中心频率 ν_0 相重合。

这就要求测量时需要使用一个与待测元素同种元素制成的锐线光源,因此,目前原子吸收仍采用空心阴极灯等特制光源来产生锐线发射。

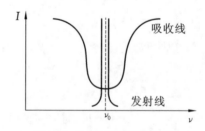

图 3-4 峰值吸收测量示意图

四、朗伯-比尔定律

理论和实践上都已证实,原子蒸气对共振辐射光的吸收度和其中的样品基态原子数成正比,也就是同样品中原子浓度成正比。以光源灯发射的共振线作为强度为 I_0 的入射光,这

束频率为 f 的共振辐射光通过厚度为 L，浓度为 c 的原子蒸气时，光被吸收一部分，透射光强度为 I_t；在频率为 f 下的吸收系数为 k。f 的单位为 $1/\text{cm}$，I_0 与 I_t 之间符合朗伯-比尔定律：

$$I_t = I_0 e^{-kfcL} L \tag{3-11}$$

在实际测定时，原子蒸气的厚度 L 是一个定值，设 $K = kfL =$ 常数；K 由吸收介质的性质和入射光频率决定。则上式可写为：

$$I_t = I_0 e^{-Kc} L \tag{3-12}$$

为了测定方便，与比色分析一样，I_t/I_0 定为透光率，对 I_t/I_0 的倒数取对数，得到吸光度值 A：

$$A = \lg(I_t/I_0) = KcL \tag{3-13}$$

可见，其吸光度 A 与浓度 c 呈简单的线性关系，在实际分析测定中，只需测定样品的溶液的吸光度值 A_X 与相应标准溶液的吸光度值 A_1，便可根据标准溶液的已知浓度，由仪器自动计算出样品中待测元素的浓度或含量，这就是原子吸收光谱分析法定量测定元素含量的基础。

五、原子吸收光谱分析仪器

原子吸收光谱分析仪器的原理是通过火焰、石墨炉等方法将待测元素在高温或是化学反应作用下变成原子蒸气；由光源灯辐射出待测元素的特征光，通过待测元素的原子蒸气，发生光谱吸收，透射光的强度与被测元素浓度成反比，在仪器的光路系统中，透射光信号经光栅分光，将待测元素的吸收线与其他谱线分开。经过光电转换器，将光信号转换成电信号，由电路系统放大、处理，再由 CPU 及外部的电脑分析、计算，最终在屏幕上显示待测样品中微量及超微量的多种金属和类金属元素的含量和浓度，由打印机根据用户要求打印多种形式的报告单。

原子吸收光谱仪主要由以下 4 个部分组成。

(1)光源：发射待测元素的锐线光谱。

(2)原子化器：产生待测元素的原子蒸气。

(3)光路系统：分光、分出共振线。

(4)电路系统：包括将光信号变成电信号的换能器、放大电路、计算处理等电路。

1.光源

光源是用来产生待测元素的原子谱线的，必须能够发射出比吸收线宽度更窄，并且光强大、稳定的锐线光谱。

常用的光源有空心阴极灯(包括高强度空心阴极灯、窄谱线灯、多元素空心阴极灯等)及无极放电灯。

空心阴极灯的结构如图 3-5 所示，是由待测元素材料制成圆筒形空心阴极，由钨材料制成棒型阳极，两电极密封在充有惰性气体、前端带有石英窗的玻璃灯管中。在工作时，仪器的电源电路为灯的阴极和阳极之间加上 $200\sim500$ V 的电压，根据不同元素检测要求，提供不同的灯工作电流。灯通电后，阴极发出的电子在电场作用下加速，与惰性气体碰撞，使其电离，电离后的正离子向阴极加速运动，轰击阴极表面，使阴极材料的原子溅射出来聚集在阴极附近,电子不断接收能量,由低能级跃迁到高能级,而高能态是不稳定的,瞬间要从高能态返回到原来的基态,同时发射出与待测元素相同的特征光谱,由于许多元素的光谱处于紫外区,所以灯的透光窗须使用石英玻璃,灯的供电一般采用脉冲电压,为使灯发光强度稳定,供电电流需采用稳流措施,要求电流波动度小于 0.1%。

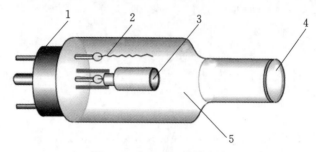

图 3-5　空心阴极灯的结构

1—灯座;2—阳极;3—空心阴极(内壁为待测金属);4—石英窗;5—内充惰性气体(氖或氩)

单一元素灯,只能发射该种元素的特征光谱,用于测定该种元素,为弥补这种缺憾,研制了多元素灯,灯阴极会有多种元素,灯点燃后可以辐射多种元素的特征光谱。在测定时,不需换灯,可先后测定样品中的不同元素。但该灯的缺点是光谱易受干扰、辐射强度比单元素灯低、灵敏度差。

无极放电灯如图 3-6 所示,一般用于蒸气压较高的元素或化合物的测定上,这种灯是一个石英管,管内放进数毫克金属化合物并充有氩气。工作时将灯置于高频电场中,氩气激发。随着管内温度升高,金属化合物蒸发出来,并进一步离解、激发,从而辐射出金属元素的共振线。该灯主要用于砷、硒、镉、锡等金属元素的测定。

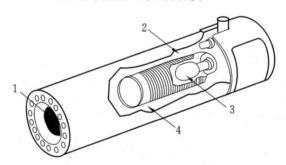

图 3-6　无极放电灯示意图

1—石英窗;2—射频线圈;3—灯;4—陶瓷夹持器

2.原子化器

原子化器的作用是提供一定的能量,使待测样品中的元素游离出蒸气基态原子,并使其进入光源的辐射光程,进行吸收,由于原子吸收光谱分析是建立在基态原子蒸气对共振线吸收的基础上来分析元素含量的方法,所以各种类型样品的原子化是分析中最关键的问题,测定元素的结果是否准确,很大程度上取决于样品的原子化状态。这就要求原子化器尽可能有高的原子化率,并且稳定、重现性好、干扰少和装备简单,现在仪器最常用的有两种原子化器:火焰原子化器和石墨炉。

1）火焰原子化器

火焰原子化器是最常用的原子化器,包括两个部分:一是把样品溶液变成高度分散状态的雾化器;二是燃烧头。工作时,由仪器外设的空压机提供压缩空气作为助燃气。由管道进入雾化器,并在出口处以高速度喷出,会造成局部负压,使得样品溶液在大气压作用下沿进样毛细管上升,随压缩空气一同喷入雾化室中。样品雾滴、助燃气与燃气一起在雾化器中充分混合后进入燃烧器,借燃烧火焰的热量,使待测元素原子化,常用的燃气为乙炔、氢、煤气、丙烷等,大多仪器外接高纯乙炔气罐,以乙炔做燃气。

燃烧头仪器均采用长缝式,由耐高温合金材料制成,不同型号的仪器其燃烧头的缝长和缝宽不一样,缝长一般有 10 cm、7 cm、5 cm 等几种,缝宽在 0.5 mm 左右。

2）石墨炉

最常用的石墨炉是管型高温石墨炉,其结构如图 3-7 所示。由于石墨是导体,当在石墨管两端接上正负电极,通上十几伏电压和 400～500 A 的大电流时,石墨管会在 2～4 s 的短时间内,升到 2000～3000 ℃ 的高温,将加到石墨炉中的样品蒸发→分解→原子化,石墨管的内径通常在 4～6 mm,长度为 25～50 mm。

为了防止石墨管和原子化的原子被氧化,仪器中的石墨管均封闭在一个保护气室里,加热时,石墨管内外均通有惰性气体氩气（Ar）。有的石墨管留有专门的气孔,有的仪器是从管的两端送气,从加样孔排气,为了降低炉体对周围的热辐射,炉体外还通有冷却水,新的仪器均有冷却水泵和专用水箱,使得冷却水可以循环使用,并保持原子化器的外面在 60 ℃ 以下。

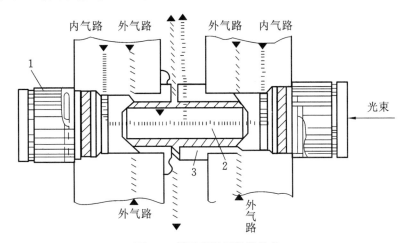

图 3-7　管型高温石墨炉结构
1—窗组件;2—石墨管;3—石墨接触器

3）石墨炉与火焰原子化器的比较

石墨炉与火焰原子化器相比较而言,具有如下优点:具有较高且可控制的温度,原子化效率高,气态原子停留时间比在火焰中长 100～1000 倍;试样用量少（1～100 μL）,试样耗量小;绝对灵敏度比火焰法高几个数量级,灵敏度高,检测极限可以低于 1 μg/L;适于难挥发、难原子化元素,微量试样可测固体及黏稠试样。

3.分光系统

在原子吸收中,元素灯所发射的光谱,除了含有待测原子的共振线外,还包括待测原子的其他谱线:元素灯填充气体发射的谱线、灯内杂质气体发射的分子光谱和其他杂质谱线等。分光系统的作用为把待测元素的共振线和其他谱线分开,进行测定。原子吸收光谱仪在结构上可以分为单光束型光谱(如图 3-8 所示)和双光束型光谱(如图 3-9 所示)。

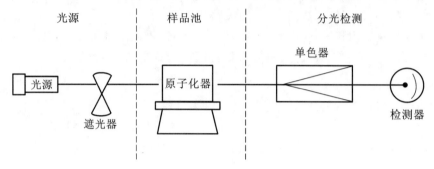

图 3-8 单光束原子吸收光谱

在单光束系统中,只有一束光通过原子化器。在测量时,需先测量出初始光强 I_0,然后再测量出通过原子化器后的出射光强 I_t。因此元素灯的稳定性对测量有较大影响,在测量前让灯充分预热是十分重要的。

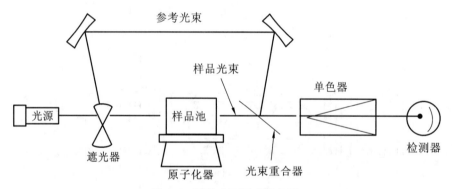

图 3-9 双光束原子吸收光谱

为克服灯漂移对测量结果的影响,引入双光束系统。从光源来的光,打在分束器上,将光分成两束,一束通过样品,另一束不通过样品作为参比光束。样品光束和参比光束又通过斩波器加分束器或旋转光束合成器分时进入单色器。

4.检测系统

检测系统包括光电转换及各控制放大电路。单色器分选出基态原子的共振线光束通过狭缝照射到检测器上,由检测器将光信号变成电信号。以前的仪器采用光电倍增管作光电转换,现在有些厂家的新型仪器采用低噪声 CMOS 电荷放大器阵列作光电转换。这种新型固态检测器性能优越,光敏表面能在紫外区和可见光区提供最大的量子效率和灵敏度,具有极好的信噪比。光信号通过固态检测器后变成电信号,经过前置放大器、对数放大器放大,再经过自动调零、积分运算、浓度直读、曲线校正、自动增益控制、峰值保持等电路的放大处理,将被测元素吸光度值 A 变成浓度信号,在显示器上显示出测定值,并由打印机根据需要打印多种形式的报告单。

检测系统的作用是完成光电信号的转换,即将光的信号转换成电信号,为以后的信号处理做准备。检测器有光电倍增管和固态检测器两类。

光电倍增管是一种多极的真空光电管,内部有电子倍增机构,内增益极高,是目前灵敏度最高、响应速度最快的一种光电检测器,广泛应用于各种光谱仪器上。光电倍增管由光窗、光电阴极、电子聚焦系统、电子倍增系统和阳极等 5 个部分组成。光窗是入射光的通道,同时也是对光吸收较多的部分,波长越短吸收越多,所以光电倍增管光谱特性的短波阈值取决于光窗材料。用于原子吸收光谱仪的光电倍增管的光窗材料常采用能透过紫外线的玻璃或熔融石英。光电阴极的作用是光电变换,接收入射光,向外发射光电子。光电倍增管的长波阈值取决于光电阴极材料,常用的阴极材料有 Sb-Cs、Sb-K-Cs、Na-K-Sb-Cs 等,Cs-Te 及 Cs-I 极材料可用于日盲型光电倍增管。电子聚焦系统使前一极发射出来的电子尽可能没有损失地落到下一个倍增极上,同时保证渡越时间尽可能短。电子倍增系统由二次电子倍增材料构成,受到高能电子轰击时能发射次级电子,从而导致电子的倍增。阳极是用来收集最末一级倍增极发射出来的电子的。

光谱仪器中常用的固态检测器有电荷耦合器件(CCD)、电荷注入器件(CID)、二极管阵列检测器(PDA)等几种。根据感光元件的排列形式又分线阵和面阵两种。这种器件出现于20 世纪 70 年代,20 世纪 80 年代后期在光谱仪器上的应用研究取得了进展,进入 20 世纪 90年代在商品化仪器中已有使用。美国 Perkin Elmer 公司等在原子吸收光谱仪上使用了面阵CCD,棱镜与中阶梯光栅单色器结合,组成高分辨率分光系统,又称 DEMON 分光系统,可实行多元素同时测量。

5.背景校正技术

在原子吸收光谱分析中,背景吸收主要来自分子吸收、光散射和谱线重叠。背景吸收导致测定结果偏高,校正曲线弯曲,线性动态范围变窄,造成光子噪声急剧增加,使信噪比下降和检出限变坏。背景吸收具有明显的波长特性,在石墨炉原子吸收光谱中,背景吸收还具有明显的温度、时间和空间特性。

使用最大功率升温,提高灰化温度,使基体迅速蒸发、背景吸收出现时间提前和时间分布更集中,改变试液介质、加入化学改进剂等可以降低和消除背景吸收。

要正确校正背景,必须满足三个基本条件:①必须在原子吸收线的同一波长测量背景吸收;②原子吸收与背景吸收必须在同一时间测量;③原子吸收与背景吸收的测量光束在石墨炉内完全重合。

现有的背景校正都是通过两次测量来完成的,一次是分析线波长测量原子吸收与背景吸收的总吸光度:

$$A_{T1} = A_{1a} + A_{1b} \tag{3-14}$$

另一次是在分析线波长或其邻近波长测量背景吸收的吸光度或背景吸收与部分原子吸收的吸光度:

$$A_{T2} = A_{2a} + A_{2b} \tag{3-15}$$

两次测量的吸光度相减,得到校正背景吸收后的净原子吸收的吸光度:

$$A = A_{T1} - A_{T2} = (A_{1a} + A_{1b}) - (A_{2a} + A_{2b}) = (A_{1a} - A_{2a}) + (A_{1b} - A_{2b})$$

如果在光谱通带内背景吸收不随波长与时间而变化,两次测量的光束严格重合,则 $A_{1b} = A_{2b}$,而且原子吸收峰与背景吸收峰分得足够开,第二次测量时只有背景吸收,$A_{2a} = 0$,则

$$A = A_{1a} \qquad (3-16)$$

6.石墨炉温度

石墨炉的升温模式有三种:斜坡升温、阶梯升温和最大功率升温。斜坡升温是指施加于石墨炉的电流或电压呈线性上升,石墨炉温度随时间呈斜坡形逐渐缓慢上升,如图 3-10 中实线所示。电流或电压上升的快慢称为斜坡速率,从一种斜坡模式调节到另一种升温模式所用的时间称为斜坡时间。斜坡升温的优点是,在试样干燥阶段,溶剂逐步蒸发,可以避免温度突然升高引起的试液飞溅,在灰化阶段,试样中的各种组分都能得到合适的加热,既能有效地除去基体,又由于基体蒸发或挥发过程比较平稳而减少了被测元素的挥发损失。对于复杂的样品,为了除去大量的盐或油类、碳化和灰化物及其他有机材料,通常选择用斜坡升温模式。

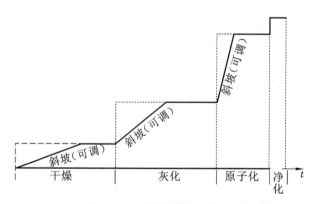

图 3-10　石墨炉的升温模式

阶梯升温是按照原子化过程的干燥、灰化、原子化和净化四个阶段分步脉冲式升温,如图 3-10 中的虚线所示。由于急剧升温,易引起样品飞溅,所设置的某一个灰化温度,很难适合于复杂试样中的各个组分,有些基体组分不易除尽,造成分子吸收背景,引起基体干扰;另一些基体组分的快速蒸发或挥发又会引起被测元素的损失。新近的一些商品仪器有了改进,将原子化过程分为更多的(多至 9 个)阶段分步升温,对于基体复杂的样品,可设置两个或更多的不同温度下的干燥和灰化阶段,对样品反复处理,以便将基体除尽,消除基体干扰,又不造成被测元素的挥发损失。

最大功率升温是一种快速升温技术,在极短的时间内用最大的功率将石墨炉的温度提高到最终的原子化温度,使基体分子完全解离,分析元素化合物分子完全解离和原子化,这样可以获得最大的自由原子密度,原子化脉冲信号全部或大部分出现在原子化温度-时间曲线的等温部分,改善了吸收线峰形,减少和消除了基体干扰和光散射的影响,且可以降低许多元素的最佳原子化温度,提高难熔元素的峰值吸光度和测定灵敏度。采用最大功率升温,是常用的减少和消除基体干扰的措施。

7.石墨炉的升温程序

石墨炉的加热程序分为干燥、灰化、原子化和净化(空烧除残)4 个阶段,如图 3-10 所示。

干燥是升温程序中低温除去溶剂的阶段,目的是除去溶剂,以避免溶剂对随后的灰化和原子化过程的影响。干燥时需优选干燥温度和干燥时间。干燥温度的高低取决于溶剂的性质,通常是在接近于溶剂沸点的温度下干燥,以避免溶剂暴沸引起试样"飞溅"与干燥速度过快,溶剂快速蒸发造成被测元素的"夹带"损失。当被测元素含量很低时,有时采用多次进样和干燥的方法来增大被测元素的总量,提高测定的相对灵敏度。干燥时间的长短取决于溶剂的性质和量,蒸发易挥发的有机溶剂比水溶液样品所需的干燥时间短,若进样量大,则需要较长的干燥时间。

灰化,亦称热解,是升温程序中热解和驱除试样基体的阶段,目的是尽可能将试样基体除尽,同时又不损失被测元素,以减少甚至完全排除基体的影响。灰化的有效性取决于灰化温度和灰化时间的选择。灰化温度的高低取决于基体的性质,从除去基体的角度考虑,在不损失被测元素的前提下,尽量选用较高的灰化温度,通常是根据吸光度随灰化温度的变化曲线来优选灰化温度,通常选择达到最大吸收信号的最高温度作为灰化温度。当被测元素是易挥发元素,或者基体与被测元素挥发性相差不大时,可在试样中加入化学改进剂使基体转化为更易挥发的化学形态或将待测元素转化为更加稳定的化学形态,以达到除尽基体而又不损失被测元素的目的。灰化时间的长短依基体性质和量而不同,水溶液样品所需的灰化时间短,甚至可以在升温程序中免去灰化阶段,对于生物样品、有机样品及其他基体复杂的样品,则需使用较长的灰化时间。基体量大则需较长的灰化时间。合适的灰化时间需根据吸光度随灰化时间的变化曲线来确定。

原子化是升温程序中将被测元素转化为自由原子的阶段,是整个原子吸收光谱分析升温程序中最关键的环节,直接影响原子化效率和测定灵敏度。原子化温度取决于被测元素的性质。选取原子化温度的原则是,在保证获得最大原子吸收信号或能满足测定要求的前提下,使用较低的原子化温度,过高的原子化温度会缩短石墨炉的使用寿命。原子化时间的长短取决于试样的性质、试样量和原子化温度。最佳的原子化温度和原子化时间根据吸光度随原子化温度或原子化时间的变化曲线来确定。

一般来说,干燥和灰化阶段宜用斜坡升温模式,原子化阶段宜用快速升温模式。快速升温能改善峰形,提高灵敏度,而且可以允许使用较低的原子化温度。在原子化阶段通常停止通保护气。

净化是为了除去原子化阶段后残留在石墨炉内的试样。残留物会引起明显的记忆效应,干扰随后的测定。特别是在测定高温元素时,一般都需设置净化阶段。净化温度通常高于原子化温度 $100\sim200$ ℃,净化温度太高或时间太长,会缩短石墨管的使用寿命。

8.原子化发生的主要化学反应

被测元素的原子化过程,直接依赖于试样的组成与被测元素存在的形态。实际分析的试样多为复杂体系,从进样到形成自由原子,经历溶剂蒸发、基体挥发或热解破坏,留下被测元素的金属盐或其他的形态,再在高温下解离、还原实现原子化,与此同时,常伴随有其他化学反应发生。在石墨炉内被测元素化合物在原子化前可能发生的主要反应如下。

1)金属盐的分解反应

$$M_x(NO_3)_y \longrightarrow M_x O_{y/2}(s) \tag{3-17}$$

$$MX \longrightarrow M(s) + X \tag{3-18}$$

当被测元素卤化物的蒸发热小于卤化物和碳化物的解离能时,在发生其他反应之前,卤化物先以分子形式蒸发,导致被测元素的损失,并产生分子吸收。若卤化物的解离能低,则可由卤化物直接分解实现原子化。

2)氧化物和金属的热蒸发

$$M_x O_y(s) \longrightarrow M_x O_y(g) \tag{3-19}$$

$$M(s) \longrightarrow M(g) \tag{3-20}$$

若氧化物的蒸气压高,其蒸发热小于氧化物和碳化物的解离能,则以氧化物分子蒸发进入气相,而气相温度又不足以使氧化物分解,则产生分子吸收,且导致被测元素的明显损失。若氧化物的解离能低,则先于氧化物蒸发而发生氧化物分解,随后由金属气化形成自由原子。

3)氧化物的热分解

$$M_x O_y(g) \longrightarrow x M + y/2 O_2(g) \tag{3-21}$$

氧化物分解是被测元素化合物实现原子化的基本方式之一。

4)金属氧化物还原

$$M_x O_y(s,l) + y C(s) \longrightarrow x M(g) + y CO(g) \tag{3-22}$$

5)碳化物的生成

$$M_x O_y(s,l) + (x+y)C(s) \longrightarrow x MC(s) + y CO(g) \tag{3-23}$$

9.干扰及消除方法

虽然原子吸收分析中的干扰比较少,并且容易克服,但在许多情况下是不容忽视的。为了得到正确的分析结果,了解干扰的来源和消除是非常重要的。

原子吸收光谱分析中,干扰效应按其性质和产生的原因,可以分为四类:物理干扰、化学干扰、电离干扰、光谱干扰。

1)物理干扰

物理干扰是指试样在转移、蒸发和原子化过程中,由于试样任何物理特性(如黏度、表面张力、密度等)的变化而引起的原子吸收强度下降的效应。物理干扰是非选择性干扰,对试样各元素的影响基本是相似的。在火焰原子吸收中,试样溶液的性质发生任何变化,都直接或间接地影响原子阶级效率。如试样的黏度生生变化时,则影响吸喷速率进而影响雾量和雾化效率。毛细管的内径和长度以及空气的流量同样影响吸喷速率。试样的表面张力和黏度的变化,将影响雾滴的细度、脱溶剂效率和蒸发效率,最终影响到原子化效率。当试样中存在大量的基体元素时,它们在火焰中蒸发解离时,不仅要消耗大量的热量,而且在蒸发过程中,有可能包裹待测元素,延缓待测元素的蒸发、影响原子化效率。物理干扰一般都是负干扰,最终影响火焰分析体积中原子的密度。

为消除物理干扰,保证分析的准确度,一般采用以下方法:

(1)配制与待测试液基体相一致的标准溶液,这是最常用的方法;

(2)当配制与待测试液基体相一致的标准溶液有困难时,需采用标准加入法;

(3)当被测元素在试液中浓度较高时,可以用稀释溶液的方法来降低或消除物理干扰。

2)化学干扰

化学干扰是由于液相或气相中被测元素的原子与干扰物质组分之间形成热力学更稳定的化合物,从而影响被测元素化合物的解离及其原子化。磷酸根对钙的干扰,硅、钛形成难解离的氧化物,钨、硼、稀土元素等生成难解离的碳化物,从而使有关元素不能有效原子化,都是化学干扰的例子。化学干扰是一种选择性干扰。消除化学干扰的方法有:化学分离、使用高温火焰、加入释放剂和保护剂、使用基体改进剂等。

在石墨炉原子吸收法中,加入基体改进剂,使基体转化为易挥发的化学形态或将被测元素转化为更加稳定的化学形态,以便在热解阶段使用更高的灰化温度驱尽基体而又不损失被测元素分析物,以消除干扰。对化学改进剂的基本要求是可使基体转化为易挥发的化学形态;将被测元素转化为更加稳定的化学形态;使分析物的所有化学形态转化为单一的形态;不干扰被测元素的测定;原子化阶段前除去;空白值低;尽可能适用于多种元素。常用的基体改进剂如下:无机化学改进剂有硝酸钯、氯化钯、硝酸镍、硝酸铵、磷酸二氢铵、硝酸镁等;有机化学改进剂有抗坏血酸、柠檬酸、酒石酸、EDTA等;混合化学改进剂有硝酸钯+硝酸镁、Pt+维生素C等。基体改进剂的作用如下:分析物与化学改进剂作用生成高熔点盐、氧化物、金属键化合物和热稳定的络合物,降低分析物的挥发性,以便使用更高的灰化温度除去基体及避免分析元素与Cl^-形成共挥发物;增加分析元素的挥发性;增加基体的挥发性,以促使基体在分析物原子化之前除去;阻止或避免分析物生成难熔化合物,降低记忆效应;改善原子化环境;起助熔和分馏作用。

3)电离干扰

在高温下原子电离,使基态原子的浓度减低,引起原子吸收信号降低,此种干扰称为电离干扰。电离效应随温度升高、电离平衡常数增大而增大,随被测元素浓度增高而减小。加入更易电离的碱金属元素,可以有效地消除电离干扰。

4)光谱干扰

光谱干扰包括谱线重叠、光谱通带内存在非吸收线、原子化池内的直流发射、分子吸收、光散射等。当采用锐线光源和交流调制技术时,前三种因素一般可以不予考虑,主要考虑分子吸收和光散射的影响,它们是形成光谱背景的主要因素。

分子吸收干扰是指在原子化过程中生成的气体分子、氧化物及盐类分子对辐射吸收而引起的干扰。光散射是指在原子化过程中产生的固体微粒对光产生散射,使被散射的光偏离光路而不为检测器所检测,导致吸光度值偏高。

光谱背景除了波长特征之外,还有时间、空间分布特征。分子吸收信号通常先于原子吸收信号之前产生,当有快速响应电路和记录装置时,可以从时间上分辨分子吸收和原子吸收信号。样品蒸气在石墨炉内分布的不均匀性,导致了背景吸收空间分布的不均匀性。

提高温度使单位时间内蒸发出的背景物的浓度增加,同时也使分子解离增加。这两个因素共同制约着背景吸收。在恒温炉中,提高温度和升温速率,使分子吸收明显下降。

在石墨炉原子吸收法中,背景吸收的影响比火焰原子吸收法严重,若不扣除背景,有时根本无法进行测定。

10.灵敏度

灵敏度是指在一定条件下,被测物质浓度或含量改变一个单位时所引起测量信号的变化程度。在原子吸收中常用特征浓度或特征质量来表征测量灵敏度。其定义为产生 1‰净吸收或者 0.0044 Abs(吸光度)时待测元素的浓度或质量,分别称为特征浓度或特征质量。火焰原子吸收中,使用特征浓度,石墨炉原子吸收中使用特征质量。该值越低,表明设备灵敏度越高。

可以通过读取已知浓度元素的吸光度来计算出特征浓度(特征质量),计算公式为:

$$s_C = \frac{0.0044C}{A} \tag{3-24}$$

式中:s_C 为灵敏度;

C 为标准溶液浓度;

A 为测得的吸光度。

原子吸收光谱仪正常开机后,可以用该指标检查仪器状态是否良好或者使用的仪器参数是否合适,尤其在低痕量分析时,对灵敏度的检查是十分必要的。

第四节 原子荧光光谱法

原子荧光光谱分析和原子吸收光谱类似也是一种光谱分析方法。早在 1859 年克希霍夫(Kirchhoff)研究太阳光谱时就开始了原子荧光理论的研究。而后,在 1902 年胡特(Wood)等开始研究原子荧光现象,并首次观察到了钠的原子黄光。1962 年在第十次国际光谱学会议上,阿卡玛比介绍了原子荧光量子效率的测量方法,可直接测定原子荧光辐射强度,并预言了这一现象以后可能应用于分析仪上,在 1964 年,威博尼尔明确提出火焰原子荧光光谱法可作为一种化学分析的方法,并且导出了原子荧光的基本方程式。

一、原子荧光原理

原子荧光是原子蒸气受具有特征波长的光源照射后,其中一些自由原子被激发跃迁到较高能态,然后去活化回到某一能态(常常是基态)而发射出特征光谱的物理现象,如图 3-11 所示。各元素都有其特定的原子荧光光谱,根据原子荧光强度的高低可测得试样中待测元素的含量。这就是原子荧光光谱分析。

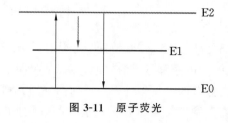

图 3-11 原子荧光

原子荧光可分为三类:共振原子荧光、非共振原子荧光与敏化原子荧光。

原子吸收辐射受激后再发射相同波长的辐射,产生共振原子荧光。若原子经热激发处于亚稳态,再吸收辐射进一步激发,然后再发射相同波长的共振荧光,此种共振原子荧光称为热助共振原子荧光。如 In451.13 nm 就是这类荧光的例子。只有当基态是单一态,不存在中间能级,没有其他类型的荧光同时从同一激发态产生,才能产生共振原子荧光。

气态原子吸收共振线被激发后,再发射与原吸收线波长相同的荧光即是共振原子荧光,如图 3-12 所示。它的特点是激发线与荧光线的高低能级相同。如锌原子吸收 213.86 nm 的光,它发射荧光的波长也为 213.861 nm。

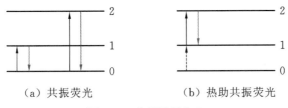

(a) 共振荧光　　　　　　　　(b) 热助共振荧光

图 3-12　共振原子荧光

当激发原子的辐射波长与受激原子发射的荧光波长不相同时,将产生非共振原子荧光。非共振原子荧光包括直跃线荧光、阶跃线荧光与反斯托克斯荧光。直跃线荧光是激发态原子直接跃迁到高于基态的亚稳态时所发射的荧光,如 Pb405.78 nm。只有基态是多重态时,才能产生直跃线荧光。阶跃线荧光是激发态原子先以非辐射形式去活化方式回到较低的激发态,再以辐射形式去活化回到基态而发射的荧光;或者是原子受辐射激发到中间能态,再经热激发到高能态,然后通过辐射方式去活化回到低能态而发射的荧光。前一种阶跃线荧光称为正常阶跃线荧光,如 Na589.6 nm,后一种阶跃线荧光称为热助阶跃线荧光,如 Bi293.8 nm。反斯托克斯荧光是发射的荧光波长比激发辐射的波长短,如 In410.18 nm。直跃线荧光的特点是激发和去激发过程中涉及的上能级相同。

激发态原子跃迁回至高于基态的亚稳态时所发射的荧光称为直跃线荧光,由于荧光的能级间隔小于激发线的能级间隔,所以荧光的波长大于激发线的波长。如铅原子吸收 283.31 nm 的光,而发射 405.78 nm 的荧光。它是激发线和荧光线具有相同的高能级,而低能级不同。如果荧光线激发能大于荧光能,即荧光线的波长大于激发线的波长,称为 Stokes 荧光;反之,称为 anti-Stokes 荧光。直跃线荧光为 Stokes 荧光。如图 3-13 所示。

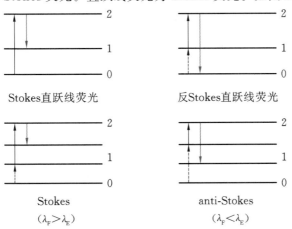

Stokes直跃线荧光　　　　　　　　反Stokes直跃线荧光

Stokes　　　　　　　　　　　　anti-Stokes

$(\lambda_F > \lambda_E)$　　　　　　　　　　　$(\lambda_F < \lambda_E)$

图 3-13　直跃线荧光

有两种情况,正常阶跃荧光为被光照射激发的原子,以非辐射形式去激发返回到较低能级,再以发射形式返回基态而发射的荧光。很显然,荧光波长大于激发线波长。例如钠原子吸收 330.30 nm 光,发射出 588.99 nm 的荧光。非辐射形式为在原子化器中原子与其他粒子碰撞的去激发过程。热助阶跃荧光为被光照射激发的原子,跃迁至中间能级,又发生热激发至高能级,然后返回至低能级发射的荧光。例如铬原子被 359.35 nm 的光激发后,会产生很强的 357.87 nm 荧光。

激发和去激发过程中涉及的上能级不同。

当自由原子跃迁至某一能级,其获得的能量一部分是由光源激发能供给,另一部分是热能供给,然后返回低能级所发射的荧光为 anti-Stokes 荧光,如图 3-14 所示。其荧光能大于激发能,荧光波长小于激发线波长。例如铟吸收热能后处于一较低的亚稳能级,再吸收 451.13 nm 的光后,发射 410.18 nm 的荧光。

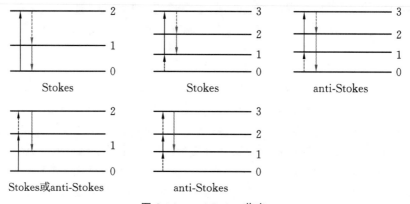

图 3-14　anti-Stokes 荧光

受光激发的原子,可能发射共振原子荧光,也可能发射非共振原子荧光,还可能无辐射跃迁至低能级,所以量子效率一般小于 1。受激原子和其他粒子碰撞,把一部分能量变成热运动与其他形式的能量,因而发生无辐射的去激发过程,这种现象称为荧光猝灭。荧光的猝灭会使荧光的量子效率降低,荧光强度减弱。许多元素在烃类火焰中要比用氩稀释的氢-氧火焰中荧光猝灭大得多,因此原子荧光光谱法,尽量不用烃类火焰,而用氩稀释的氢-氧火焰代替。

激发原子通过碰撞将其激发能转移给另一个原子使其激发,后者再以辐射方式去活化而发射荧光,此种荧光称为敏化原子荧光,如图 3-15 所示。火焰原子化器中的原子浓度很低,主要以非辐射方式去活化,因此观察不到敏化原子荧光。

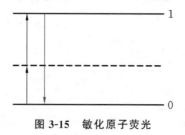

图 3-15　敏化原子荧光

原子荧光的发光强度和待测样品中某元素的浓度、激发光源的发光强度以及其他参数

之间所存在的基本函数关系是原子荧光光谱法的理论基础。原子荧光定量方程为

$$I_f = \varphi I_a$$

式中：I_f 为荧光强度；

　　　φ 为荧光效率；

　　　I_a 为吸收光的强度。

　　　上式可进一步写为

$$I_f = \varphi A I_0 (1 - e^{-KLN})$$

式中：A 为有效面积；

　　　I_0 为单位面积上光的强度；

　　　K 为峰值吸收系数；

　　　L 为吸收光程长度；

　　　N 为基态原子数。

　　当 N 很小时，上式按泰勒展开后可忽略二次项及更高项，可以得到

$$I_f = \varphi A I_0 KLN$$

对于固定的荧光光谱仪器，假设激发光源是稳定的，式中除 N 外，其他各参数都是定值，基态原子数和样品浓度(C)成正比，则上式可写为

$$I_f = aC$$

该式就是日常使用原子荧光光谱仪定量分析的方程式。正是由于 N 很小这个假设，所以日常分析中样品浓度不宜过大，当样品浓度超出一定范围时，荧光强度和样品浓度之间就不成简单的线性关系。

二、氢化物反应

氢化物发生进样方法是利用某些能产生初生态氢的还原剂或化学反应，将样品溶液中的待测组分还原为挥发性共价氢化物，然后借助载气流将其导入原子光谱分析系统进行测量。

1.金属-酸还原体系

金属-酸还原体系是用金属作为还原剂在稀酸溶液中进行反应(Marsh 反应)，用金属锌作为还原剂，在酸性样品溶液中反应生成原子态，再与待测元素反应生成氢化物。

$$Zn + 2HCl \longrightarrow ZnCl_2 + 2H$$

$$nH + Mm \longrightarrow MH_n + H_2$$

该体系反应慢，能发生氢化物的元素较少，包括预还原在内的反应时间过长，干扰较为严重。

2.硼氢化钠-酸体系

其原理是样品溶液中的元素(砷、铅、锑、硒)与还原剂(硼氢化钠)反应生成挥发性氢化物，然后借助载气将其导入分析系统进行测量。酸性体系反应过程为

$$NaBH_4 + 3H_2O + HCl \longrightarrow H_3BO_3 + NaCl + 8H$$

$$8H + Mm \longrightarrow MH_n + H_2$$

3.碱性体系

在含有分析元素的碱性试样中加入 $NaBH_4$ 溶液,所得到的溶液和酸进行氢化反应。在强碱性介质中氢化元素形成可溶性含氧酸盐,铁、铂、铜族元素则以沉淀形式与氢化元素分离,从而可消除铁、铂、铜族元素的化学干扰。

该体系克服了金属-酸还原体系的缺点,在还原能力、反应速度、自动化操作、抗干扰程度等方面有极大优势。

4.电化学法

电化学法是利用电解原理,在 5%KOH 碱性介质中采用电解方法,在铂电极上还原 As 和 Sn,然后将电解生成的 AsH_3 和 SnH_4 导入到原子化器中进行测定。该方法具有空白值低、选择性好的特点。

三、仪器组成

1.光源

理想的原子荧光光源首先要求发光强度高、噪声小,还要求稳定性好、工作寿命长、多用性广、成本低和安全可靠。

光源可以是连续光源或锐线光源。常用的连续光源是氙弧灯,常用的锐线光源是高强度空心阴极灯、无极放电灯、激光等。连续光源稳定,操作简便,寿命长,能用于多元素同时分析,但检出限较差。锐线光源辐射强度高,稳定,可得到更好的检出限。

2.原子化器

原子化器就是将被测样品原子化并将原子蒸气送入光路系统的部件,可分为火焰原子化器和电热原子化器。

火焰原子化器是利用火焰使元素的化合物分解并生成原子蒸气的装置。所用的火焰为空气-乙炔焰、氩氢焰等。用氩气稀释加热火焰,可以减小火焰中其他粒子,从而减少荧光猝灭(受激发原子与其他粒子碰撞,部分能量变成热运动与其他形式的能量,因而发生无辐射的去激发,使荧光强度减少甚至消失,该现象称为荧光猝灭)现象。电热原子化器是利用电能来产生原子蒸气的装置。电感耦合等离子焰也可作为原子化器,它具有散射干扰少、荧光效率高的特点。

原子化器是原子荧光分析法的关键,一般由雾化器、雾化室和燃烧器所组成。良好的原子化器要求雾化率高,提高原子化效率,消除原子化系统的噪声,保持火焰的稳定性和降低气体消耗量。如图 3-16 所示。

雾化器是原子化系统中的主要部件。它直接影响雾滴的形成、雾化率和雾滴的直径,从而影响测定的灵敏度和准确度。所以要求雾化器要具有较大的喷雾量,雾滴直径要均匀细小,喷雾速度要稳定等特性。

雾化室的主要作用是使燃料气体和助燃气充分混合,并使大颗粒的雾滴在雾室壁凝结排出。

燃烧器是根据燃烧气体的性质与助燃气体混合形式以及火焰的性质而定的。

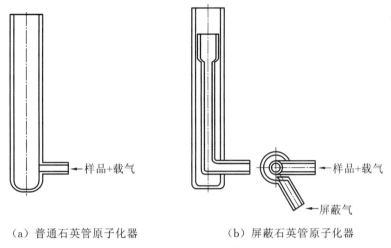

（a）普通石英管原子化器　　　　　（b）屏蔽石英管原子化器

图 3-16　原子化器

3.光学系统

由于荧光辐射强度在各个方向几乎相同,可从火焰的任意角度探测荧光信号在多数情况下,探测器和激发光束成直角。实验室所用的原子荧光仪器基本上可分为色散荧光光谱仪和非色散荧光光谱仪。

非色散原子荧光光谱仪由激发光源、原子化器、日盲光电倍增管、放大检测系统,以及滤光器和相应的光学系统组成。色散原子荧光光谱仪由激发光源、原子化器、单色器和放大检测器等部分组成。

非色散荧光光谱仪和色散荧光光谱仪主要区别是色散系统使用单色光,非色散系统不分光,使用日盲光电倍增管直接检测荧光。如图 3-17 所示。

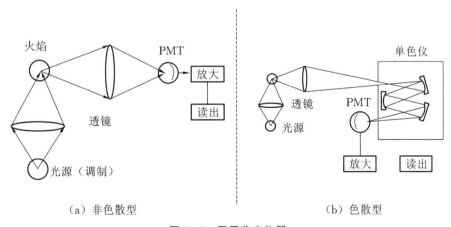

（a）非色散型　　　　　　　　（b）色散型

图 3-17　原子荧光仪器

4.检测系统

检测系统是通过光电检测器把原子荧光信号转换成电信号,再经过放大、调解等检测电路后,用记录器或峰值保持电压表来记录荧光强度。

常用的是光电倍增管,在多元素原子荧光分析仪中,也用光导摄像管、析像管做检测器。检测器与激发光束成直角配置,以避免激发光源对检测原子荧光信号的影响。

四、原子荧光干扰

1.光谱干扰

光谱干扰是指光源或原子化器的有害辐射所造成的谱线重叠等干扰。当发射的有害光的波长与待测元素的荧光谱线的波长相差在 0.3 Å 以内,就会产生谱线重叠的干扰。

光谱干扰一般来自光源或原子化器。如使用连续光源时一般都有光谱重叠干扰,使用空心阴极灯时,由于加入的金属或金属卤化物所含的杂质及灯中所充的惰性气体所产生的光谱线,能产生光谱干扰。

由原子化器产生的干扰主要有:火焰本身的热发射、火焰发射时所产生的分子谱带、干扰元素、干扰元素和分析元素的荧光谱线重叠以及火焰中各种微粒对光源辐射的散射等干扰。

消除干扰荧光谱线的办法:可以采用减小光谱通带,选用其他的荧光分析线,或者加入络合剂络合干扰元素及预先化学分离干扰元素等方法来消除这类干扰。

2.化学干扰

原子荧光分析中化学干扰主要来自阴离子干扰、阳离子干扰和阴阳离子混合干扰。阳离子干扰主要指它与被测元素形成了难燃的混合晶,因而降低了被测元素的原子化程度。这种干扰随着火焰温度的增高而减小。阴离子干扰主要是它与分析元素形成了稳定的化合物或络合物,使分析元素的原子化程度降低。阴阳离子混合干扰则是由于阴阳离子之间发生相互作用而带来的干扰。

气相中存在的原子荧光猝灭效应也是造成干扰的因素之一,它与火焰的组成和通入的屏蔽气体有关,此外,也与原子蒸气中存在的卤态微粒有关。

3.物理干扰

物理干扰是指雾化-燃烧过程中溶液的提升率、雾化效率等物理因素对产生荧光的影响。如试液的黏度、表面张力的变化会引起试液的提升速度、物化效率和气溶胶粒径分布的改变,高盐样品会堵塞雾化器,降低雾化量和雾化效率等。

五、原子荧光和原子吸收的区别

1.原理

原子吸收分光光度法是基于基态原子对共振光的吸收,而原子荧光光度法是基于激发态原子向基态跃迁并以光辐射形式失去能量而回到基态,原子荧光包含两个过程(吸收和发射)。

2.光路

原子吸收需要测量的是原子对光源特征辐射的吸收,必须观察初级光源,因此原子吸收光源、原子化器和检测器在一条光路上;原子荧光需要避开初级光源的直接射入,要以一定角度去观察辐射的荧光,所以原子荧光光路是垂直光路。

3.测量元素

原子荧光可测量的元素相对有限,而原子吸收测量的元素相对原子荧光较多。

第五节　电感耦合等离子体质谱法

电感耦合等离子体质谱(inductively coupled plasma mass spectrometry,ICP-MS)是 20 世纪 80 年代发展起来的一种分析测试技术,1983 年第一台商品化设备被使用。ICP-MS 以独特的接口技术将 ICP 的高温(7000 K)电离特性与四极杆质谱的灵敏快速扫描的优点相结合而形成一种新型的元素和同位素分析技术,几乎可以分析地球上所有元素。ICP-MS 法是目前公认的最强有力的元素分析技术,可对质量数从 6~260 的元素同时进行检测,浓度线性动态范围达 9 个数量级,可同时测定含量差别较大的多种元素,大部分元素检出限可以达到 ng/L 级。伴随碰撞池和动态反应池技术的引入,以及各种联机技术的实现,ICP-MS 除了应用于元素含量分析和同位素比值分析外,还可实现形态分析,因此在地质、农业、环境、医药、食品等多个领域得到了广泛应用。

一、ICP-MS 载气

ICP-MS 使用氩气作为载气、辅助气和补偿气,其主要原因是氩的第一电离能为 15.76 eV,氩的第一电离能高于元素周期表中绝大多数元素的第一电离能(He、F、Ne 除外),且低于大多数元素的第二电离能,因此大多数元素在氩气等离子体环境中,只能电离成单电荷离子,进而容易由质谱仪器分离并检测。

二、仪器基本结构

ICP-MS 仪器主要由样品引入系统、离子源、质量分析器、离子检测器和辅助系统 5 个部分组成,如图 3-18 所示。

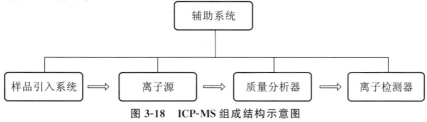

图 3-18　ICP-MS 组成结构示意图

1.样品引入系统

样品引入系统主要是用来产生气溶胶和进行液滴选择,其附属部件主要包括蠕动泵、雾化器、雾室、连接头(雾室和炬管的连接部件)。样品引入系统结构示意图如图 3-19 所示。

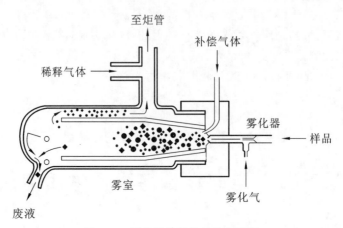

图 3-19　样品引入系统结构示意图

气溶胶的产生主要依靠雾化器实现,雾化器一般有两种典型的设计结构:一种是同心雾化器,另一种是交叉流雾化器。

1)同心雾化器

同心雾化器的原理如下:利用通过小孔的高速气流形成的负压进行提升和雾化液体(文丘里效应),通过试样溶液的毛细管被一股高速的与毛细管轴相平行的氩气气流所包围。当样品溶液被蠕动泵吸入雾化器后,在毛细管出口处,由于载气流速很快(150～200 m/s),而溶液流速较慢,两者之间产生摩擦力,液体被拉细并被气流冲击破碎形成雾滴,即气溶胶,气溶胶在前进过程中,受到气流径向和切向压力作用进一步细化,较细的气溶胶被载气送入等离子体中,较大的气溶胶凝聚成液滴后作为废液被排出。

同心雾化器由于在喷嘴处溶液性质改变,毛细管管径较细,容易发生雾化器堵塞。

同心雾化器结构示意图如图 3-20 所示。

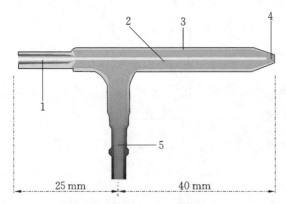

图 3-20　同心雾化器结构示意图

1—溶液(样品)吸入;2—毛细管;3—外层;4—喷嘴;5—气体进入(侧臂)

2)交叉流雾化器

交叉流雾化器的原理和同心雾化器一样,但设计是溶液流动方向和雾化器流动方向成直角。相比同心雾化器,在相同条件下,交叉流雾化器背景噪声会稍高,但其耐盐性比同心雾化器好。

交叉流雾化器结构示意图如图 3-21 所示。

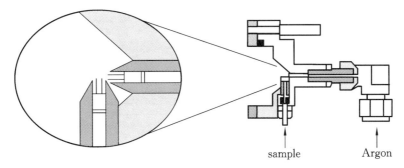

sample　　Argon

图 3-21　交叉流雾化器结构示意图

3)高盐雾化器

其原理是溶液经蠕动泵送到雾化器后,沿倾斜的 V 形凹槽自由流下,在溶液流经的通路上有一小孔,高速载气从这个小孔喷出,将溶液打碎成雾滴。因为喷口处不断有溶液流过,故不会形成盐的层积,所以可雾化高盐试液。高盐雾化器的雾化适合高盐样品,但雾化效率略有降低,因此灵敏度较低。随着对设备高灵敏度的不断追求,高盐雾化器在最新的设备上已经很少使用。

高盐雾化器结构示意图如图 3-22 所示。

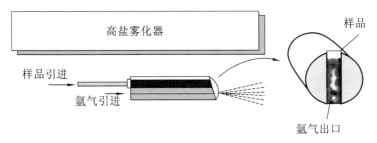

高盐雾化器　　样品

样品引进　　氩气出口

氩气引进

图 3-22　高盐雾化器结构示意图

4)雾室

雾室主要有两个作用,一个作用是使小液滴进入等离子体,大液滴作为废液排出,另一个作用是使雾化过程更加平滑。由于等离子体的能量不足以使大液滴电离,雾室通过以下方法使得大液滴作为废液排出。经过雾化器形成的液滴会在雾室中穿行一段距离,在重力作用下,大液滴(超过 $10~\mu m$)无法通过这段距离从而重新形成溶液被排出,而小液滴由于受到的重力较小,会通过这段距离到达等离子体炬管位置。

2.离子源

等离子体形成示意图如图 3-23 所示,等离子体炬管是由石英材料制成的,其内外共有三层,通有三路气体,外层是等离子体气体,中间层是辅助气体,内层是雾化气(也叫载气)。

在炬管端出外层缠有负载线圈。当射频电压供电时就会在负载线圈内产生强电场,外层等离子体气体氩气在电场作用下,外层电子脱离,这些电子与其他氩原子碰撞从而使更多氩原子外层电子电离,形成氩等离子体。内层载气携带样品通过等离子体时,样品首先会失去水分成为固体颗粒,然后气化,在氩等离子体碰撞下失去外层电子从而形成带正电的离子,最后通过等离子位置到达设备接口部分。

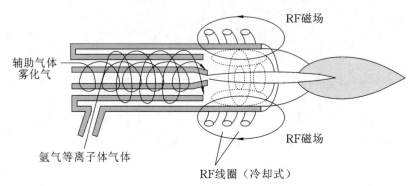

图 3-23　等离子体形成示意图

由于等离子体产生的位置是高温区域,温度范围为 6000～8000 K,其温度分布如图 3-24 所示,如此高的温度很容易让炬管熔化。中间层辅助气体有两个作用,一个作用是参与形成氩等离子体,另一个作用是把形成的等离子体推离开炬管以防止高温熔化炬管,对炬管起到保护作用。

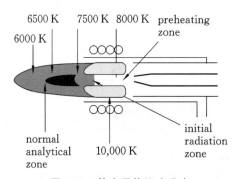

图 3-24　等离子体温度分布

3.接口

接口(interface region)在设备中的位置如图 3-25 所示,从图中我们可以看出,在接口位置前面是等离子体形成的位置,这里是常压区域;在其后面是透镜和四极杆,这部分是真空区域。所以接口的主要作用是实现了从常压到真空的转换,使 ICP 产生的离子能够进入质量分析器而不破坏真空。

图 3-26 是接口的结构示意图,该装置主要由两个锥体组成,靠近焰炬的称为采样锥,靠近分析器的称为截取锥。采样锥锥体材料通常为 Ni 和 Pt(在分析有机材料时最好使用 Pt 锥,因为在此情况下,通常需加氧气于雾化气流中以促进有机化合物的分解,而在这种高活性环境中,Pt 锥的抗剥蚀能力优于 Ni 锥),孔径通常为 0.5～1.2 mm。截取锥与采样锥类

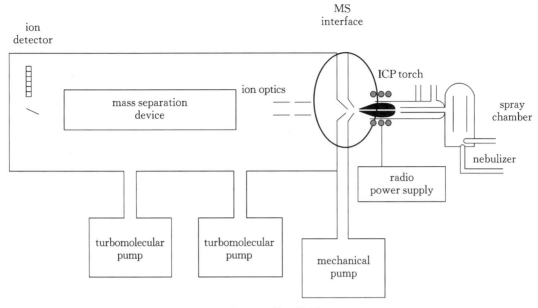

图 3-25　接口位置

似,经过锥体的阻挡和真空系统的抽气,通过截取锥后的压力可达到 10^{-3} Pa。这样就实现了从常压到真空的转换。通过截取锥后,依靠一个静电透镜将离子与中性粒子分开,中性粒子被真空系统抽离,离子则被聚焦后进入质量分析器。

ICP 气体以大约 6000 K 的温度进入采样锥孔,由于气体极速膨胀,使等离子体原子碰撞频率下降,气体的温度也迅速下降,等离子体的化学成分不再发生变化,同时对接口位置进行水冷,以有效降低该区域的温度。

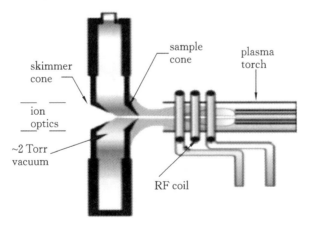

图 3-26　接口的结构示意图

4.离子透镜组

离子透镜的主要作用一是让尽可能多的分析离子从接口部分进入到质量分析器,另一个作用是尽可能阻止非分析物进入质量分析器,这些非分析物包括不带电的中性离子、光子等。在理解离子透镜工作原理前,让我们看一下等离子体通过接口区域的动力学变化。由于德拜长度小于锥孔直径,等离子体经过接口区域前后的性质是一样的,等离子体主要受气体动力学控制而非电动力学控制。当等离子体通过接口区域后,由于压力陡然下降(从常压到 $10^{-4} \sim 10^{-3}$ Pa),气体快速扩散,相比于带正电的原子,由于电子质量较轻扩散速度较大,从而容易脱离离子束,使得离子束带正电。带正电的离子束由于电荷空间效应,大质量离子居中,中等质量离子稍靠外层,轻质量离子在最外层,如图 3-27 所示。为了保证分析物能够进入质量分析器,就需要对离子施加一定的电压。

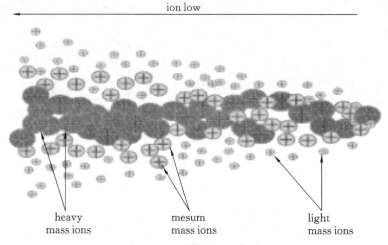

图 3-27 质量歧视示意图

离子透镜就是一组可以施加电压的金属组件。其原理是:等离子体首先进入的是截取透镜(extraction lens),截取透镜具有很强的负电势,所以电子无法通过,被真空抽走。在后面是几级离子聚焦透镜,离子聚焦透镜的原理是:安装两个电极板或圆筒,在两个电极之间形成了透镜状的等场强线,当边缘离子入射到电场时,受电场影响,向中心移动,随后出射运动方向又恢复到了向前,实现了位置上的聚焦。ICP-MS 在产生离子的同时,也产生大量光子,由于光子也可以被检测器检测和计数,所以在离子透镜的末端,是一个偏转透镜(或者光子挡板),用于去除光子干扰。

图 3-28 是 Agilent 公司离子透镜分拆图。

5.质量分析器

质量分析器是用来分离出我们感兴趣的离子。目前主要有四种质量分析器,分别是四极杆质量分析器、磁分析器(单聚焦、双聚焦质量分析器)、飞行时间分析器和离子阱质量分析器。

1)四极杆质量分析器

四极杆是一个古老的技术,在 20 世纪 50 年代,德国物理学家 Wolfgang Paul 申请的专利中指出四个双曲面围成的电场可以筛选离子。四极杆质量分析器是由四根机密加工的电极杆以及分别施加于 x、y 方向两组高压高频射频组成的电场分析器。

四极杆质量分析器滤质原理:离子在双曲面完美四级场中的运动,可以用数学方程进行描述,法国数学家马修(Emile Mathieu)通过研究,给出了微分方程的解。

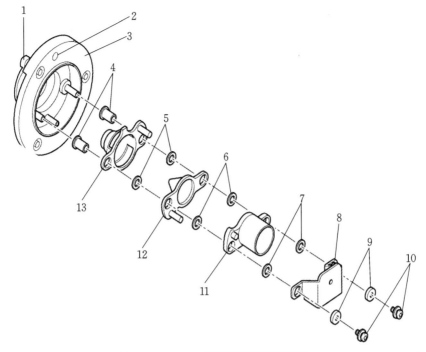

图 3-28　Agilent 公司离子透镜分析图

1—截取锥基座螺钉;2—贯穿孔;3—截取锥基座;4—垫片(唇形);5—垫片;6—垫片;7—垫片;

8—Omega 偏转-X;9—垫片;10—透镜螺钉;11—Omega 透镜-X;12—提取透镜 2;13—提取透镜 1

$$a_x = -a_y = \frac{8eU}{mr_0^2 \Omega^2} \tag{3-25}$$

$$q_x = -q_y = \frac{-4eV}{mr_0^2 \Omega^2} \tag{3-26}$$

式中:a 是代表直流强度的参数;

　　　q 是代表射频交流强度的参数;

　　　r 是场半径。

　　马修给出了四级场的稳定区域,在这些区域中运动的离子振幅总是在有限的空间内部,这些稳定区域可以通过 a 和 q 的坐标系表示出来,如图 3-29 所示,从图中可以得知离子在 x 和 y 方向上稳定区域有重合部分,离子要想通过四极杆质量分析器的电场,必须要在 x 和 y 方向上都是稳定的,即离子沿 z 方向(穿过四极杆的方向)匀速运动时,围绕 z 轴做有限振幅的振荡,若振幅超过一定值,进入 x 或 y 轴的不稳定区域,最后就会打在四极杆上而消失。

　　在给定场参数 r_0、U、V 和 Ω 下,一定质量和电荷的离子有一定的(a,q)值,也叫该离子工作点,如果该工作点落在稳定区域内,该离子的运动就是稳定的,反之则不稳定。在给定场参数条件下,如果 e 一定,则 a 和 q 比值为 $2U/V$,是一个定值,与 m 无关,也就是说在确定的直流电压(U)和射频电压(V)条件下,四极杆中离子的稳定性表示在稳定图上时总是在一条直线上(这条直线叫扫描线),这条直线的位置取决于直流和射频的关系,斜率为 $2U/V$,且都通过原点。从 a 和 q 两个计算式可以看出质量大的离子 a 和 q 的值小,质荷比大的离子离原点近,质荷比小的离子离原点远,如图 3-30 所示。

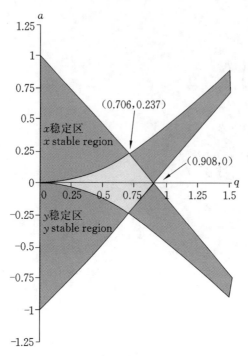

图 3-29　四级场离子运动轨迹图

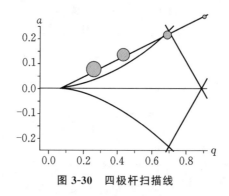

图 3-30　四极杆扫描线

　　四极杆质量分析器的分辨率和灵敏度：四极杆质量分析器的分辨率和灵敏度与跷跷板类似，高分辨会导致低灵敏度。如图 3-31 所示，当扫描线为蓝色直线时，A 和 B 两个离子得到了很好的分离（分辨率高），但是质谱峰会变窄（灵敏度降低），当扫描线斜率逐渐减小变为灰直线时，A 和 B 离子不能完全分离（分辨率低），由于谱线重合，质谱峰会变宽（灵敏度增高）。图 3-32 显示了不同分辨率下灵敏度的变化。

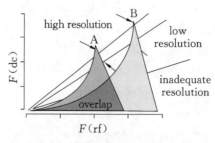

图 3-31　四极杆不同分辨率下的扫描线

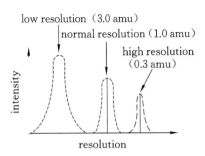

图 3-32　不同分辨率下灵敏度的变化

2）双聚焦质量分析器

双聚焦质量分析器是在单聚焦磁分析器的基础上发展起来的。单聚焦磁分析器的主体是一个处在磁场中的真空腔体。如图 3-33 所示，质量为 m、电量为 Z 的正离子被加速电压 U 加速后垂直射入磁感应强度为 B 的磁场中，离子将受到既垂直于离子运动方向，又垂直于磁感应强度 B 方向的洛伦兹力的作用而作圆周运动。忽略离子的初始能量（被加速前的初速度），离子在磁场作用下作圆周运动的轨道半径 R 可由式（3-27）表示：

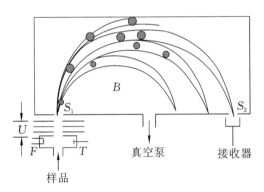

图 3-33　单聚焦质量分析器示意图

$$R = \frac{1.44 \times 10^2}{B} \sqrt{\frac{m}{Z} U}$$

（3-27）

式中：m 为离子质量，amu；

　　Z 为离子电荷量，以电子的电荷量为单位；

　　U 为离子的加速电压，V；

　　B 为磁感应强度，T。

由式（3-27）可知，在一定的 B、U 条件下，不同 m/Z 的离子其运动半径不同。现使检测器的位置固定不变（即 R 不变），连续改变 U 或 B 即可使不同 m/Z 的离子按顺序进入检测器，实现质量扫描。

上面讨论中忽略了离子的初始动能。实际上离子源给出的离子束都有一定程度的能量发散，即被加速前的初速度不同。磁分析器对于质量相同（m/Z 相同），但初始能量不同的离子也有分离作用，因而单聚焦质量分析器的分辨率较低。双聚焦质量分析器是在单聚焦磁分析器前再加一静电场，质量相同而能量不同的离子经过静电场后会彼此分开。设法使静电场和磁分析器的能量发散作用大小相等而方向相反,就可以消除能量发散对分辨率造成的不利影响。这样,只要是质量相同的离子,经过电场和磁场后就可以汇聚在一起。双聚焦质量分析器由于同时具有方向聚集和能量聚集作用,因而分辨率很高。当前双聚焦质量分析器的缺点是扫描速度慢,操作、调整比较困难,仪器价格较贵。

3)飞行时间质量分析器

飞行时间质量分析器的主要部件是一个离子漂移管,离子在漂移管中飞行的时间与离子质量的平方根成正比。对于能量相同的离子,离子的质量越大,到达接收器所用的时间越长,质量越小,所用时间越短,根据这一原理,可以把不同质量的离子分开。适当增加漂移管的长度可以增加分辨率。离子的动能(E_k)由公式 $E_k = \dfrac{1}{2}mv^2$ 可知正比于其质量和速度平方,当给离子施加同样的初始动能时(由加速电压 U 实现,且所有离子施加的电压 U 相同),由于离子质量不同,不同质量离子速度会不一样,对于固定长度的飞行路程(D),每个离子所需的时间不同,这些参数的遵循公式:

$$\frac{m}{Z} = \frac{2Ut^2}{D^2} \tag{3-28}$$

依据每个离子飞离漂移管的时间不同从而实现离子分离。

图 3-34 为飞行时间质量分析器的原理示意图。

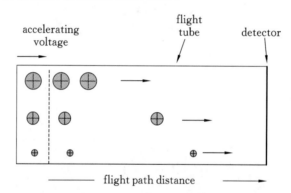

图 3-34　飞行时间质量分析器的原理示意图

4)离子阱质量分析器

离子阱(ion trap),由一对环形电极和两个呈双曲面形的端盖电极组成。在环形电极上加射频电压或再加直流电压,上下两个端盖电极接地。逐渐增大射频电压的最高值,离子进入不稳定区,由端盖极上的小孔排出。因此,当射频电压的最高值逐渐增高时,质荷比从小到大的离子逐次排除并被记录而获得质谱图。离子阱背后的数学原理和四极杆质量分析器一样采用的是马修方程解。

图 3-35 为离子阱质量分析器的原理示意图。

6.检测器

电感耦合等离子体质谱仪常用的检测器有通道电子倍增器、法拉第杯和不连续打拿极电子倍增器。

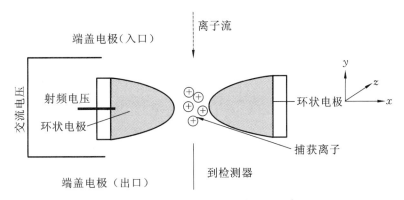

图 3-35　离子阱质量分析器的原理示意图

1）通道电子倍增器

它是一个类似光电倍增管的管状结构,其结构示意图如图 3-36 所示。在入口处加有负压,另一端接地。四极杆过来的正离子在负压作用下打到电子倍增器内表面,会产生一个或更多的二次电子,此时管子内部不同位置电场梯度发生变化,从而使产生的二次电子继续向前运动,再次撞击到管壁新位置时,继续产生更多二次电子,这个过程反复持续多次。其结果是,在一个离子撞击到电子倍增器内壁入口时,最终会产生一个含有多达百万个电子的不连续脉冲。这些脉冲信号经放大器后被感知和检测。要想有效检测,脉冲信号必须超过一定的阈值,但脉冲信号过大时,会造成计数器不能有效处理的问题。

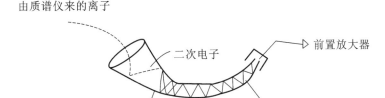

图 3-36　通道电子倍增器结构示意图

2）不连续打拿极电子倍增器

其工作原理和通道电子倍增器相似,不同之处在于不连续打拿极电子倍增器是使用多个不连续的打拿极实现电子倍增。其结构示意图如图 3-37 所示。

其设计上与四极杆有一定的离轴位差,这样可以防止中性离子和杂散辐射进入打拿极,尽可能消除背景干扰。从四极杆过来的离子首先经过曲线路径进入第一个打拿极,产生的二次电子反复通过多个不连续打拿极,最终实现电子倍增。

3）法拉第杯

其与质谱仪的其他部分保持一定电位差以便捕获离子,当离子经过一个或多个抑制栅极进入杯中时,将产生电流,经转换成电压后进行放大记录。当离子或电子进入法拉第杯以后,会产生电流或电子流。对一个连续的带单电荷的离子束来说:其中,N 是离子数量、t 是时间(s)、I 是测得的电流(A)、e 是基本电荷(约 1.60×10^{-19} C)。我们可以估算,若测得电

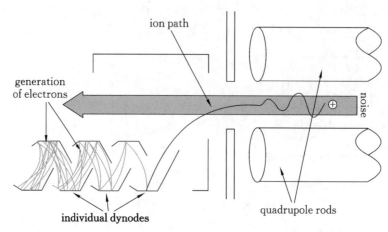

图 3-37　不连续打拿极电子倍增器结构示意图

流为 10^{-9} A(1 nA),即约有六十亿个离子被法拉第杯收集。由于法拉第杯是离子束直接到达金属电极上进行检测,没有施加可控的电压,所以其适合测量高能离子流,这限定了其测量的动态范围,常和其他检测器一起使用,来扩展动态线性范围上限。另外,由于离子到达检测器的时间是一个常数,故扫描速率较慢,不适合要求快速扫描的脉冲计数。

图 3-38 所示为各种检测器的动态检测范围。

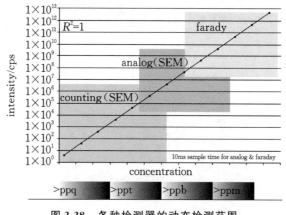

图 3-38　各种检测器的动态检测范围

三、干扰及消除

电感耦合等离子体质谱法对痕量元素分析时,产生的干扰主要可分为两大类:质谱干扰和非质谱干扰。

1.质谱干扰

质谱干扰是 ICP-MS 中最常见且较为严重的一类干扰,其主要可分为多原子离子干扰、双电荷干扰和同量异位素干扰。

多原子离子是由两个或两个以上的原子结合而成的复合离子,其主要来源于载气氩气中的 Ar 原子,样品消解体系所用盐酸中的 Cl 原子,消解后试样中的 H、O、C 及样品中的 S

等原子。例如常见的 $^{40}Ar^{35}Cl$ 对 ^{75}As 的影响、$^{40}Ar^{12}C$ 对 ^{52}Cr 的影响及 $^{40}Ar^{16}O$ 对 ^{56}Fe 的影响。

双电荷干扰主要是元素周期表中某些元素的第二电离能小于氩的第一电离能,从而失去两个电子使得该元素的质荷比发生变化造成的。

同量异位素干扰主要是样品中某些元素的同位素和分析目标元素的质量相同,四极杆质量分析器无法有效分辨造成的。如在测定 ^{204}Pb 同位素时 ^{204}Hg 的干扰,114Sn 对 114Cd 的干扰。

对于质谱干扰的消除早期常采用共沉淀、萃取等化学和色谱分离等方法,这些方法常常涉及较为复杂的操作步骤。干扰方程校正常被用来消除这些质谱干扰,例如对 ^{75}As 测量时使用 $^{75}As = mass75 - 3.127 \times mass77 + 2.736 \times mass82 - 2.76 \times mass83$ 消除 $^{40}Ar^{35}Cl$ 的干扰,使用 $^{114}Cd = mass114 - 0.0268 \times ^{118}Sn$ 消除 ^{114}Sn 对 Cd 测量的干扰。随着分析设备的发展,现在的 ICP-MS 设备普遍采用了碰撞/反应池技术,成为消除质谱干扰的主要方式。高分辨质谱是最有效的质谱干扰消除方式,但是配备高分辨质谱的 ICP-MS 目前价格相对比较昂贵。

2.非质谱干扰

ICP-MS 分析测试中的非质谱干扰主要有空间电荷效应、信号抑制或增强和高溶解的固体含量的物理效应(也称为基质效应)。

空间电荷效应在质量分析器部分已经进行了阐述,基质效应主要是由两个方面引起的,一方面是样品在雾化过程中由于溶液中溶解的无机基质线速度不同,影响雾化液滴的形成,从而对信号产生影响;另一方面是样品中溶解的无机盐在锥孔处沉积造成锥孔变小,从而抑制分析信号。

对非质谱干扰的消除主要是采用内标法进行校正和样品稀释。内标法内标选取的原则如下:①样品中不含有选取的内标元素;②实验环境对内标元素不易产生污染;③待分析元素和内标元素之间无相互干扰;④内标元素和待分析元素质量数尽量接近。

第六节　Hg 的测量

一、冷原子吸收

汞是唯一一种在常温下就可以汽化为单原子状态的元素,其饱和蒸气浓度在 $2.45 \sim 35.6 \ mg/mm^3$ 之间,可以实现常温原子光谱测定。低压汞灯发出的 253.7 nm 原子特征光谱是分析汞原子特征光谱。

1.冷原子吸收测汞原理

将水样经某种处理后,加氯化亚锡($SnCl_2$),把水样中的汞离子还原成元素汞,用载气(如 Ar 等)将汞蒸气带入吸收池内,用光电管检测吸收池内紫外线强弱变化,产生的光电信号经转换、放大及信号处理输出到数字显示表或记录仪上,从而实现对样品中汞含量的分析和测试。

2.冷原子吸收测汞条件及优化

冷原子吸收光谱仪管路连接及分析流程如图 3-39 所示。

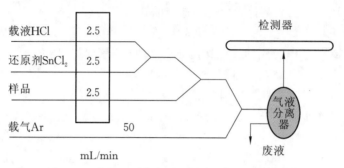

图 3-39　冷原子吸收光谱仪管路连接及分析流程

冷原子吸收光谱仪测汞参数如表 3-2 所示。最大吸收波长:253.7 nm;平滑(点):9;信号积分时间:15.0 s;延迟时间:0 s;每次读数前自动调零(BOC)时间:2 s;校准方程式:线性有截距;载气(Ar)流速:50 mL/min;进样体积:500 μL;进样次数:3。

表 3-2　冷原子吸收光谱仪测汞参数

参　　数	条　　件	参　　数	条　　件
测定元素	汞	BOC 时间	2 s
最大吸收波长	253.7 nm	校准方程式	线性有截距
测量	峰面积(峰高)	试样进样体积	500 μL
平滑(点)	9	重复测定	3 次
信号积分时间	15.0 s	标准溶液单位	ng/mL
延迟时间	0.0 s	样品测量单位	ng/cig

二、流动注射-冷原子吸收光谱仪参数条件优化

参考冷原子吸收光谱仪以氯化亚锡为还原剂测汞的推荐条件,用 1.0 ng/mL 汞标准溶液做参考,本实验对下列参数进行优化:载气的流量、载液盐酸的浓度、还原剂氯化亚锡和还原剂中盐酸的浓度。

1.载气流量的优化

在冷原子吸收法测定汞的过程中,载气的作用是将反应生成的 Hg 及时、有效地送到检测室(石英管)进行检测,载气流速的大小是影响检测结果的关键因素之一。若载气流速太低,经 $SnCl_2$ 还原生成的单质汞不能及时、完全地进入检测室而造成结果偏低,但流速过大则由于单质汞蒸气在检测室停留时间过短同样也会造成检测结果偏低。为选择合适的载气流速,采用 1.0 ng/mL 的汞标准溶液,在 20～170 mL/min 的范围之内,考察了载气流速对吸光度值的影响,其结果如图 3-40 所示。结果显示,在载气流速低于 50 mL/min 时,吸光度值

随载气流速的提高而增大,大于 50 mL/min 时则随载气流速的提高而减小。所以选择载气流速为 50 mL/min。

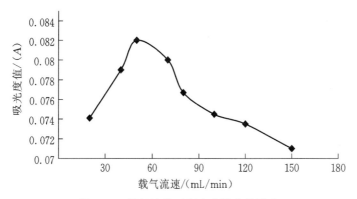

图 3-40　载气流速对吸光度强度的影响

2.载液浓度的优化

HCl 作为载液,一方面为反应提供一个酸性环境,另一方面保持原子吸收仪反应室内部的化学平衡。但是,如果 HCl 浓度过大,在反应过程中会产生 Hg_2Cl_2 沉淀而造成结果偏低,甚至会堵塞管路和气液分离膜的小孔。为此,采用 1.0 ng/mL 的汞标准溶液,在 0~10%（体积分数）范围内考察了载液浓度对吸光度值的影响,其结果如图 3-41 所示。结果显示,在 0~2%范围内,吸光度值随载液浓度的增加而增加,但是 0.5%~2%载液浓度之间吸光度值相差不大;当载液浓度大于 2%时,吸光度值随载液浓度的提高而减小,综合考虑选择载液浓度为 1%。

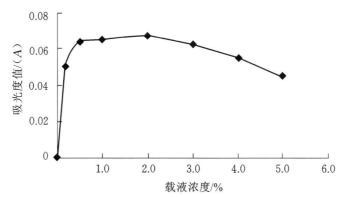

图 3-41　载液浓度对吸光度强度的影响

3.还原剂 $SnCl_2$ 浓度的优化

还原剂 $SnCl_2$ 在整个分析过程中起着决定性的作用,因此,还原剂浓度对分析结果具有重要的影响。浓度过低不能完全还原离子态的汞,造成分析结果偏低。如果浓度过高则容易造成管路堵塞影响分析测定。为选择合适的还原剂（$SnCl_2$）浓度,采用 1.0 ng/mL 的标准溶液,在 10~300 mg/mL 范围内考察了还原剂 $SnCl_2$ 浓度对吸光度值的影响,其结果如图 3-42 所示。结果显示吸光度值随还原剂浓度的增加而增加,在 250 mg/mL 处得到最大值并出现拐点。因此,选择还原剂浓度为 250 mg/mL。

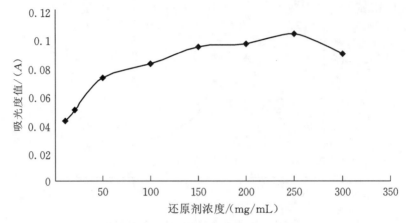

图 3-42　还原剂浓度对吸光度强度的影响

在用冷原子吸收法测汞时,$SnCl_2$ 作为还原剂,当 $SnCl_2$ 浓度增加时,反应速度加快,出峰时间缩短,但随放置时间的延长,$SnCl_2$ 会水解产生沉淀附着在器壁上而造成浓度降低。因此,在配制 $SnCl_2$ 溶液时,选用 HCl 作为介质保证 $SnCl_2$ 溶液处于相对稳定的酸性状态。HCl 的作用有两个:防止还原剂($SnCl_2$)水解成乳状沉淀;为汞的还原反应提供一个酸性环境。本试验选用 3% HCl 作为配制还原剂 $SnCl_2$ 的溶剂。

三、Hg 的直接测量(固体测汞仪)

Hg 含量可以使用固体测汞仪对样品进行直接测量。其测量原理是液体或固体样品首先被干燥,然后在氧气流的负载下,样品在分解炉中被热解,各种形态的汞成分从样品中释放出来,载气将分解产物携带进入催化炉中,在催化剂作用下,各种形态的汞被还原为气态汞原子,进入齐化管,与金、铂等贵金属生成汞齐,被固定并富集。最后快速加热齐化管,汞齐分解,将汞释放出来,在载气的负载下快速带入吸收池,使用原子吸收分光光度法于253.7 nm 波长处测定汞含量。

图 3-43 所示为固体测汞仪的结构示意图。

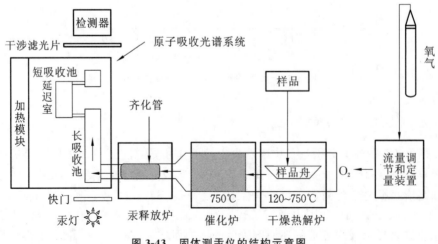

图 3-43　固体测汞仪的结构示意图

固体测汞仪测量原理和冷原子吸收光谱法是一样的,因其不需要对待测样品进行复杂的前处理过程,故极大简化了操作步骤。不同浓度汞的吸光度响应值(标准曲线)被内置在设备中,以此实现对样品中汞的定量,这就需要定期对吸光度响应值进行校准。校准方法采用单点校正即可,采用确定浓度的汞标准溶液与仪器测量值进行比较。由于样品舟(样品杯形状像舟)容量有限(液体样品最大 0.2 mL,固体烟末最大 0.2 g),所以对固体样品测量时,样品均匀性比较重要。

参 考 文 献

[1] 邓勃.应用原子吸收与原子荧光光谱分析[M].2 版.北京:化学工业出版社,2007.

[2] 李玉珍.原子吸收分析应用手册[M].北京:科学技术出版社,1990.

[3] 吴鹏,温晓东,吕弋,等.钨丝在原子吸收光谱分析中的应用[J].分析化学,2006,34(U09):278-282.

[4] 李述信.原子吸收光谱分析中的干扰及消除方法[M].北京:北京大学出版社,1987.

[5] 杨莉丽,张德强,高英,等.氢化物发生-原子荧光光谱法测定中草药中的硒[J].光谱学与光谱分析,2003(02):368-370.

[6] 舒永红,何华焜.原子吸收和原子荧光光谱分析[J].分析试验室,2007,26(8):106-122.

[7] 梁立娜,江桂斌.氢化物发生-原子荧光光谱法测定化工废水中的无机汞和总有机汞[C].中国化学会分析化学年会暨原子光谱学术会议,2000.

[8] 郭小伟,李立.氢化物-原子吸收和原子荧光法中的干扰及其消除[J].分析化学,1986(02):77-84.

[9] 冯先进,屈太原.电感耦合等离子体质谱法(ICP-MS)最新应用进展[J].中国无机分析化学,2011(01):46-52.

[10] Gupta J,Bertrand N B.Direct ICP-MS determination of trace and ultratrace elements in geological materials after decomposition in a microwave oven.I.Quantitation of Y,Th,U and the lanthanides[J].talanta,1995,42(11).

[11] Pappas R S,Gray N,Gonzalez-Jimenez N,et al.Triple Quad-ICP-MS Measurement of Toxic Metals in Mainstream Cigarette Smoke from Spectrum Research Cigarettes[J].Journal of Analytical Toxicology,2016(40).

[12] 陈杭亭,曹淑琴,曾宪津.电感耦合等离子体质谱方法在生物样品分析中的应用[J].分析化学,2001,29(5):592-600.

[13] K.E.贾维斯,A.L.格雷,R.S.霍克,等.电感耦合等离子体质谱手册[M].北京:中国原子能出版社,1997.

[14] 李冰,杨红霞.电感耦合等离子体质谱原理和应用[J].岩矿测试,2006,25(2):118.

[15] Joseph Sneddon.Direct and near-real-time determination of lead,manganese and mercury in laboratory air by electrostatic precipitation-atomic absorption spectrometry[J].Analytica Chimica Acta,1991(245):203-206.

[16] 李金英,郭冬发,姚继军,等.电感耦合等离子体质谱(ICP-MS)新进展[C].中国质谱学会学术交流会.中国质谱学会;中国物理学会,2002.

[17] 孙靖,沈怡文.ICP-MS 分析技术及干扰问题[J].理化检验:化学分册,1998,34(7):318-319.

[18] TORRENCE K M,MCDANIEL R L,SELF D A,et al. Slurry sampling for the determination of arsenic, cadmium, and lead in mainstream cigarette smoke condensate by graphite furnace-atomic absorption spectrometry and inductively coupled plasma-mass spectrometry [J].Anal.Bioanal.Chem,2002,372(5):723-731.

[19] CHANG M J,NAWORAL J D,WALKER K,CONNELL C T.Investigations on the direct introduction of cigarette smoke for trace elements analysis by inductively coupled plasma mass spectrometry[J].Spectrochimica.Acta Part B,58(11):1979-1996.

[20] 刘丽萍,张妮娜,李筱薇,等.直接测汞仪测定食品中的总汞[J].中国食品卫生杂志,2010,22(1):19-23.

[21] 王海凤,佘小林,冯玲玲,等.DMA-80 测汞仪直接测定土壤中的痕量汞[J].现代仪器,2012(3):107-109.

第四章　同位素比值分析

第一节　概　述

　　同位素分析作为无机元素分析的一个方面,通常指的是样品中被研究元素的同位素比值测定,是同位素分离、应用和研究中不可缺少的部分。同位素比值主要是指样品同位素组成的比值相对于标准同位素比值的千分差,可用于提供不同来源的指纹信息,通常表示为 δ。1913 年,Thomson 发现氖的两个同位素(^{20}Ne 和^{22}Ne),从此开启了同位素研究和应用的历史。早期应用主要通过对放射性同位素比值的测定来推断地质年代,随着研究的不断深入,目前应用领域得到不断扩大,涉及考古学、环境学、矿物学、食品和中药学等领域。

　　同位素分析技术的发展大致经历了两个阶段:传统质谱方法和电感耦合等离子体质谱法(ICP-MS)。用于同位素分析的传统质谱方法,根据离子源不同,可分为热电离质谱(TIMS)、火花源质谱(SSMS)、二次电离质谱(SIMS)、电子轰击电离质谱(EIMS)以及场解析源等。其中,热电离质谱由于具有较高的同位素比值分析精度和准确度,曾长期在同位素比值分析中占据优势地位,多接收器的 TIMS 24 小时长期测定精度可达 0.002%,但缺点在于只能检测第一电离能相对较低的元素和亲电性较高的非金属元素,而对于第一电离能较高的非金属元素和难熔金属元素如 Mo、Te、Sn 和 W 等,TIMS 的测量精度则无法达到要求,同时测量所需时间较长。

　　随着 ICP-MS 技术的出现,同位素分析技术得到了快速发展。早期的四极杆质谱仪由于存在各种测量干扰,所以存在测量精密度不高的问题,研究人员为此而做了大量的工作。1997 年 Begley 与 Sharp 等研究了四极杆 ICP-MS 测定 Pb 同位素比值时存在的系统偏差及校正方法;1998 年 Monna 等通过调整测量时间提高了 ICP-MS 测量 Pb 和 Sr 同位素的精度;2001 年 Petra 等论述了 ICP-MS 测定同位素比值的不确定度来源。在国内,黄志勇等人对 ICP-MS 在同位素分析方面的干扰因素、样品前处理等各个方面做了详细的研究和论述。

　　随着分析仪器和分析技术的进一步发展,新的质谱仪在解决传统四极杆质谱仪测量同位素精密度不高的问题上有了很大改进,较好地解决了这个问题。这些新的技术设备有:多接收器电感耦合等离子体质谱仪(MC-ICP-MS)、等离子体飞行时间质谱仪(ICP-TOF-MS)、激光烧蚀电感耦合等离子体质谱仪(LA-ICP-MS)和扇形磁场电磁双聚焦电感耦合等离子体质谱仪(ICP-SF-MS)等。除了仪器方面的发展之外,其他技术手段也相应提高了同位素测量的精密度,如去溶剂技术、动态反应碰撞池技术等。

伴随同位素测量技术的发展,同位素测定在各个领域也得到了较为广泛的应用。在国外,1990 年 Viczian 等对血液和环境样品中的 Pb 同位素进行检测来鉴别引起儿童 Pb 中毒的潜在污染源;1996 年 Acheson 与 Taylor 测定了地质样品中的 Li 同位素比值;2005 年 Pye 等测定土壤中 C 和 N 的同位素比值以研究土壤特性;2006 年 Zeichner 等借助 Pb 同位素组成来判断刑事案件中凶手所用弹药的品牌;2007 年 Margui 等检测西班牙三个矿区石油和沉积物中的 Pb 同位素组成,并利用$^{206}Pb/^{207}Pb$ 和$^{208}Pb/^{207}Pb$ 比值作为判别矿物废料来源的一个依据;2002 年 Sebastien 等应用扫描 LA-ICP-MS 分析城市颗粒物中 Pt 系元素,以研究这些元素从汽车催化剂释放到环境的形式和传播过程。

在国内,同位素分析技术的应用也相当广泛。2005 年何学贤等对 Pb 同位素进行了高精度测量;2006 年汪齐连等准确测定了河水、海水、土壤、岩石等天然样品中的 Li 同位素组成;黄志勇、杨妙峰等通过测定丹参中 Pb 同位素比值来判断原产地;2005 年陈建敏等通过测定水泥样品中的 Pb 同位素比值来示踪环境监测样品中的 Pb 污染源;2007 年陈成祥等测定不同赋存形态土壤的 Pb 同位素比值以判别地域性差异;王琬、刘咸德等 2006 年测定了天津地区已退出市场的含 Pb 汽油中的 Pb 含量和同位素丰度比。

第二节　同位素测定的干扰因素

电感耦合等离子体质谱仪在测量元素同位素时,会受到各种因素干扰,其中最主要的干扰因素有非质谱干扰(质量歧视、死时间)、质谱干扰(包括双电荷、氧化物)、仪器参数和载气。

一、质量歧视

质量歧视是由于质荷比不同的离子的空间传输效率和空间电荷效应不同而引起的,前者使得质量较大的同位素信号损失,后者使轻质量数的同位素信号损失。重离子在四极杆质量分离中的停留时间较轻离子长,重离子的传输效率比轻离子的低,该因素导致质量较大的同位素离子的信号损失。

空间电荷效应被认为是引起质量歧视的最重要因素。当样品经过雾化器雾化进入矩管,经蒸发、原子化、高温电离后,由于等离子体中存在等量的电子和正离子,此时的等离子体呈准中性。当等离子体经过截取锥,由于透镜建立起的电场排斥电子,电子不复存在,离子束变为正离子束。同电荷的互相排斥使得离子发生偏离。假设离子束由质量较轻和质量较重的离子组成,则轻离子受到的影响较大,偏离较严重,而重离子更倾向于保持在离子束中央。

质量歧视可利用该元素的已知同位素比值的同位素标准参考物质进行校正,也可利用和待测元素同位素在同样的质量范围的元素作为内标测定质量歧视因子进行校正,如可用 Tl 作为 Pb 的内标。

二、死时间

ICP-MS 通常使用通道式脉冲计数系统和电子倍增器作为检测器,但 ICP-MS 的计数电子元件获得的离子计数比实际到达检测器的离子数少。检测器和与它相当的计数电子元件的分辨率不能分辨的连续脉冲的这段时间即为死时间(dead time)。为了获得较高的灵敏度,需要在丰度低的同位素上保持足够的计数,可能导致丰度较高的同位素离子信号强度受到影响,最终影响测量结果的准确度。为校正死时间,可以测定一系列含有不同浓度待测元素在一定的死时间值下该元素的同位素比值,变化死时间的设定值,直到同位素的比值不随溶液浓度的变化而变化,这时候的死时间设定值为校正的仪器死时间。也可测定一系列含有不同浓度待测元素的该元素的同位素比值,选择出同位素比值不会随着浓度变化而变化的最佳浓度范围,即在这一浓度范围内所测得的同位素比值不需进行死时间校正。

三、质谱干扰

质谱干扰主要是双电荷和氧化物对测量结果的影响,可通过仪器的开机调谐,从而使得双电荷和氧化物降到最低或者消除。具体方法就是:开机点火,预热仪器 30 分钟。用调谐液进行灵敏度、氧化物离子、双电荷离子和分辨率/质量轴调谐;通过调整等离子体、透镜系统、质量过滤器和检测器的工作参数,使仪器达到最佳工作状态。在利用 ICP-MS 测量元素含量时,一般还需要建立干扰方程来排除同量异位素的干扰,但在进行同位素分析时,不能采用干扰方程。这是同位素分析和元素含量分析的不同之处。

四、仪器参数

同位素分析过程中,蠕动泵的转速、雾化器的雾化效率、等离子体中离子化效率的波动、等离子体瞬间不稳定、电子元件噪声等均会影响分析的精密度。黄志勇等用一定浓度的 SRM981Pb 标准溶液调整仪器参数,使 ^{208}Pb 和 ^{206}Pb 的信号强度达到最大值,且 $^{208}Pb/^{206}Pb$ 比值的精密度最佳时,采用一定浓度的 SRM981Pb 标准溶液对各同位素积分时间进行最优化选择,最终确定 ^{208}Pb 和 ^{206}Pb 的积分时间分别为 5 s 和 10 s。

此外,样品中待测元素浓度的差别也会影响同位素比值。当待测元素的浓度较低,各个同位素皆采用脉冲模式进行检测,但在混合溶液中由于待测元素的同位素丰度较高,则可能采用模拟模式,而低丰度的同位素则可能采用脉冲模式检测,两种检测模式的差别会导致同位素比值测量产生较大的误差。因此,应在检测前对两种采样模式进行调谐,以减少因采用不同模式所产生的误差。

五、载气

载气是 ICP-MS 分析方法中重要的仪器参数之一,其对分析方法灵敏度和精密度都有重要的影响,精密度是同位素分析方法评价的一项重要指标。ICP-MS 的载气流速通常是通过在气源(钢瓶气或者液氩钢瓶)处安装气路控制稳压表和仪器内部的气路控制系统进行控制。由于分析过程中 ICP-MS 对氩气消耗速度较快(一个钢瓶的气体量大约能维持 3 h),钢瓶内部气体压力变化较快,为获得更高的精密度,可在载气气路上安装控制精度更高的二级稳流减压表以进一步稳定载气流速,同时在仪器工作参数上可以降低载气流速,并使用合成气流速。

第三节 Pb 同位素分析方法评价和应用

Pb 有 4 种天然同位素，^{204}Pb、^{206}Pb、^{207}Pb 和 ^{208}Pb。其中 ^{204}Pb 的半衰期较长，被作为稳定的参考同位素。^{206}Pb、^{207}Pb 和 ^{208}Pb 是 U 和 Th 的衰变产物，丰度值不断变化。由于 Pb 的同位素变化可用质谱精确测量，该变化通常被用于环境过程的示踪物。由于各地区在地质结构、地质年龄与矿质含量上存在差异及地区降水分布的不同，导致各地区 Pb 的同位素组成不同，被称之为"同位素特征（isotopic signature）"，因此，Pb 同位素组成具有地域特征。国内外一些学者通过利用电感耦合等离子体质谱法精确测定 Pb 同位素比值，尝试判定地域来源。但随着工业化生产的加剧，土壤污染问题随之出现，导致了土壤和植物中同位素比值地域性特征出现模糊化。

一、SRM981Pb 标准物质

同位素测量方法的衡量指标主要是测试结果的准确度和精密度，其中以精密度的考察为主，对 Pb 同位素比值测定方法精密度和准确度的评价都离不开 SRM981Pb 标准样品。

SRM981Pb 为固体单质，使用前需要先溶解，具体配制方法为：准确称取 1 g 单质 Pb 置于消解罐内，加入 10 ml 30% HNO$_3$ 溶液进行消解（消解终温为 130 ℃）。消解完毕后，待冷却至室温，转移至 100 ml 塑料容量瓶中，用 5% HNO$_3$ 溶液定容，得到浓度为 10 mg/ml 的 Pb 标准母液，使用前用 5% HNO$_3$ 稀释至合适浓度。

注意：SRM981Pb 的溶解不能使用浓硝酸，因为浓硝酸会在固体 Pb 表面发生反应形成钝化层，阻止固体 Pb 的进一步溶解。

二、Pb 浓度对测定结果的影响

配制 5~60 μg/L 不同浓度的 SRM981Pb 标准溶液，连续 6 次测量其同位素比值，考察其测量的准确度和精密度，见表 4-1。数据结果表明：对于 5 ppb（1 ppb＝1 μg/L），^{207}Pb/^{206}Pb 和 ^{208}Pb/^{206} 的 RSD 均大于 0.1%；对于 50 ppb，^{208}Pb/^{206}Pb 和 ^{204}Pb/^{206}Pb 的 RSD 均大于 0.1%，且浓度达到 50 ppb 后，^{208}Pb/^{206}Pb 的数值开始增大；对于 ^{204}Pb/^{206}Pb，10~50 ppb 的 RSD 均大于 0.1%，原因在于测量过程中易受到 ^{204}Hg 的干扰。

可见，SRM981Pb 标准溶液在 10~40 μg/L 的范围内所测得的同位素比值几乎恒定不变，即在该浓度范围内测得的同位素比值不需进行死时间校正。在 10~40 μg/L 的浓度范围内，^{207}Pb/^{206}Pb 和 ^{208}Pb/^{206}Pb 连续 6 次测量的 RSD 均小于 0.1%，且在这一浓度范围内所测得的比值与给定的标准值相比，偏差均在 1% 以内。因此，在样品测试中，最好控制样品浓度在 10~40 μg/L 之间进行 Pb 同位素比值测定。

表 4-1 所示数据为仪器持续工作 5~7 h 情况下测量的，表明仪器在设定的工作参数下状态比较稳定，利用 Pb 同位素比值判定样品产地来源的测量精密度要求小于 0.5%，所以该分析方法可用于考察不同地区样品来源中 Pb 同位素比值的分布特征。

表 4-1 SRM981Pb 同位素比值短期稳定性测试结果

浓度/(μg/L)		1	2	3	4	5	6	average	RSD/%
5	^{204}Pb/^{206}Pb	0.05913	0.05908	0.05911	0.05906	0.05911	0.05916	0.05911	0.06
	^{207}Pb/^{206}Pb	0.9122	0.9097	0.9117	0.9084	0.9119	0.9122	0.9111	0.17
	^{208}Pb/^{206}Pb	2.177	2.176	2.173	2.175	2.182	2.180	2.177	0.15
10	^{204}Pb/^{206}Pb	0.05859	0.05843	0.05878	0.05856	0.05870	0.05858	0.05861	0.21
	^{207}Pb/^{206}Pb	0.9137	0.9125	0.9119	0.9130	0.9116	0.9128	0.9126	0.08
	^{208}Pb/^{206}Pb	2.182	2.184	2.180	2.182	2.178	2.180	2.181	0.01
20	^{204}Pb/^{206}Pb	0.05855	0.05843	0.05846	0.05827	0.05834	0.05840	0.05841	0.17
	^{207}Pb/^{206}Pb	0.9133	0.9134	0.9131	0.9124	0.9123	0.9124	0.9128	0.06
	^{208}Pb/^{206}Pb	2.180	2.184	2.181	2.181	2.182	2.184	2.182	0.08
30	^{204}Pb/^{206}Pb	0.05827	0.05827	0.05834	0.05817	0.05839	0.05831	0.05829	0.13
	^{207}Pb/^{206}Pb	0.9118	0.9120	0.9127	0.9127	0.9132	0.9119	0.9124	0.06
	^{208}Pb/^{206}Pb	2.184	2.183	2.182	2.181	2.182	2.181	2.182	0.05
40	^{204}Pb/^{206}Pb	0.05812	0.05827	0.05819	0.05813	0.05817	0.05829	0.05820	0.12
	^{207}Pb/^{206}Pb	0.9125	0.9125	0.9124	0.9128	0.9123	0.9133	0.9126	0.04
	^{208}Pb/^{206}Pb	2.181	2.181	2.181	2.183	2.182	2.183	2.182	0.04
50	^{204}Pb/^{206}Pb	0.05811	0.05809	0.05827	0.05817	0.05806	0.05817	0.05814	0.13
	^{207}Pb/^{206}Pb	0.9137	0.9126	0.9130	0.9121	0.9121	0.9123	0.9126	0.07
	^{208}Pb/^{206}Pb	2.186	2.183	2.194	2.201	2.190	2.202	2.193	0.36

三、Pb 同位素测定方法的准确度

Pb 同位素比值测量准确度主要是通过对比实验室测量结果和 SRM981Pb 标定值的一致性进行考察。实验测量值与标准值相比，^{207}Pb/^{206}Pb 和 ^{208}Pb/^{206}Pb 的比值与标定值偏差小于 1%，表明方法的测定准确度很好。表 4-2 所示为 SRM981Pb 测量结果对比。

表 4-2 SRM981Pb 测量结果对比

	标 定 值	测 量 值
^{204}Pb/^{206}Pb	0.059042±0.000037	0.05841
^{207}Pb/^{206}Pb	0.91464±0.00033	0.9128
^{208}Pb/^{206}Pb	2.1681±0.0008	2.182

四、Pb 同位素测定方法的重复性

以土壤中 Pb 同位素分析为例,为考察仪器测量的短期稳定性,选取 1 个土壤样品连续 6 次测量其 Pb 同位素比值,结果见表 4-3。对于 $^{204}Pb/^{206}Pb$、$^{207}Pb/^{206}Pb$ 和 $^{208}Pb/^{206}Pb$,连续 6 次测量的 RSD 分别可达到 0.27%、0.12% 和 0.13%,测量结果的精密度符合相关文献中 $^{204}Pb/^{206}Pb$ 和 $^{207}Pb/^{206}Pb$ 的 RSD 均小于 0.5%,$^{208}Pb/^{206}Pb$ 的 RSD 小于 1% 的要求,该结果证明了测试的精密度和准确性较高,仪器的工作状态比较稳定。

表 4-3　土壤中 Pb 同位素比值短期稳定性测试结果

	1	2	3	4	5	6	average	RSD/%
$^{204}Pb/^{206}Pb$	0.05273	0.05238	0.05252	0.05232	0.05251	0.05248	0.05249	0.27
$^{207}Pb/^{206}Pb$	0.8359	0.8341	0.8346	0.8332	0.8347	0.8332	0.8343	0.12
$^{208}Pb/^{206}Pb$	2.087	2.080	2.081	2.081	2.083	2.080	2.082	0.13

为考察仪器测量的长期稳定性,选取 5 个土壤样品在 2 周内分 2 次进行相同前处理和在同样的 ICP-MS 工作条件下,测量其 Pb 同位素比值,结果见表 4-4。对于 $^{207}Pb/^{206}Pb$ 和 $^{208}Pb/^{206}Pb$,两次测量的偏差分别在 0.002 和 0.01 以内,可见该方法具有良好的重现性,长期测量的稳定性较高。

表 4-4　土壤中 Pb 同位素比值长期稳定性测试结果

样品编号	第一次测量		第二次测量		$^{207}Pb/^{206}Pb$ 偏差	$^{208}Pb/^{206}Pb$ 偏差
	$^{207}Pb/^{206}Pb$	$^{208}Pb/^{206}Pb$	$^{207}Pb/^{206}Pb$	$^{208}Pb/^{206}Pb$		
A	0.8352	2.078	0.8346	2.081	−0.0006	0.003
B	0.8713	2.144	0.8702	2.143	−0.0011	−0.001
C	0.8449	2.098	0.8430	2.098	−0.0019	0
D	0.8483	2.105	0.8467	2.107	−0.0016	0.002
E	0.8103	2.015	0.8088	2.015	−0.0015	0

五、土壤中 Pb 同位素分析

1.材料、仪器及主要试剂

材料:采自湖南、湖北、云南、贵州、河南、福建、辽宁等 48 个地区的土壤。

仪器:7500a 型电感耦合等离子体质谱仪(美国 Agilent 公司);Mars5 型微波消解仪(美国 CEM 公司);Mettler AE 163 型电子天平(感量 0.0001 g,瑞士梅特勒-托利多公司);DKQ-4 型智能控温电加热器(上海屹尧微波化学技术有限公司);Milli-Q Element 超纯水处理系统(美国 Millipore 公司)。

主要试剂:65%(质量分数,下同)HNO_3、30% H_2O_2、40% HF(优级纯,德国 Merck 公司);SRM981Pb 同位素标准物质(美国国家标准局);调谐液(10 $\mu g/L$ Li、Y、Ce、Tl 和 Co 的

混合标准溶液,Agilent);环境标准溶液(Agilent);混合内标溶液(10 μg/mL 的 Li、Sc、Ge、Y、In、Bi 的混合标准溶液,Agilent,使用前用 5% HNO₃ 稀释成 1 μg/mL);超纯水(≥18 MΩ,由 Milli-Q Element 超纯水处理系统制得);Ar(纯度 99.999%,北京普莱克斯实用气体有限公司)。

2.样品处理与测试

将采集后的混合土壤样品挑出根系及异物后,按四分法保留 1 kg 左右,风干,用玛瑙研钵磨碎,过 100 目尼龙筛,置于专用的塑料自封袋内保存备用。

准确称取土壤样品 0.1 g,置于四氟乙烯-全氟正丙基乙烯基醚共聚物(PFA)消解罐中,加入 5 mL 65% HNO₃、2 mL 30% H₂O₂ 和 1 mL 40% HF,放入微波消解仪内,按表 4-5 所设定的消解程序进行消解。消解结束后,待温度降至低于 40 ℃后从消解罐中取出,在电加热器上于 140 ℃赶酸约 3 h。在通风橱内将赶酸后的样品转移至聚对苯二甲酸乙二醇酯(PET)样品瓶中,用超纯水洗涤 PFA 内罐 3 次以上,定容至 50 mL。

在设定的工作参数(见表 4-6)下,采用标样-样品交叉法对样品进行测定。每次数据采集前后都用 5% HNO₃ 与超纯水分别冲洗管路 1 min,再进行下一样品的测定。

表 4-5　微波消解升温程序

消解步骤	设定温度/℃	升温时间/min	保温时间/min
1	100	5	5
2	130	5	5
3	160	5	10
4	190	5	30

表 4-6　ICP-MS 仪器工作参数

参　数	数　值	参　数	数　值
射频功率	1280 W	蠕动泵转速	0.15 rps
载气流速	0.95 L/min	蠕动泵提升时间	20 s
辅助气流速	1.0 L/min	蠕动泵稳定时间	30 s
尾吹气流速	0.1 L/min	驻留时间	^{208}Pb:10 s ^{207}Pb:5 s ^{206}Pb:5 s ^{204}Pb:2 s
雾化器	Babington	重复采集次数	6

3.土壤中同位素比值分析

对来自湖南、湖北、云南、贵州、河南、福建、辽宁等 48 个地区的土壤中的 Pb 同位素比值进行测试,结果见表 4-7。

由表 4-7 可以看出,土壤样品^{207}Pb/^{206}Pb 在 0.7677～0.8713 之间,^{208}Pb/^{206}Pb 在 1.887～2.251 之间,这一变化范围符合自然界大多数样品的 Pb 同位素比值变化范围,即^{207}Pb/^{206}Pb

比值为 0.7800～0.8600、$^{208}Pb/^{206}Pb$ 比值为 1.950～2.150,且 $^{207}Pb/^{206}Pb$ 和 $^{208}Pb/^{206}Pb$ 的变化范围各是其平均比值的 ±10% 和 ±5%,说明本方法测定的土壤同位素比值的数据可靠,满足用于区分地域来源的前提。

表 4-7　各省土壤中 Pb 同位素比值测试结果

编号	产　地	$^{207}Pb/^{206}Pb$	$^{208}Pb/^{206}Pb$	编号	产　地	$^{207}Pb/^{206}Pb$	$^{208}Pb/^{206}Pb$
01	湖南衡阳常宁县	0.8456	2.097	25	云南红河弥勒市	0.8108	2.001
02	湖南长沙浏阳市	0.8491	2.109	26	云南红河建水县	0.7677	1.887
03	湖南张家界慈利	0.8352	2.078	27	云南红河石屏县	0.8357	2.054
04	湖南怀化芷江县	0.8713	2.144	28	云南楚雄双柏县	0.8422	2.099
05	湖南湘西凤凰县	0.8354	2.074	29	云南楚雄南华县	0.8364	2.085
06	河南漯河临颍县	0.8415	2.245	30	云南楚雄姚安县	0.8384	2.088
07	河南驻马店确山	0.8448	2.100	31	云南楚雄永仁县	0.8397	2.087
08	河南许昌襄城县	0.8434	2.096	32	云南大理弥渡县	0.8339	2.235
09	河南南阳方城县	0.8449	2.098	33	云南大理鹤庆县	0.8177	2.037
10	福建龙岩漳平市	0.8483	2.105	34	云南大理洱源县	0.8273	2.059
11	福建龙岩上杭县	0.8420	2.249	35	云南大理剑川县	0.8355	2.086
12	福建龙岩上杭县	0.8359	2.074	36	云南玉溪新平县	0.8426	2.095
13	福建龙岩武平县	0.8430	2.099	37	云南玉溪华宁县	0.8409	2.088
14	福建龙岩连城县	0.8441	2.093	38	云南昆明禄劝县	0.8222	2.040
15	福建龙岩永定区	0.8408	2.251	39	云南昆明晋宁区	0.8512	2.113
16	福建龙岩长汀县	0.8418	2.096	40	云南昆明寻甸县	0.8353	2.090
17	贵州毕节市	0.7962	1.983	41	云南昆明嵩明县	0.8401	2.091
18	贵州黔南瓮安县	0.7988	1.981	42	辽宁朝阳市建平	0.8511	2.099
19	贵州遵义余庆县	0.8103	2.015	43	辽宁丹东市凤城	0.8483	2.092
20	贵州遵义市遵义	0.8115	2.017	44	辽宁铁岭开原	0.8647	2.122
21	贵州遵义桐梓县	0.8432	2.100	45	辽宁阜新阜蒙	0.8530	2.104
22	贵州遵义道真县	0.8294	2.067	46	辽宁宽甸毛甸	0.8597	2.130
23	湖北宜昌兴山县	0.8310	2.066	47	湖北恩施	0.8163	2.033
24	湖北襄樊南漳县	0.8337	2.073	48	湖北十堰	0.8277	2.062

将聚类分析应用于区分表 4-7 中 48 个地区土壤中的 Pb 同位素比值,对 48 个土壤进行系统聚类分析可知,当取临界值 $\lambda=5$ 时,土壤样品分为四大类,第一类包括了湖南、辽宁、福建(上杭、永定除外)、湖北(恩施除外)、云南(13 个地区)、贵州(道真、桐梓)、河南(临颍除外)的 35 个土壤样品,第二类包括了湖北(恩施)、云南(鹤庆、禄劝、弥勒)、贵州(毕节、瓮安、余庆、遵义)的 8 个土壤样品,第三类包括了福建(上杭、永定)、云南(弥渡)、河南(临颍)的 4

个土壤样品,第四类只有云南建水县的土壤样品。

聚类分析的结果表明,根据 Pb 同位素比值由高到低对土壤进行分类,首先在省区之间出现了差异。湖南、辽宁及湖北、福建、河南、云南的大部分地区由于同位素比值相对较高,集中分布在第一类;其次是湖北的恩施,云南的鹤庆、禄劝、弥勒分布在第二类;福建的上杭、永定,云南的弥渡,河南的临颍分布在第三类;云南建水县的同位素比值最低,单独分布在第四类;贵州的土壤样品交错分布在第一类与第二类。即使同一省份的土壤样品,其 Pb 同位素比值也可能变化较大,如云南省的大部分土壤集中在第一类,但鹤庆、禄劝、弥勒却分布在第二类,弥渡分布在第三类,建水分布在第四类,可见云南省内土壤中的 Pb 同位素比值大部分偏高,整体组成差异较大。

对表 4-7 中数据进行 SPSS 单因素显著性差异分析,结果见表 4-8。对于 $^{207}Pb/^{206}Pb$,贵州与除湖北外的其他 5 省差异显著,辽宁、湖南两省与云南、湖北两省差异显著,福建与云南差异显著;对于 $^{208}Pb/^{206}Pb$,贵州与除了云南、湖北外的其他 4 省差异显著,河南、福建两省与云南、湖北两省差异显著。

表 4-8　各省土壤中 $^{207}Pb/^{206}Pb$ 和 $^{208}Pb/^{206}Pb$ 差异性示意表[①]

	湖南	湖北	云南	贵州	河南	福建	辽宁
湖南		△	△	△ *			
湖北	△				*	*	△
云南	△			△	*	△ *	△
贵州	△ *		△		△ *	△ *	△ *
河南		*	*	△ *			
福建		*	△ *	△ *			
辽宁		△	△	△ *			

注:①△代表 $^{207}Pb/^{206}Pb$ 有差异, * 代表 $^{208}Pb/^{206}Pb$ 有差异。

为了更清晰地显示土壤样品中 Pb 同位素比值的地区性差异,取各省土壤样品中 $^{207}Pb/^{206}Pb$ 和 $^{208}Pb/^{206}Pb$ 的平均值用 Excel 作图,得图 4-1。

由图 4-1 可以看出,来自湖南、湖北、云南、贵州、河南、福建、辽宁 7 省的土壤中的 Pb 同位素比值在地域上可以初步分开。其中,河南和福建两省的同位素比值比较接近,此外,湖南、湖北、云南、贵州、辽宁的同位素比值在地域上分别与其他省明显分开。

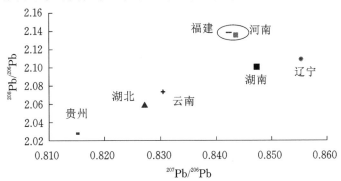

图 4-1　各省土壤中 Pb 同位素比值分布

六、大气降尘中 Pb 同位素分析

1.样品采集、处理与测试

根据 GB/T 15265—1994《环境空气 降尘的测定 重量法》,采用集尘缸野外自然沉降的方式收集大气降尘样品。集尘缸为直径 15 cm、深 60 cm 的有机玻璃材质带有底部的桶体。在确定好布设降尘缸的地点,于作物移栽后 60 天,在烟田中心位置,将降尘缸稳妥地置于 100 cm 高处,连续收集直至作物采烤结束。

将收集的各地降尘样品移入 500 mL 玻璃烧杯中,用镊子去除其中的各类杂物,放置在 200 ℃的电热板上浓缩至近干。浓缩干燥后的降尘样品,用 5 mL 65% HNO_3 清洗烧杯并转移到聚四氟乙烯消解罐中,用 50 mL 超纯水进一步清洗烧杯并无损失转移至消解罐中,在 150 ℃条件下赶酸至近干,冷却,加入 5 mL 65% HNO_3、2 mL 30% H_2O_2 和 2 mL 30% HF,使用微波消解仪消解,自然冷却后将消解液转移到 100 mL PET 材质的瓶中定容至 100 mL。

2.测量结果及分析

从表 4-9 可以看出,不同地区 Pb 同位素比值存在差异,其中 $^{204}Pb/^{206}Pb$ 除东南地区显著较低外,其他产区差异不大;$^{207}Pb/^{206}Pb$ 以黄淮地区显著较低,西南地区相对较高;$^{208}Pb/^{206}Pb$ 比值以东南地区显著较高,长江中上游地区显著较低。

四个主要种植区一般农区降尘的分析显示出相似结果(见表 4-10),东南地区 $^{204}Pb/^{206}Pb$ 相对较低,$^{208}Pb/^{206}Pb$ 相对较低,其他种植区差异不大;$^{207}Pb/^{206}Pb$ 以黄淮和长江中上游地区相对较低,西南地区相对较高。

表 4-9　各地区降尘中 Pb 同位素比值

种 植 区	$^{204}Pb/^{206}Pb$	$^{207}Pb/^{206}Pb$	$^{208}Pb/^{206}Pb$
西南	0.0558a	0.8562a	2.0909ab
东南	0.0523b	0.8546a	2.0985a
长江中上游	0.0562a	0.8516a	2.0685c
黄淮	0.0552a	0.8485b	2.0790bc

表 4-10　各地区一般农区降尘中 Pb 的同位素比值

种 植 区	$^{204}Pb/^{206}Pb$	$^{207}Pb/^{206}Pb$	$^{208}Pb/^{206}Pb$
西南	0.0560	0.8593	2.0974
东南	0.0526	0.8547	2.1006
长江中上游	0.0561	0.8512	2.0688

种 植 区	$^{204}Pb/^{206}Pb$	$^{207}Pb/^{206}Pb$	$^{208}Pb/^{206}Pb$
黄淮	0.0551	0.8512	2.0825

研究发现,含铅汽油的 $^{207}Pb/^{206}Pb$ 比值最高,其次为燃煤产生的粉尘,沉积物较低,因而,对大气颗粒物而言,该比值高说明含铅汽油贡献大,低则说明燃煤和土壤扬尘贡献大。由此分析,从大的范围来讲,四个种植区中,以贵州为代表的西南地区大气降尘中的铅主要受汽油影响,黄淮地区则主要受燃煤和土壤扬尘影响。

从所有样品铅同位素比值的散点图(见图 4-2)中发现,各种植区大气降尘在 $^{207}Pb/^{206}Pb$ 和 $^{208}Pb/^{206}Pb$ 散点图上没有显示出明显的区分度,在 $^{204}Pb/^{206}Pb$ 和 $^{207}Pb/^{206}Pb$ 散点图上明显分属于两个总体,东南地区自成一体,其他三个地区属于同一总体;在 $^{204}Pb/^{206}Pb$ 和 $^{208}Pb/^{206}Pb$ 散点图上明显分属于三个总体,东南地区自成一体,西南地区和长江中上游地区也分属不同总体,但黄淮地区则与西南地区和长江中上游地区均没有明显的区分,可能与该区样品类型复杂有关。三维分布图(见图 4-3)显示出相似的结果。

为避免工矿区等对大气降尘铅同位素组成的影响,单独对四个种植区一般农区大气降尘的铅同位素组成散点图进行了分析,如图 4-4 所示,结果显示,四个种植区一般农区大气降尘中铅的同位素组成可以分属三个总体,西南和东南地区各自成一体,黄淮和长江中上游地区同属一个总体,这可能与长江中上游地区以商洛为主体采样有关。其三维分布图(见图4-5)显示出相似的结果。但是,由于样品总量不足,这一结果有待进一步证实。

从图 4-4 中还可以看出,西南和东南地区多数样品处于 $^{207}Pb/^{206}Pb$ 相对较高的区间,显示易受汽油影响的特性,而多数黄淮地区样品则处于 $^{207}Pb/^{206}Pb$ 相对较低的区间,显示易受燃煤和尘土影响的特征。

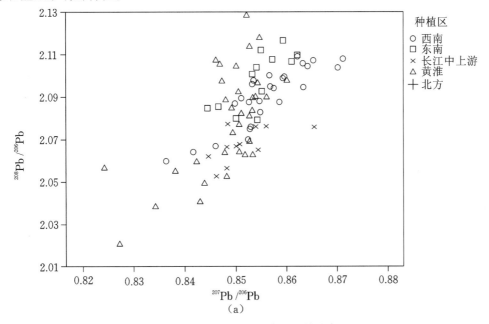

图 4-2 所有样品铅同位素比值的散点图

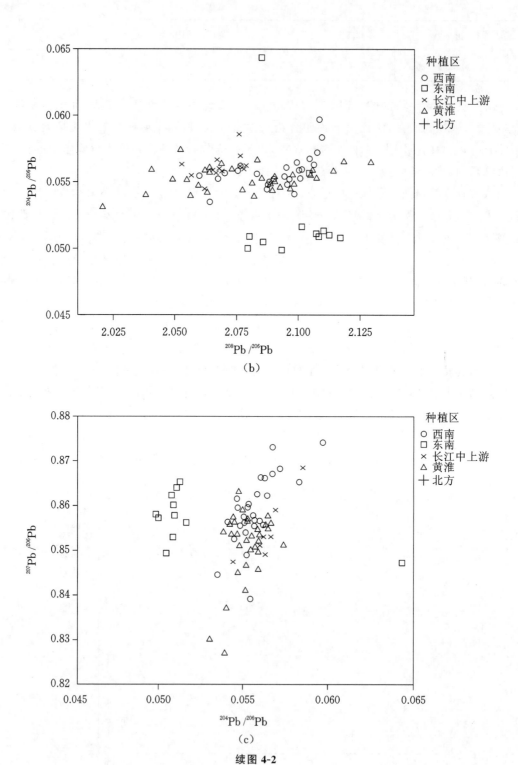

（b）

（c）

续图 4-2

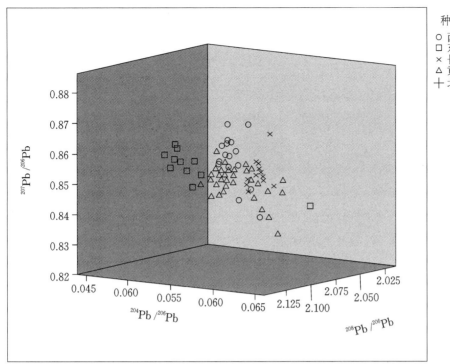

图 4-3　不同种植区铅同位素比值三维分布图

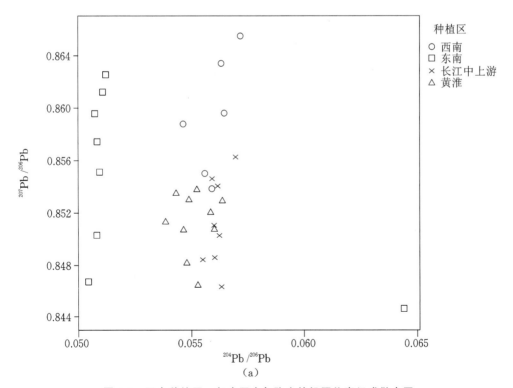

（a）

图 4-4　四个种植区一般农区大气降尘的铅同位素组成散点图

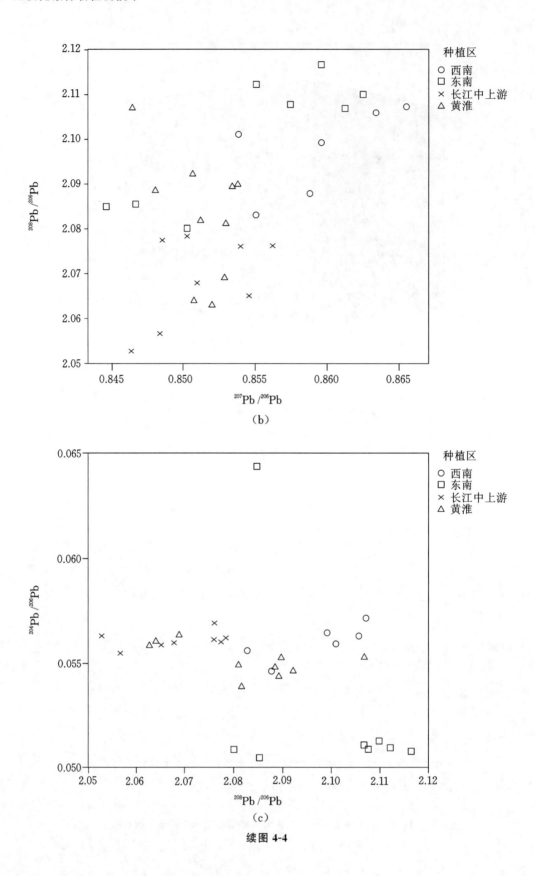

（b）

（c）

续图 4-4

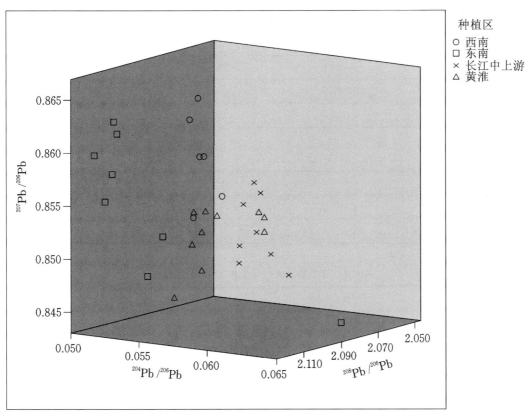

图 4-5 不同种植区一般农区铅同位素比值三维分布图

3.不同农区大气降尘中 Pb 同位素比值

为避免不同农区取样数量的影响,分种植区考察了不同农区大气降尘中铅同位素分馏情况,如表 4-11～表 4-14 所示。

从表 4-11～表 4-14 可以看出,西南地区一般农区 $^{207}Pb/^{206}Pb$ 值相对较高,工矿周边相对较低,分别显示受汽油和燃煤的影响。东南地区一般农区也显示受汽油影响大于公路两侧和工矿周边。黄淮地区一般农区大气降尘也显示受汽油影响较大,工矿周边显示受燃煤影响较大。

表 4-11 西南地区大气降尘中 Pb 同位素比值

样 点 类 型	$^{204}Pb/^{206}Pb$	$^{207}Pb/^{206}Pb$	$^{208}Pb/^{206}Pb$
一般农区	0.0560	0.8593	2.0974
偏远农区	0.0563	0.8570	2.0895
城镇周边	0.0554	0.8550	2.0913
工矿周边	0.0551	0.8532	2.0847

表 4-12 东南地区大气降尘中 Pb 同位素比值

样 点 类 型	$^{204}Pb/^{206}Pb$	$^{207}Pb/^{206}Pb$	$^{208}Pb/^{206}Pb$
一般农区	0.0526	0.8547	2.1006
公路两侧	0.0528	0.8544	2.0918
工矿周边	0.0507	0.8544	2.0970

表 4-13 长江中上游地区大气降尘中 Pb 同位素比值

样 点 类 型	$^{204}Pb/^{206}Pb$	$^{207}Pb/^{206}Pb$	$^{208}Pb/^{206}Pb$
一般农区	0.0561	0.8512	2.0688
偏远农区	0.0562	0.8524	2.0681

表 4-14 黄淮地区大气降尘中 Pb 同位素比值

样 点 类 型	$^{204}Pb/^{206}Pb$	$^{207}Pb/^{206}Pb$	$^{208}Pb/^{206}Pb$
一般农区	0.0551	0.8512	2.0825
公路两侧	0.0551	0.8490	2.0755
工矿周边	0.0554	0.8463	2.0787

第四节 Cu 同位素分析方法评价和应用

Cu 在自然界中存在 2 个同位素：^{63}Cu 和 ^{65}Cu，其丰度分别为 69.17％和 30.83％。Cu 一方面作为人体内必不可少的微量元素参与代谢循环，另一方面在自然环境中，以不同价态赋存于各类环境介质中。同位素在自然界中存在明显的分馏效应，因此，Cu 同位素具有示踪物质来源的潜力。早在 20 世纪 50 年代至 60 年代，就有人开展过自然界中 Cu 同位素组成的测定，但测定的 Cu 同位素组成与分析方法的误差在同一数量级，故难以发现自然界中 Cu 同位素组成的变化。由于 MC-ICP-MS 的出现和应用，使得像 Cu、Zn、Fe、Hf、W 等这些十分难电离的，难以用传统的 TIMS 测量的元素的高精度测量成为现实。

一、多接收器等离子体质谱仪（MC-ICP-MS）

传统的 ICP-MS 仪器由四极杆质量分析仪和单接收器组成，但由于火花源的不稳定性，质谱峰形不好，只有一个接收器，无法实现同一元素的不同同位素的同时检测，因此限制了其对高精度同位素比值的测量。研究人员开展了采用 7500a 型 ICP-MS 检测 Cu 同位素标准物质的研究，在优化后的仪器工作参数下（见表 4-15），对 10～150 $\mu g/L$ 不同浓度的 Cu 同位素标准溶液进行测定，考察其测量的准确度和精密度（见表 4-16）。结果表明：在 10～60 $\mu g/L$ 的浓度范围内，测定值不随浓度的变化而变化，当浓度大于 60 $\mu g/L$，测定值随着浓度的变化而变化较大。但即使在 10～60 $\mu g/L$ 的浓度范围内，所测得的比值与给定的标准值相比，偏差也达到了 7％。蒋少涌等采用 MC-ICP-MS 测定云南铜矿床中的 Cu 同位素组成,样品的分析测试精度可达到0.005%,可见用ICP-MS测定Cu同位素比值的偏差较大,难以满足用于来源判别的要求。

表 4-15　ICP-MS 仪器工作参数

参　　数	数　　值	参　　数	数　　值
射频功率	1280 W	蠕动泵转速	0.15 rps
载气流速	1.0 L/min	蠕动泵提升时间	35 s
辅助气流速	1.0 L/min	蠕动泵稳定时间	20 s
尾吹气流速	0.1 L/min	驻留时间	^{63}Cu:10 s　^{65}Cu:5 s
雾化器	Babington	重复采集次数	5

表 4-16　Cu 同位素比值短期稳定性测试结果[①]

浓度/(μg/L)	1	2	3	4	5	6	average	RSD/%
10	0.4762	0.4760	0.4769	0.4766	0.4748	0.4761	0.4761	0.15
20	0.4755	0.4752	0.4757	0.4753	0.4743	0.4753	0.4752	0.10
40	0.4748	0.4751	0.4756	0.4756	0.4759	0.4753	0.4754	0.08
60	0.4755	0.4760	0.4751	0.4751	0.4748	0.4757	0.4754	0.09
70	0.4713	0.4705	0.4722	0.4692	0.4704	0.4710	0.4708	0.21
80	0.4860	0.4859	0.4854	0.4849	0.4847	0.4855	0.4854	0.11
100	0.5210	0.5219	0.5208	0.5197	0.5184	0.5189	0.5201	0.26
150	0.5151	0.5170	0.5159	0.5169	0.5157	0.5144	0.5158	0.20

注:①Cu 标准物质给定值:^{65}Cu/^{63}Cu=0.4457。

　　MC-ICP-MS 将感耦等离子体源的优点与同时检测相结合,其开发与应用提高了同位素测量精度,尤其对于难电离元素,MC-ICP-MS 具有 TIMS 无法比拟的优势,具体表现在:①所需样品量少,测试速度快,具有高分析灵敏度;②多同位素同时测量:可同时接收不同离子信号,并且能获得相对宽、平的质谱峰形;③可进行质量分馏校正,包括采用内部标准化校正和外部校正,即加入一个质量数相同、同位素比值已知的另一元素进行校正;④可对周期表中的大多数元素进行高精度的同位素测量,测量精度可达 0.002%～0.006%。

二、前处理方法的开发

　　Cu 同位素的前处理主要包括样品的溶解和分离纯化。样品溶解方面,根据样品性质诸如溶解的难易程度确定其溶解体系,一般采取 HNO_3、HNO_3-HCl 或 HNO_3-HF-$HClO_4$ 混合酸进行溶解,生物样品还需加入 H_2O_2 进行氧化处理。目前,在环境领域已建立对含硅酸盐岩、沉积岩、海水样品和水系重砂样等样品的化学溶样方法。

1.硅酸盐岩样品

称取粉末状岩石试样 10 mg,采用 4.2 mL HNO_3、0.6 mL HF 和 0.1 mL $HClO_4$ 于 100~120 ℃下溶解 24~48 h,蒸干。然后向残留物中加入 0.6 mL 6 mol/L HCl 溶液,同样温度下溶解数小时后蒸干,重复此步骤一遍。

2.沉积岩样品

称取试样 20 mg,置于纤维素薄膜(百万孔 MF 型)上,用去离子水冲洗除盐、脱水。向试样中加入 0.5 mL HNO_3(65+35)溶液,盖紧试样杯,于 100~120 ℃溶解 48~72 h 后,在 80~100 ℃下开盖蒸干;再用 0.3 mL HNO_3(65+35)和 0.2 mL HF 重复以上过程,除 Si;用 0.5 mL HCl(30+70)溶解残留物,蒸干。再用 1 mL 7 mol/L HCl 溶解,离心分离,去掉不溶物。然后加 10 μL H_2O_2(0.1+99.9)氧化溶液中的 Cu 和 Fe 分别至+2 价、+3 价,以便分离。

3.海水样品

海水中含 Cu 量一般在 1~5 nmol/L,测定之前需要预富集。富集可以通过共沉淀等方法实现,即在溶液中加入沉淀剂,通过控制溶液的酸度,使得目标元素与另外一种元素一起析出。

4.水系重砂样

移取水系重砂样的等份小样至 Savillex 容器中,蒸干,为避免空气污染,可在标准通风橱中的半封闭式电热板上进行操作。蒸干后样品用 1 mL 10 mol/L HCl 溶液溶解。

MARECHAL 等对于采用 AGMP-1 阴离子交换树脂分离 Cu 元素对来自矿物和生物样品中的 δ^{65}Cu 进行了首次测定,之后 ARCHER 等通过降低树脂床的容积、减少样品量等措施,使得全流程用酸约 17 mL,降低了酸用量。BORROK 等将淋洗的 HCl 浓度由 7 mol/L 改变为 10 mol/L,以便更好地洗脱基质元素,之后将淋洗液改变为 5 mol/L 以便淋洗出 Cu。经过对方法和流程不断改善和优化,目前,多数 Cu 同位素化学前处理的分离纯化步骤如图 4-6 所示。

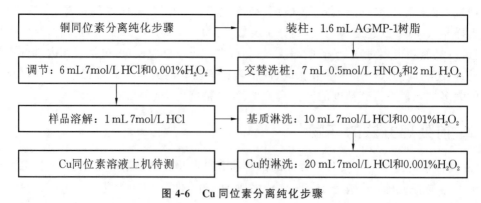

图 4-6　Cu 同位素分离纯化步骤

三、MC-ICP-MS 测定 Cu 同位素的干扰因素

1.同位素分馏和质量歧视

同位素分馏是指由于不同的同位素之间物理化学性质的不同导致反应前后物质的同位素组成有差异的现象,取决于不同土壤样品中的各种同位素的丰度,主要针对质量数在 40 以下的元素,且分馏程度随着质量数增加而减少。MC-ICP-MS 同位素分析可以产生较大的质量歧视,一般通过内标法(element-doped bracketing technique)、样品-标准-样品交叉法(standard-sample-bracketing,SSB)或双稀释剂法(double spike technique)进行校正。蔡俊军等采用 MC-ICP-MS 测定 Cu 同位素,采用 SSB 方法和利用锌同位素 $^{68}Zn/^{64}Zn$ 来校正 $^{65}Cu/^{63}Cu$ 的方法进行仪器质量歧视和同位素分馏校正。该方法假定在同位素比值测定过程中,仪器的质量歧视对标样和样品是相同的。在实际操作过程中,标样的 Cu 同位素比值通过样品前后两次测量值的内差法获得。测试结果表达为:

$$\varepsilon^{65}Cu = (R_{样品}/R_{标准} - 1) \times 10000$$

其中:$R_{样品}/R_{标准}$ 分别是样品和标准物质的 $^{65}Cu/^{63}Cu$ 测定值。

2.同质异位素与浓度影响

Cu 同位素测定中可能存在同质异位素的干扰,$^{23}Na^{40}Ar^+$ 和 $^{23}Na_2^{16}OH^+$ 对 ^{63}Cu 的干扰,导致 Cu 同位素偏轻,$^{25}Mg^{40}Ar^+$ 和 $^{64}ZnH^+$ 对 ^{65}Cu 的干扰,导致 Cu 同位素偏重。实际样品测量前,应通过化学分离和纯化来解决以上干扰因素。蔡俊军等对标准物质中的 Cu 同位素进行测定前,对所用试剂中质量数为 63 和 65 的信号进行测量,证明所用试剂中质量数为 63 和 65 的信号可以忽略。

^{63}Cu 的组成约为 ^{63}Cu 的 2 倍,样品被 Na 污染,便可能形成 $(^{23}Na^{40}Ar)^+$ 对 ^{63}Cu 的干扰。因此,蔡俊军等通过理论模拟和实际测量对该问题进行评估。

(1)理论模拟结果表明:当样品和标准中 Cu 的浓度相同,质量为 63 的干扰信号即使很强,也可获得 $\varepsilon^{65}Cu$ 的真实值;样品中相对于标样中 Cu 浓度的变化范围取决于干扰信号的强度和分析精度。

(2)实测结果表明:当样品中相对于标样中的 Cu 浓度变化时,$\varepsilon^{65}Cu$ 测试值的变化不受干扰信号对质量数 63 和 65 的影响。即在该实验条件下,$(^{23}Na^{40}Ar)^+$ 对 ^{63}Cu 的干扰可忽略不计。

(3)通过对测试过程的浓度效应的理论及实际研究,可知在样品与标样浓度比值为 0.5~4.0 的范围内,所测结果为 Cu 同位素真实值。

为避免浓度效应的干扰,也可通过公式 $\delta^{65}Cu = 1000 \times f \times (R-1)/(R+f)$ 模拟计算出浓度不匹配时真实的 Cu 同位素的组成,即对其进行在线校正。

3.基质效应

基质效应是指在给定的工作条件下,如果样品和标样的基质成分不同,可导致同位素比值测定过程中质量分馏。在实际测定过程中,$\varepsilon^{65}Cu$ 值随样品浓度变化的现象可能由于浓度变化在一定程度上影响了等离子体的工作条件,从而引起测量过程中样品与标样间的质量歧视差异,该现象是同位素测定过程中基质效应的一种特殊形式。解决基质效应的关键在

于实现化学纯化。鉴于样品基质的复杂性,待测样品往往为多种元素的复合体,即使经纯化后仍会有少量干扰元素存在。例如青铜为 Cu、SN、Pb 的合金;地壳中 Fe 的丰度为 Cu 的 1000 倍以上,经纯化后的样品仍可能含有少量 Fe 和 Co,因此,对于干扰元素对于待测目标元素同位素比值的影响研究很有必要。朱祥坤和蔡俊军等分别研究了 Pb、Fe 和 Co 对 Cu 同位素比值测定的影响。

（1）为研究 Pb 对 Cu 同位素测定的影响,以 Romil Cu 为标样,对含 Romil Cu 和不同比例 GSB Pb 的混合溶液进行测定。结果表明:当 $m(Pb):m(Cu)<0.1$ 时,测定值与真值在误差范围内一致,无明显基质效应;当 $m(Pb):m(Cu)>0.1$ 时,测定值偏离真值,表明 Pb 对 Cu 同位素测定存在基质效应。

（2）为研究 Fe 对 Cu 同位素测定的影响,以 GSB Cu 为标样,对含 GSB Cu 和不同比例 Fe 的混合溶液进行测定。结果表明:当 $m(Fe):m(Cu)<100$ 时,测定的 $\varepsilon^{65}Cu$ 在误差允许范围内。说明当样品中 Fe 的含量小于 Cu 含量的 100 倍时,Fe 对 Cu 同位素的测定无影响。

（3）为研究 Co 对 Cu 同位素测定的影响,配制了一系列 Co 与 Cu 混合溶液进行 Cu 同位素测定实验。结果表明:当 $m(Co):m(Cu)<10$ 时,Co 不影响 Cu 同位素比值的测定。

四、Cu 同位素示踪技术

同位素分馏的根本原因在于物理化学性质之间的差异,其中,质量差异又是一个关键因素。同位素总是倾向富集在更强的化学键中实现动力学分馏。同位素分馏现象可表征相应的环境演变过程,示踪沉积物或水体当中重金属的迁移转化行为。相较于传统的多元统计源解析方法,同位素示踪技术具有受后期地质作用影响小、稳定性高和易测定等优点,除可厘清元素污染来源外,也可对污染贡献率做出定量评价,为诸多环境问题的治理提供技术支撑。

自然界中 Cu 同位素 $\delta^{65}Cu$ 的变化范围可达 20‰以上,高温下受到高温岩浆作用,包括结晶分异作用、部分熔融和岩浆脱气过程,Cu 同位素分馏较小;低温条件下 Cu 的沉淀过程、氧化还原过程、吸附过程、生物作用和酸淋洗过程,Cu 同位素能产生巨大的同位素分馏。相较其他稳定同位素的表示方法,Cu 同位素是用待测样品的同位素比值与标准物质的同位素比值 δ 表示:

$$\delta^{65}Cu = (R_{样品}/R_{标准} - 1) \times 10000$$

其中:$R_{样品}/R_{标准}$ 分别是样品和标准物质的 $^{65}Cu/^{63}Cu$ 测定值。由上式可知,通过测试所采集样品物质中 $\delta^{65}Cu$ 的数值,可将 Cu 同位素分馏数值与已有的源数据库进行对比,从而确定污染来源 Cu。

目前,随着研究的不断深入,诸多研究学者开展了大气颗粒物、土壤、沉积物、岩石和铜矿环境样品中 Cu 同位素的分馏情况研究。研究发现:含 Cu 矿的 $\delta^{65}Cu$ 分馏数值范围最广,为 -0.5‰~0.4‰;沉积岩的 $\delta^{65}Cu$ 分馏值为 -0.39‰~0.13‰;酸性火成岩和火山喷发岩的 $\delta^{65}Cu$ 分别为 -0.15‰~0.2‰ 和 -0.12‰~0.18‰。通过对比人为 Cu 与自然 Cu 的 $\delta^{65}Cu$ 数值,可以示踪各类样品中 $\delta^{65}Cu$ 的变化比值,在一定程度上反映出目标样品中 Cu 的来源及与周边环境的关系。

随着自然 Cu 受到人为 Cu 的干扰,分馏值呈现出偏正向发展的趋势,$\delta^{65}Cu$ 的分馏值可从偏轻(-0.50‰~0.20‰)转为偏重(-0.01‰~0.97‰)。研究发现机动车尾气中的 $\delta^{65}Cu$

为 $0.46‰$~$0.59‰$，水泥建材的 $\delta^{65}Cu$ 为 $0.10‰$~$0.61‰$，受焚烧影响的化石燃料的 $\delta^{65}Cu$ 为 $0.37‰$~$0.97‰$，大气气溶胶的 $\delta^{65}Cu$ 为 $-0.01‰$~$0.55‰$。通过对不同的样品分馏数值比对，可以更好地推断辨别污染来源。

由于形态特征、理化性质和赋存状况等特点，不同重金属同位素具有特殊的"指纹特性"。但由于分馏效应和不同来源间的混合作用，单一物质的同位素组成出现多解性，增加了稳定同位素示踪的不确定性。通过单一元素或方法难以准确、全面地揭示环境重金属污染物来源及其复杂的迁移转化过程。在单一同位素源解析基础上发展起来的多元同位素源解析技术，能够更加准确地辨识和区分污染源的组成。示踪技术相对成熟、准确、全面，且在两个端元同位素比值相似的情况下，能够准确确定污染源头和贡献率。因此，应用多元重金属同位素源解析技术，并结合其他评价手段，可为揭示环境中重金属污染来源提供新的思路。

目前，在土壤沉积物、工业输出源、采矿业污染源和大气气溶胶污染源解析等领域，以 Cu 为主的多元同位素源解析技术被广泛应用。随着 Zn、Pb 等同位素分析技术的发展，使得 Cu-Zn 或 Cu-Zn-Pb 联用进行多元重金属源解析成为可能。除了涉及 Cu 的多元同位素技术发展外，诸如 Sr-Pb 和 Pb-Sr-Nd 等体系也被广泛采用。

第五节　稳定同位素技术

自然界中，质子数相同而中子数不同的同一元素的不同核素间互称为同位素。根据放射性衰变能力，同位素可分为放射性同位素和稳定性同位素。稳定性同位素指不能进行核衰变的同位素，由英国物理学家 J.J.汤姆逊于 20 世纪 20 年代利用改进的磁分离器分离纯化氖气时首次发现，迄今已陆续发现 270 余种稳定同位素。放射性同位素指能自发进行核衰变，发射出粒子或射线并释放一定能量的同位素。1932 年，回旋加速器的出现，实现了放射性同位素的人工生产。

一、仪器与原理

稳定同位素比质谱仪（isotope ratio mass spectrometer，IRMS）由于分析精度有限，早期质谱仪多用于测定 C、H、O、N 和 S 等较轻元素，该 5 种元素因此在长达几十年时间内被认为传统稳定同位素。根据样品类型，IRMS 可与元素分析仪、气相色谱、液相色谱等联用以满足不同类型样本的进样需求。热电离质谱仪（thermal ionization mass spectrometer，TIMS）易于操作，测试精度高，但无法对所有元素等效电离，电离率较低，并对一些元素难以电离，应用范围受限，此外，热电离过程中较轻的同位素会优先电离，可能导致测量期间同位素比例呈现连续性的变化，从而直接影响数据精度。直到 20 世纪末，多接收器等离子体质谱仪（MC-ICP-MS）的出现，使得质量较大、检测难度高的非传统稳定同位素的分析得到了迅速发展。传统稳定同位素与非传统稳定同位素之间并无严格的界定，而是随质谱技术的发展而不断更新。

稳定同位素技术根据应用原理的不同可分为两种：富集同位素示踪技术和稳定同位素自然丰度技术。

（1）富集同位素示踪技术：以人为浓缩富集的方式提高化合物中某元素的特定同位素含

量,使化合物携带易于辨认的"记号"而成为具有示踪特性的稳定同位素示踪剂。将这些人工制备的富集了某同位素的物质加入各种化学的、生物的研究体系中,检测含有特定同位素的化合物,可示踪该元素的转化过程,反映其环境行为。

(2)稳定同位素自然丰度技术:利用测定化合物中特定元素的天然稳定同位素组成的变化开展研究。由于质子数相同、中子数不同的同位素原子或化合物之间存在物理化学性质上的差异,在物理、化学及生物作用过程中同位素会以不同比例分配于不同物质中,即发生同位素分馏效应。基于以上特性,将化合物元素的同位素组成作为一种指纹特征,便可获取化合物的环境行为信息。

由于核质量差别,同位素之间存在物理、化学、生物性质上的差别,导致反应前后物质中同位素组成出现差异,此现象称为同位素效应,其程度可用分馏系数表示。非金属元素的稳定同位素组成通常表示为稀有稳定同位素原子数与常见稳定同位素丰度的比值,即同位素比率 R。对于大多数稳定同位素,R 值很小,且自然环境中不同物质的 R 值差异较小,因此常使用同位素比值 δ 这一指标来表示:

$$\delta = (R_{样品}/R_{标准物} - 1) \times 10000‰$$

式中:$R_{样本}$ 和 $R_{标准物}$ 分别为样本和标准物质的同位素比率。

二、稳定同位素技术应用

以人发中稳定同位素研究为例,于子洋等采用元素分析-稳定同位素比质谱法(EA-IRMS)检测头发中稳定同位素(示意图见图 4-7),开展了人发中稳定同位素同饮食和饮水中的关系研究。检测过程如下:①样本前处理后经进样器进入元素分析仪,通过高温裂解或快速燃烧变为混合气体;②混合气体经色谱柱分离,以单一气体形式依次进入离子源;③气体分子电离形成带电离子,受电场和磁场影响被不同接收器接收;④原始信号的处理和数据的生成。

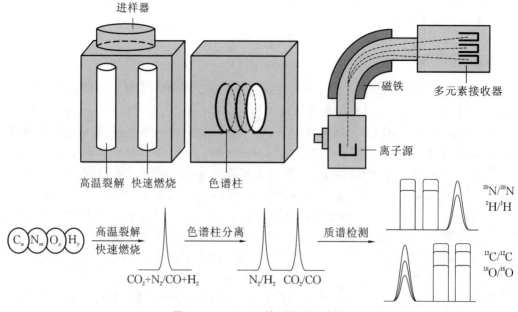

图 4-7　EA-IRMS 检测原理示意图

不同生物的稳定同位素分析与其所处环境、饮食和饮用水直接相关。当生物生存环境发生变化,其组织中的稳定同位素组成也会随着环境中的稳定同位素组成而变化。

人发的主要成分由 C、N、H、O 等多元素组成,化学状态较稳定,且受外界环境影响较小。相比于骨骼、血液、肌肉等,人发可较长时间稳定地保留稳定同位素信息,对于人发中稳定同位素的分析可更准确地反映出当时的饮食和饮水信息。

食物中 C、N 元素是构成人体器官 C、N 的主要来源,其稳定同位素组成直接影响人体组织的稳定同位素组成。研究发现:不同种类饮食对人发中 C、N 稳定同位素组成的影响较为明显。例如:改变试验对象日常饮食中 C_3、C_4 食物和陆生、水生食物比例后,头发中 C、N 稳定同位素组成会随之出现相似的变化趋势。饮食中肉类和蔗糖类食物摄入量增加,人发中 $\delta^{13}C$ 显著增加;增加肉类和鱼类食物的摄入量,头发中 $\delta^{15}N$ 显著增加。研究认为头发中 C、N 稳定同位素可以作为研究人类饮食的生物指标之一。

构成人体的 H、O 元素主要来源于饮水、饮食和吸入空气中的氧气。但同位素的基底效应、分馏作用和饮食中食物组成等导致饮食中 H、O 稳定同位素组成较为复杂,目前尚无饮食中 H、O 稳定同位素组成与人体组织关联的直接研究的报道。人类饮食数量和种类繁多,但饮食中 H、O 稳定同位素大部分来自食物产地的水。因此,饮食中稳定同位素受水源影响较大,表现出较强的地域分布规律,人体组织中 H、O 稳定同位素组成与饮水中 H、O 稳定同位素组成存在密切联系。

研究发现,人头发中 H 稳定同位素比值 δ^2N 与饮用水具有较强的相关性,人发中 H 约 30% 直接来源于饮水。人发中 $\delta^{18}O$ 为 8‰~18‰,相比于 H 稳定同位素,人发中 $\delta^{18}O$ 与饮水中 $\delta^{18}O$ 的相关系数更高,更能反映居民饮水和迁移信息。

人发中稳定同位素信息在营养学方面可用于推断饮食结构和生理健康状态;在考古学领域,人发作为稳定同位素分析的可靠对象,可初步推测出研究对象饮食构成与相关社会活动;在司法鉴定中,借助人发中稳定同位素分析,有利于推测死者的饮食习惯和活动轨迹,为案件侦破提供新思路等。

三、稳定同位素技术运用现状和发展前景

在环境检测方面,稳定同位素示踪技术在实现污染物溯源的同时还能量化不同来源贡献,且由于同位素组成不受浓度稀释或富集的影响,对环境过程的示踪摆脱了浓度依赖性。稳定同位素标记法除利用样品本身同位素组成特性进行示踪外,可增强检测灵敏度,使样品同位素组成及变化更直观、可控。稳定性同位素研究最早源于地球化学领域,目前已广泛应用于医学、农学、生命科学和地质学等领域。在土壤环境学领域,Zn、Cd、Pb 等重金属稳定同位素常被作为示踪污染物来源和归趋,且应用较为成熟。另外,稳定同位素没有放射性,在分离、合成制备以及使用过程中均不需特殊防护,操作过程更为安全,除了作为放射性同位素的替代品,还有望在更广泛的领域发挥潜能。

在环境科学领域,相对于放射性同位素技术和非传统稳定同位素技术,传统稳定同位素仍是主流的研究对象,且理论体系和实践经验较为成熟,但在样品制备方法和分析技术的选择与发展方面仍面临挑战。另外,多元稳定同位素分析是未来的重要发展方向。增加同位素的因子个数,可以减小某些元素因化合物的吸收、转运以及与酶的结合等引起的掩蔽效应,从而放大同位素特征所携带的信息。

第六节 同位素稀释质谱法

同位素稀释质谱法(isotopic dilution mass spectrometry,IDMS)是采用与待测物具有相同分子结构的某种浓缩同位素物质作为稀释剂,通过同位素丰度的精确质谱测量和所加稀释剂的准确称量,经数学计算求得样品中待测物绝对量的一种灵敏、准确的定量分析方法。

同位素稀释法因是利用同位素质量比值的变化来定量测定待测元素浓度,在分析过程中不需严格定量分离待测元素,对于无法或难以定量分离出某种待测元素或化合物的测试对象,该方法可有效地解决以上问题。同位素稀释质谱法最早应用于核物理和地质方面,自20世纪70年代以来已广泛应用于食品、中药、环境、生物和医学等领域。

一、原理

同位素稀释质谱法基本原理为:选择待测元素的某种浓缩同位素物质作为稀释剂,按一定的比例,准确称取一定量的稀释剂加入一定量的待测样品基质中,组成混合样品。当稀释剂与待测物达到化学平衡,用质谱法测定混合样品的同位素丰度比,根据待测样品、稀释剂和混合样品的同位素丰度比以及所加入的稀释剂的量,即可确定待测物在样品中的浓度。

同位素稀释质谱法测量的仅仅是混合样品里稀释剂和待测物的同位素离子物质的量之比,当稀释剂加入并与待测物达到平衡,同位素比值即已恒定,不受样品基质中其他因素的干扰,在测量过程中的系统误差也能进行准确测量、估算和校正,测定结果的不确定度仅仅取决于测量精度,因此国际计量组织视该方法为基准方法或绝对法。

二、同位素稀释法的应用

1.标准参考物质中痕量元素的定值

标准物质可用来校准仪器,监测分析过程,还能用于检查和校对新建立的分析方法,促进检测技术的提高。对于标准参考物质的定值,必须采用灵敏、准确、可靠的分析方法,如中子活化法、火花源质谱法、等离子光谱(ICP-AES)法、电感耦合等离子体质谱法、电化学法、原子吸收光谱法和同位素稀释法等。其中,同位素稀释法准确、灵敏、选择性好,不需定量分离,被认定为仲裁分析方法,最适合于标准参考物质中痕量元素的定值。

2.样品中痕量元素的测定

由于生物样品和环境样品的成分复杂,待测元素的含量又往往比较低,采用同位素稀释电感耦合等离子体质谱法(ID-ICP-MS)可以有效地消除样品处理过程中元素的损失和测定过程的基体效应、等离子体源变化和信号漂移等因素的影响,准确有效地测定痕量元素含量。

3.同位素分析中的流程空白检测

化学处理过程中的流程空白是 Pb 同位素比值的高精度测量的重要影响因素,袁永海等借助多接收电感耦合等离子体质谱仪,以^{208}Pb/^{206}Pb为研究对象,利用^{206}Pb同位素稀释法对基于AG1×8阴离子树脂和锶特效树脂所建立的两种Pb分离方法的全流程空白进行了准确测定。结果表明:加入^{206}Pb稀释剂后的空白样品经与地质样品一样的微波消解、赶酸、过柱等一系列处理过程后,以SRM 997 Tl为内标测试^{208}Pb/^{206}Pb,计算流程空白中超痕量Pb的含量。在^{206}Pb稀释剂加入量大于50 μg/L时,MC-ICP-MS中响应信号的漂移可以忽略(RSD≈0.01%,$n=30$)。加标回收实验显示该方法具有较好的准确性和稳定性,实验中两种Pb的流程空白均可满足地质样品中高精度Pb同位素分析的需要。

同位素稀释质谱法是一种快速、灵敏、准确的定量分析方法,可有效地消除样品处理过程中元素的损失和测定过程的基体效应等因素对分析准确度的影响,但局限性在于只能应用于不少于两个稳定同位素的元素测定,使测量元素的范围受到限制。另外,在处理样品时需加入适量的同位素稀释剂,但稀释剂的制备成本较高,试剂来源较困难,也限制了其应用范围。

第七节 美国稀有同位素束流装置

美国稀有同位素束流装置(FRIB)作为第一个能制造并分析数百种对物理学至关重要的同位素的设施,已于2022年5月正式投入使用。该设备通常将一种特定元素(通常是铀)的原子电离,并将其送入一个450米长的加速器内。在管道末端,离子束会撞击一个个不断旋转的石墨轮,(铀)原子核的大部分会穿过石墨,但有一部分会与石墨轮上的碳原子核碰撞,导致(铀)原子核分裂成更小的质子和中子组合,而每个组合都是不同元素和同位素的原子核。随后,这束由各种原子核组成的光束将被引导至地面的"碎片分离器"。通过微调整个过程,FRIB将实现让每个特定实验制造出完全由一种同位素组成的光束。研究人员称FRIB可制造出大量不同同位素,包括数百种以前从未合成过的同位素并对其开展研究,以测试多种原子核模型。未来,FRIB将与其他研究核同位素的最先进加速器相辅相成,共同揭示元素形成的秘密。由于FRIB能够制造并分析数百种同位素,使得同位素分析技术必将在更广阔的领域发挥更大的作用。

参 考 文 献

[1] 刘炳寰.质谱学方法与同位素分析[M].北京:科学出版社,1983.
[2] 何小青,刘湘生,陈翁翔,等.电感耦合等离子体质谱技术新进展[J].冶金分析,2004,24(6):26-35.
[3] Detlef G,Simon E J,Henry P L.Laser ablation and arc/spark solid sample introduction into inductively coupled plasma mass spectrometers[J].Spectrochim Acta,Part B,1999,54(3):381-409.
[4] Barbara W,Slawomir G,Ewa B,et al.Determination of iron and copper in old manuscripts by slurry sampling graphite furnace atomic absorption spectrometry and laser ablation inductively coupled plasma mass spectrometry[J].Spectrochim Acta,Part B,1999,54(5):797-804.

［5］Carlos E B P,Norbert M,Gerard P,et al.Determination of minor and trace elements in obsidian rock samples and archaeological artifacts by laser ablation inductively coupled plasma mass spectrometry using synthetic obsidian standards［J］.Spectrochim Acta, Part B,2001,56(10):1927-1940.

［6］陈成祥,庄峙厦,刘海波,等.不同赋存形态土壤铅同位素比值用于判别地域性差异的研究［J］.分析化学,2007,35(1):103-105.

［7］黄志勇,杨妙峰,庄峙厦,等.利用铅同位素比值判断丹参不同产地来源［J］.分析化学, 2003,31(9):1036-1039.

［8］Cheng Z Q,Foland K A.Lead isotopes in tap water:implications for Pb sources within a municipal water supply system［J］.Appl Geochem,2005,20(2):353-365.

［9］Jarvis K E,Gray L,Houk R S.电感耦合等离子体质谱手册［M］.尹明,李冰,译.北京:中国原子能出版社,1997:217.

［10］Heumann K G.Isotope dilution mass spectrometry (IDMS) of the elements［J］.Mass Spectrom Rev,1992,11(1):41-67.

［11］Bievre P D.Accurate isotope ratio mass spectrometry:some problems and possibilities ［J］.Adv Mass Spectrom,1978(7A):395-447.

［12］Platzner I T(Ed).Modern isotope ratio mass spectrometry［J］.Chemical Analysis,John Wiley,Chichester,1997(145):510-530.

［13］李冰,杨红霞.电感耦合等离子体质谱技术最新进展［J］.分析试验室,2003,22(1): 94-100.

［14］Shields W R,Goldich S S,Garner E L.Nature variations in the abundance ratio and the atomic weight of copper［J］.J Geophys Res,1965,70(2):479-491.

［15］Al-Ammar A S,Barnes R M.Improving isotope ratio precision in inductively coupled plasma quadrupole mass spectrometry by common analyte internal standardization ［J］.J Anal At Spectrom,2001,16(4):327-332.

［16］Xie Q,Kerrich R.Isotope ratio measurement by hexapole ICP-MS:mass bias effect, precision and accuracy［J］.J Anal At Spectrom,2002,17(1):69-74.

［17］Almeida C M,Vasconcelos M T S D.ICP-MS determination of strontium isotope ratio in wine in order to be used as a fingerprint of its regional origin［J］.J Anal At Spectrom,2001,16(6):607-611.

［18］Begley L S,Sharp B L.Characterisation and correction of instrumental bias in inductively coupled plasma quadrupole mass spectrometry for accurate measurement of lead isotope ratios［J］.J Anal At Spectrom,1997,12(4):395-402.

［19］Monna F,Loizeau J-L,Thomas B A,et al.Pb and Sr isotope measurements by inductively coupled plasma-mass spectrometer:efficient time management for precision improvement［J］.Spectrochim Acta,Part B,1998,53(9):1317-1333.

［20］Appelblad P K,Rodushkin I,Baxtar D C.Sources of uncertainty in isotope ratio measurements by inductively coupled plasma mass spectrometry［J］.Anal Chem, 2001,73(13):2911-2919.

［21］黄志勇,沈金灿,杨朝勇,等.电感耦合等离子体质谱测定铅同位素比值的准确度和精密度研究［J］.质谱学报,2003,24(3):441-445.

［22］Viczian M,Lasztity A,Barnes R M.Identification of potential environmental sources of childhood lead poisoning by inductively coupled plasma mass spectrometry:verification and case studies［J］.J Anal Atom Spectrom,1990,5(4):293-300.

［23］Gregoire D C,Acheson B M,Taylor R P.Measurement of lithium isotope ratios by inductively coupled plasma mass spectrometry:application to geological materials［J］.J Anal At Spectrom,1996,11(9):765-772.

［24］Pye K,Blott S J,Croft D J,et al.Forensic comparison of soil samples:assessment of small-scale spatial variability in elemental composition,carbon and nitrogen isotope ratios,colour,and particle size distribution［J］.Foren Sci Int,2006,163(1):59-80.

［25］Zeichner A,Ehrlich S,Shoshani E,et al.Application of lead isotope analysis in shooting incident investigations［J］.Foren Sci Int,2006,158(1):52-64.

［26］Margui E,Iglesias M,Queralt I,et al.Precise and accurate determination of lead isotope ratios in mining wastes by ICP-QMS as a tool to identify their source［J］.Talanta,2007,73(4):700-709.

［27］Sebastien R,Gregory M M,Mariella M.Scanning laser ablation-ICP-MS tracking of platinum group elements in urban particles［J］.Sci Environment,2002,286(1):243.

［28］何学贤,朱祥坤,杨淳,等.多接收器等离子体质谱(MC-ICP-MS)Pb 同位素高精度研究［J］.地球学报,2005,26 (sup):19-22.

［29］汪齐连,赵志琦,刘从强,等.天然样品中锂的分离及其同位素比值的测定［J］.分析化学研究报告,2006,34(6):764-768.

［30］陈建敏,谈明光,陆文伟,等.电感耦合等离子体质谱法测定水泥样品中的铅同位素比值［J］.分析化学研究报告,2005,33(7):943-946.

［31］Wan Wang,Liu Xiande,Zhao Liwei,et al.Effectiveness of leaded petrol phase-out in Tianjin,China based on the aerosol lead concentration and isotope abundance ratio［J］.Sci Total Environ,2006,364(1-3):175-187.

［32］刘国美.同位素稀释电感耦合等离子体质谱法在食品测定铅同位素比值的准确度和精密度研究［J］.质谱学报,2003,24(3):441-445.

［33］Becker J S,Dietze H J.Inorganic trace analysis by mass spectrometry［J］.Spectrochim Acta Part B,1998,53(11):1475-1506.

［34］Cheng Z Q,Foland K A.Lead isotopes in tap water:implications for Pb sources within a municipal water supply system［J］.Appl Geochem,2005,20(2):353-365.

［35］张晓静,胡清源,朱风鹏,等.ICP-MS 测定土壤中铅同位素比值及地域差异性比较［J］.分析试验室,2009,28(12):77-81.

［36］张晓静,朱风鹏,胡清源,等.烟叶中 Pb 同位素比值的 ICP-MS 测定及地域差异比较［J］.烟草科技,2009,261(4):41-45,57.

［37］蒋少涌,Woodhead J,于际民,等.云南金满热液脉状铜矿床 Cu 同位素组成的初步测定［J］.科学通报,2001,46(17):1468-1471.

［38］Latkoczy C，Prohaska T，Stingeder G，et al.Strontium isotope ratio measurements in prehistoric human bone samples by means of high-resolution inductively coupled plasma mass spectrometry（HR-ICP-MS）［J］.J Anal At Spectrom，1998，13（6）：561-566.

［39］刘靳，涂耀仁，段艳平，等.Cu 同位素示踪技术应用于环境领域的研究进展［J］.环境保护科学，2020，46（2）：85-92.

［40］朱祥坤，唐索寒，李世珍，等.多接收电感耦合等离子体质谱法 Pb 含量对 Cu 同位素比值测定的影响［J］.质谱学报，2005，26（sup）：61-62.

［41］Walker E C，Cuttitta F，Senftle F E.Some natural variations in the relative abundance of copper isotopes［J］.Geochim Cosmochim Acta，1958，15（3）：183-194.

［42］Shields W R，Goldich S S Garner E L，et al.Natural variations in the abundance ratio and atomic weight of copper［J］.J Geophys Res，1965，70（2）：479-491.

［43］Walder A J，Freedman P A.Communication isotopic ratio measurement using a double focusing magnetic sector mass analyser with an inductively coupled plasma as an ion source［J］.J Anal At Spectrom，1992，7（3）：571-575.

［44］Halliday A N，Lee D C，Christensen J N，et al.Recent developments in inductively coupled plasma magnetic sector multiple collector mass spectrometry［J］.Int J Mass Spectrom Ion Processes，1995，46/147：21-33.

［45］Becker J S，Dietze H J.Inorganic trace analysis by mass spectrometry［J］.Spectrochim Acta Part B，1998，53（11）：1475-1506.

［46］Ingle C P，Sharp B L，Horstwood M S A，et al.Instrument response functions，mass bias and matrix effects in isotope ratio measurements and semi-quantitative analysis by single and multi-collector ICP-MS［J］.J Anal At Spectrom，2003，18（3）：219-229.

［47］Halliday A N，Lee D C，Christensen J N，et al.Application of multiple collector-ICPMS to cosmochemistry，geochemistry and paleoceanography Geochem［J］.Cosmochim Acta，1998，62（6）：919-940.

［48］赵葵东，蒋少涌.锂同位素及其地质应用研究进展［J］.高效地质学报，2001，7（4）：390-398.

［49］Lee D C，Halliday A N.Precise determinations of the isotopic compositions and atomic weights of molybdenum，tellurium，tin and tungsten using ICP magnetic sector multiple collector mass spectrometry［J］.Int J Mass Spectrom Ion Processes，1995（146）：35-46.

［50］Rehkamper M，Halliday A N.Accuracy and long-term reproducibility of lead isotopic measurements by multiple-collector inductively coupled plasma mass spectrometry using an external method for correction of mass discrimination［J］.Int J Mass Spectrom，1998，181（1）：123-133.

［51］王家松，彭丽娜.铜同位素样品化学前处理方法的研究进展［J］.理化检验-化学分册，2012，48（11）：1383-1388.

［52］葛军，陈衍景，邵宏翔.铜同位素地球化学研究及其在矿床学应用的评述和讨论［J］.地

质与勘探,2004(3):5-10.

[53] BERMIN J,VANCE D,ARCHER C,et al.The determination of the isotopic composition of Cu and Zn in seaweater[J].Chemical Geology,2006(226):280-297.

[54] BORROK D M,NIMICK D A,WANTY R B,et al.Isotopic variation of dissolved copper and zinc in stream waters affected by historical mining[J].Geochimica et Cosmochimica Acta,2008(72):329-344.

[55] MARECHAL C N,TELOUK P,ALBAREDE F.Precise analysis of copper and zinc isotopic compositions by plasma-source mass spectrometry [J].Chemical Geology, 1999,156(4):251-273.

[56] ARCHER C,VANCE D.Mass discrimination correction in multiple-collector plasma source mass spectrometry:an example using Cu and Zn isotopes[J].Journal of Analytical Atomic Spectrometry,2004(19):656-665.

[57] BORROK D M,WANTY R B,RIDLEY W I,et al.Separation of copper,iron,and zinc from complex aqueous solutions for isotopic measurement[J].Chemical Geology, 2007,242(3):400-414.

[58] 唐红梅,唐建城,何发坤,等.同位素技术在土壤退化研究中的应用进展[J].环境化学, 2022,41(8):1-10.

[59] 蔡俊军,朱祥坤,唐索寒,等.多接收电感耦合等离子体质谱仪(MC-ICPMS)测定 Cu 同位素[J].地球学报,2005.26(sup):26-29.

[60] 蔡俊军,朱祥坤,唐索寒,等.多接收电感耦合等离子体质谱 Cu 同位素测定中的干扰评估[J].高校地质学报,2006,12(3):392-397.

[61] EILER J M,GRAHAM C,VALLEY J M.SIMS analysis of oxygen isotopes:Matrix effects in complex minerals and glasses [J].Chemical Geology,1997,138(3/4): 221-224.

[62] ZHU X,GUO Y,WILLIAMS R,et al.Mass fractionation processes of transition metal isotopes[J].Earth and Planetary Science Letters,2002,200(1/2):47-62.

[63] 刘耘.非传统稳定同位素分馏理论及计算[J].地学前缘,2015,22(5):1-28.

[64] FEKIACOVA Z,CORNU S,PICHAT.S.Tracing contamination sources in soils with Cu and Zn isotopic ratios[J].Science of The Total Environment,2015(517):96-105.

[65] BIGALKE M,WEYER S,WILCKE W,et al.Stable Cu isotope fractionation in soils during oxic weathering and podzolization[J].Geochimica et Cosmochimica Acta,2011 (75):3119-3134.

[66] LI W Q,JACKSON S E,PEARSON N J,et al.The Cu isotopic signature of granites from the Lachlan Fold Belt,SE Australia[J].Chemical Geology,2009(258):38-49.

[67] SOUTO-OLIVEIRA C E,BABINSKI M,ARAUJO D F,et al.Multi-isotope approach of Pb,Cu and Zn in urban aerosols and anthropogenic sources improves tracing of the atmospheric pollutant sources in megacities [J]. Atmospheric Environment, 2019 (198):427-437.

[68] SOUTO-OLIVEIRA C E,BABINSKI M,ARAUJO D F,et al.Multi-isotopic fingerprints

(Pb,Zn,Cu) applied for urban aerosol source apportionment and discrimination[J]. Science of The Total Environment,2018(626):1350-1366.

[69] 温冰.湖南锡矿山水环境中锑来源及迁移转化的多元同位素解析[D].武汉:中国地质大学,2017.

[70] YEHUDIT H,MIRYAMBAR M,ALAN M,et al.Tracing the sources of sedimentary Cu and Mn ores in the Cambrian Timna Formation,Israel using Pb and Sr isotopes [J].Journal of Geochemical Exploration,2017(178):67-82.

[71] GUEGUEN F,TILLE P,GEAGEA M L,et al.Atmospheric pollution in an urban environment by tree bark biomonitoringPart II:Sr,Nd and Pb isotopic tracing[J]. Chemosphere,2012,86(6):641-647.

[72] ZACHLEDER V,VÍTOVÁ M,HLAVOVÁ M,et al.Stable isotope compounds-production,detection,and application[J].Biotechnology Advances,2018,36(3): 784-797.

[73] 于子洋,梅宏成,朱军,等.饮食、饮水与人头发稳定同位素组成的关系的研究进展及其应用[J].理化检验-化学分册,2021,57(11):1048-1056.

[74] 王万洁,侯兴旺,刘稷燕,等.饮食、传统稳定同位素技术在环境科学领域的应用及研究进展[J].环境化学,2021,40(12):3640-3650.

[75] 张妙月,尹威,王毅,等.饮食、稳定同位素示踪土壤中重金属环境行为的研究进展[J]. 土壤学报,2022(05):1215-1227.

[76] IRRGEHER J,PROHASKA T.Application of non-traditional stable isotopes in analytical ecogeochemistry assessed by MC ICP-MS -A critical review[J].Analytical and Bioanalytical Chemistry,2016,408(2):369-385.

[77] 林光辉.稳定同位素生态学[M].北京:高等教育出版社,2013.

[78] Yin Y G,Tan Z Q,Hu L G,et al.Isotope tracers to study the environmental fate and bioaccumulation of metal-containing engineered nanoparticles:Techniques and applications[J].Chemical Reviews,2017,117(5):4462-4487.

[79] 张宏康,王中瑷,杨启津,等.同位素稀释质谱法在食品分析中的应用研究进展[J].食品科学,2018,39(23):280-288.

[80] 杨朝勇,庄峙厦,谷胜等.同位素稀释电感耦合等离子体质谱在痕量元素分析中的应用[J].分析测试学报,2001,20(2):87-92.

[81] 袁永海,杨锋,李政林,等.同位素稀释-多接收质谱测定铅同位素分析的流程空白[J].桂林理工大学学报,2020,40(4):833-837.

[82] 刘霞.美稀有同位素束流装置正式启动[N].科技日报.2020-5-6.

第五章 元素价态(形态)分析

元素的不同存在形态决定了其在环境和生命过程中表现出不同的行为;不同的元素形态由于具有不同的物理化学性质和生物活性,在环境和生命科学领域发挥着不同的作用。20世纪70年代开始,环境和生命科学家就认识到无机元素,特别是痕量重金属的环境效应和微量元素的生物活性不仅与其总量有关,更大程度上由其形态决定,不同的形态其环境效应或可利用性不同。例如在土壤中,二价Pb很少由于降水被淋溶而迁移,四价Pb则容易流失。金属的价态不同其毒性也不同,如六价铬毒性远大于三价铬。金属有机态毒性大于无机态。因此元素总量或者浓度的相关信息已经不能满足环境和生命科学研究的需要,有时候甚至会给出一些错误的信息。

根据传统分析方法所提供的元素总量的信息已经不能对某一元素的毒性、生物效应以及对环境的影响做出科学的评价,为此,分析工作者必须提供元素的不同存在形态的相关信息。元素形态具有多样性、易变性、迁移性等不同于常规分析对象的特点,因此其分析方法也成为一个崭新的研究领域,即"元素形态分析"。

元素形态分析是分析科学领域中一个极其重要的研究方向,IUPAC将其定义为定量测定样品中一个或多个化学形态的过程。Lobinski将其定义为确定某一元素在样品中不同化学形态分布的过程。

第一节 六价铬分析

铬元素在自然界主要以三价铬 $Cr(III)$ 和六价铬 $Cr(VI)$ 的形式存在。铬的毒性与其存在形态有关,$Cr(III)$ 是人体代谢必需的微量元素,经口急性毒性 $LD_{50}=1870$ mg/kg;而 $Cr(VI)$ 在人体中吸收率高、易穿透细胞膜,具有遗传毒性和致癌作用,经口急性毒性 $LD_{50}=190$ mg/kg,吸入致癌作用:IUR(吸入单位危险)$=12$ mg/m³。通常人们所说重金属铬的危害是指六价铬对人体的危害。

国内外标准方法中涉及的六价铬检测方法见表5-1。

表 5-1　标准方法适用范围及萃取溶液

标准方法	适用范围	萃取液或处理溶液	检测仪器	备注
GB 7467—1987	地表水和工业废水	加入氢氧化钠，调节 pH＝8	分光光度计	
EPA 7199	地表水和工业污水	用缓冲液调节 pH 至 9～9.5	离子色谱仪	
EPA 7196A	EP/TCLP 的特征提取物和地下水，生活及工业废弃物	无规定	分光光度计	
GB 15555.4—1995	固体废物浸出液	浸出液用氢氧化钠调节 pH＝8	分光光度计	
GB/T 19940—2005	皮革鞣制剂	磷酸盐缓冲液 pH＝7.5～8.5	分光光度计	
GB 17593.3—2006	纺织材料及其产品	模拟酸性汗液 pH＝5.5	分光光度计	
GB/T 22807—2019	皮革和皮毛	磷酸盐缓冲液 pH＝8.0	分光光度计	
SN/T 0704—2015	出口皮革制品			
ISO 17075	皮革和皮毛			反相 SPE 柱净化
QB 2930.2—2008	油墨产品及油墨印刷制品	Na₂CO₃ 和 NaOH 碱性浸提液	分光光度计	
SN/T 2210—2021	降糖奶粉、营养冲剂、保健饮品		IC-ICP-MS	
GB/T 26125—2011	电子电气产品		分光光度计	
ISO 23913	水质	加入氢氧化钠，调节 pH＝8	连续流动-分光光度法、流动注射法	

　　从表 5-1 中的标准分析方法可以看出，六价铬样品前处理萃取溶液采用碱性溶液，但溶液 pH 值差异较大，有弱碱性溶液，也有强碱性溶液，根据被检测样品的特性选择适宜的六价铬萃取溶液，检测方法为分光光度法、离子色谱法、流动注射法及离子色谱与 ICP-MS 联用法。其中分光光度法使用最为广泛。

一、方法原理

　　用 pH＝8.0 的磷酸盐缓冲溶液萃取样品中六价铬 Cr(Ⅵ)，用固相萃取除去萃取溶液中影响检测的物质；在酸性条件下，Cr(Ⅵ)与 1,5-二苯基碳酰二肼反应生成一种紫红色的 1,5-二苯卡巴腙和 Cr(Ⅲ)络合物，用分光光度计在 540 nm 处进行定量分析。

二、连续流动分析仪的结构

连续流动分析仪的基本组成有以下几部分：取样系统、流体驱动系统、混合反应系统、检测系统。

1.取样系统

该系统能准时、定量、连续地吸取标准液、样品液和洗针液。可以控制样品盘上任一位置的液体进入整个分析系统。可以控制标准液、样品液和洗针液进入分析系统的次序。进样时间、清洗时间、进样速度，可根据分析进行调节。

化学分析仪的检测过程是：由比例泵将分析测定所需要的各种试剂、试液按一定比例、一定流速输入系统中，经过一定处理（如渗析、混合、加热、反应等）后，液流达到稳定状态，此时进行检测，其结果为一定值，其值与被测物含量有关，因而可用来作定量分析。

在一定条件下（比例泵的转速、反应盒体温度等都固定不变）对不含样液的接收流体进行检测时，可得一直线，称其为基线，当接收流体含有待测液时，检测结果为另一直线。从基线过渡到检测线，在输出的曲线图中为一平台，平台的高度即可作为定量测定的依据。

液体在泵管内流动时，由于摩擦，管子中心流速大，靠近管壁的地方液体流速小，特别是水与泵管润湿性强时，形成的这种现象更严重，产生了一些不良作用。如由一个样品转换成另一样品时，泵管内剩余物的清除很费时间。样品在检测器中达到稳定状态也很慢。这样就消耗大量的试液和样品液，减慢了分析速度。

为了防止前一样品干扰后面样品，就必须保持泵管清洁，为此在两个样品之间加洗涤液，清洗泵管。采用样品→洗涤液→样品→洗涤液的程序进样，由比例泵的凸轮选择程序。进样次数可根据要求进行调节，这种情况下在分析样品之前我们就需要先确定进样时间和清洗时间。

1)进样时间的确定

连续流动分析仪所给出的分析曲线如图 5-1 所示。图中纵轴表示被测物的峰高，横轴表示进样时间。由图 5-1 可以看出，反应物的峰形应具有一段稳定的直线，这段直线就是反应平台，延长进样时间是不必要的，会浪费试剂并造成分析时间没有必要的延长，分析效率低。根据分析曲线的形态，测试者可以自行选定进样时间，最适宜的进样时间是达到反应平台后再延长 5 秒钟。通常确定进样时间时，都选择最高浓度的标准溶液进行测试。

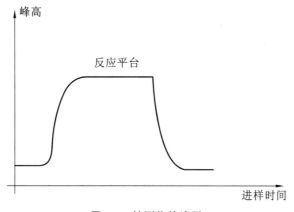

图 5-1　被测物的峰形

2)清洗时间的确定

为了防止前一个样品干扰后面的样品,就必须保持泵管清洁。为此在两个样品之间加入清洗液,清洗泵管。通常的做法是:在最高浓度的标准溶液后面,接着进两个最低浓度的标准溶液,并且逐渐缩短清洗时间,直至最短时间也能产生同样高的两个最低浓度标准溶液的反应平台为止,此时间即为最佳清洗时间。

2.流体驱动系统

蠕动泵是流体驱动系统的核心。蠕动泵的必要组件是弹性很好的、粗、细有一定比例的塑料泵管,以及一些沿圆周运动的金属滚筒。泵芯转动时,金属滚筒沿圆周运动,挤压着富有弹性的塑料管(又称泵管)。被挤压封闭在两金属滚筒之间的液体或气体,随滚筒一起向前运动,形成液体在泵管内的流动,而金属滚筒后面泵管内形成负压,可以吸收液体和气体,因而当蠕动泵开启时,便可连续地吸取液体,并使其在泵管内连续流动。当泵的转速(即滚筒沿圆周运动的速度)一定时,每个泵管内液体的流速也一定。而泵管内径不同(按反应需要选择不同内径比的泵管),各泵管输出的液体体积有一定比例,故蠕动泵也称作比例泵。

3.混合反应系统

混合反应系统又称为化学模块,是分析系统的一部分,化学反应在此部分进行。它放置在泵之后,包含所有需要的反应部件,例如混合圈、渗析器、加热池等,这些部件安装在一个固定的盒体内。在反应的末端,样品/试剂混合液体直接从化学模块进入到数字比色计当中,进行比色分析。由于分析物质和分析方法的不同,盒体内部的结构也不同,基本每种分析方法都有其特定的盒体。

1)混合器

混合器为一组玻璃制成的螺旋管,根据反应的需要,螺旋管的粗细、长度和匝数都有所不同。混合器用来保证两股流体混合。例如:样品/试剂或试剂/试剂,保证反应所需要的延迟时间。它们通常安装在增加试剂的液流后面。采用玻璃材质,有下列好处:惰性的、透明的,并且容易润湿。混合的时间依赖于试剂的黏度、浓度、流速和混合圈的直径。通过混合圈使反应物上下运动,高浓度和低浓度互相渗透,加速混合。在混合螺旋管内,液段长度应不大于圆周长的1/3,否则,液段不能被完全倒置而彻底混合。混合过程如图 5-2 所示。

2)渗析器

渗析器的内部主要是一个半透膜,孔径大小约 4 nm,它的作用是,大分子不能透过滤膜而被分离掉,只让小分子通过,如图 5-3 所示。渗析方法对于分离干扰固体物或者大分子是一种方便的方法,可以有效地去除测定溶液中的色素等大分子干扰物。所以渗析器实质上起着净化测定液的作用,将待测物质筛入液流中进行测定,而其他物质随载液排入废液池。渗析器中的气泡不需要同步运行,两种载流须有相同的流速和方向。对渗析效果造成影响的因素主要有:液体的流速、温度、压力和渗析器上下部液体的离子浓度。

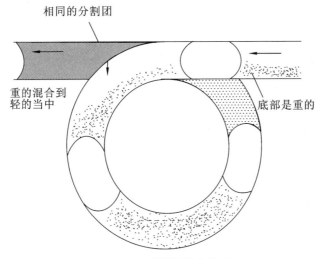

图 5-2 混合器的混合作用

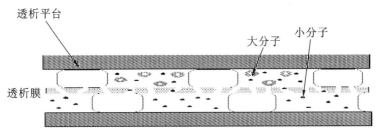

图 5-3 渗析器渗析过程示意图

3)加热器

根据分析方法的需要,反应需要加热时,用加热器来实现。加热器具有可更换的螺旋管,并带有高精密调温器。加热器螺旋管破损、堵塞或损坏时应及时更换。水溶液的加热温度应低于 95 ℃,有机溶液的加热温度应低于其沸点 10 ℃,过高的温度还会引起已溶解的气体从液流中释放出来,在流通池内形成气泡,使峰形出现波动,干扰测定。

4.检测系统

检测系统能对被测组分产生瞬时而有选择性的最大响应信号并连续记录。连续流动分析仪的检测方法有多种,如吸光光度法、火焰光度法、化学发光法、离子选择性电极法、荧光法、发射光谱法、原子吸收法等,可以根据分析的需要确定,不过通常使用的多是带流动池的吸光光度法和火焰光度法。连续流动分析仪在分析过程中加入了有规律的气泡,不过气泡对检测器来说有干扰,气泡在流过检测器的时候也有信号输出到计算机,由于气泡的存在会使检测器给出的数值发生变化、干扰测定,因而液流进入检测器前,必须清除液流中的气泡,在检测器前必须有除气泡的装置。所以较为老式的连续流动分析仪在流体进入检测器之前通过一根排废液管对气泡进行清除。随着检测技术的发展,目前化学分析仪检测器除气泡装置采用了电子除气泡和光导纤维监测流动池两种方法。电子除气泡无须借助泵作为动力装置就可将气泡引出,但又会造成样品扩散的问题。所以后来有些化学分析仪采用了光导纤维监测流动池的方法,光导纤维以每秒140次的速度监测检测池,当发现流动池内有气泡时,检测器将不输出信号到计算机或其他信号接收系统(见图5-4)。

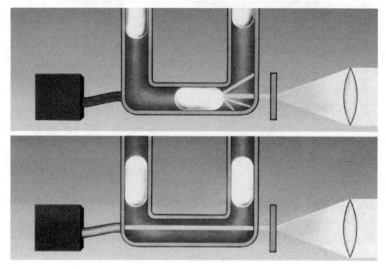

图 5-4　比色计输出信号示意图

5.气泡间隔

当管路内无气泡时,此时的液体为层流模式,在层流模式下液体流过管子时,中间液体的流速比靠近管壁液体的流速快,管道中心的液体流动的速度为液体平均速度的两倍。而越靠近管壁的层次则运动越缓慢,如图5-5所示。

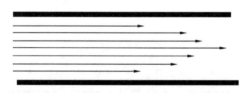

图 5-5　层流模式液体在管内流动情况

在样品由进样至检测器的过程中,层流模式会由于同一个样品在管内中间和管壁附近液体流速不同,造成该样品在流路中有很长一段的液体,这就是层流的延迟作用,如图5-6所示,它会造成样品浓度的改变,影响下一个样品的浓度。

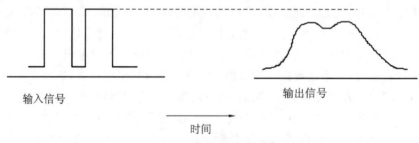

图 5-6　层流的延迟作用

当管路内引入有规律的气泡后,气泡可以分割液体流,保持样品的完整性,即防止单个试样与其他试样相混;使样品和试剂充分、均匀地混合;对运行系统和载流特征提供直观的检查。此时液体在管内的流动为湍流模式,如图 5-7 所示。气泡的分割作用是短时间内达到稳定状态和比较高的分析频率,一般以每隔 2 秒钟注入一个气泡的速度分割液体,一个液体段长度为 1.5～2 cm。一个试样通常被气泡分隔成 20～50 小段。每个小段的液流可看成一个单独的液段,在相邻的两个液段之间由气泡分割开来,它们之间不互相混合和干扰。而液段自身之内,由于液流与管壁的摩擦作用,使液体进行着混合。

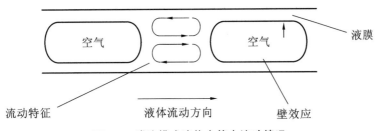

图 5-7　湍流模式液体在管内流动情况

当每一个分割段流过管子时,内部液体流动性如图 5-8 所示,这使液体能快速混合。

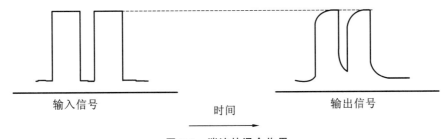

图 5-8　湍流的混合作用

在管子中必须有足够大的气泡,以便使已分割的液体分离开(如图 5-9 所示)。一个正常的气泡长度应是其宽度的 2 倍。当管路内的气泡有规律并且形状符合检测要求时,此时的气泡具有以下功能:

(1)减少扩散和样品通过;

(2)通过形成湍流将两股液流(如样品和试剂)混合;

(3)清洁管子的内表面;

(4)保持每个片段的完整性;

(5)通过观察系统中玻璃混合圈中的气泡是否规则可以方便地检查流体是否正常。

6.表面活性剂的使用

在连续流动分析中,要求液流稳定,混合均匀,气泡保存完整,即在进入检测器前要求气泡不被破坏。然而由于水是一种极性物质,表面张力大,不易润湿非极性的塑料泵管,在液流前进时,易造成气泡的破坏或气泡合并等,使注入的气泡失去应有的作用,为此常在水质液流中加入表面活性剂,以减少水的表面张力并去除引起气泡断裂的油污点。

表面活性剂分为以下三种类型。

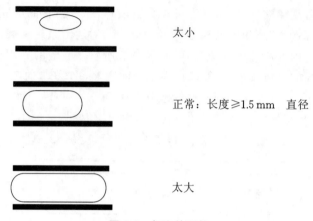

图 5-9 气泡的形状

（1）阴离子型：作用于负离子。这类活性剂包括肥皂、洗涤剂，如烷基磺酸盐、脂肪酸钠。

（2）阳离子型：作用于正离子。这类活性剂常为季铵盐。

（3）非离子型：在湿反应中无电离。在碱性溶液中使用，在强酸介质中会引起沉淀。由于有非溶解性离子对形成的可能，不用于聚磷酸盐中。这类活性剂包括烷基苯氧乙烯醇、聚氧乙烯醇、脂肪酸聚氧乙烯酯。

溶液萃取时应避免使用活性剂，以防形成乳状液。有机相中不需要活性剂。对于水溶液，一般活性剂在每种试剂中的用量为 0.05%。

第二节　砷和汞不同形态化合物的分析

砷可分为有机砷和无机砷，As(Ⅲ)、As(Ⅴ)都属于无机砷，不同砷形态化合物其毒性也不相同。甲基汞(CH_3Hg)是一种具有神经毒性的环境污染物，主要侵犯中枢神经系统，可造成语言和记忆能力障碍等，剧毒。其损害的主要部位是大脑的枕叶和小脑，其神经毒性可能与扰乱谷氨酸的重摄取和致使神经细胞基因表达异常有关。GB 2762—2017《食品安全国家标准 食品中污染物限量》、NY 5073—2006《无公害食品 水产品中有毒有害物质限量》和GB 2733—2015《食品安全国家标准 鲜、冻动物性水产品》等标准中对无机砷和甲基汞都做了限量规定，无机砷和甲基汞的测定方法见表 5-2。

表 5-2　砷、汞不同形态化合物检测标准方法

标　准　号	测 定 物 质	测 定 方 法
GB/T 14204—1993	烷基汞（水质）	气相色谱法
GB/T 17132—1997	甲基汞（环境）	气相色谱法
SN/T 3034—2011	无机汞、甲基汞、乙基汞（出口水产品）	液相色谱-原子荧光光谱联用法
SN/T 4851—2017	甲基汞、乙基汞	液相色谱-电感耦合等离子体质谱法
GB 5009.17—2021	甲基汞	气相色谱法、冷原子吸收法
GB 5009.11—2014	无机砷	液相色谱-原子荧光、液相色谱-ICPMS

续表

标　准　号	测　定　物　质	测　定　方　法
GB/T 23372—2009	无机砷	液相色谱-电感耦合等离子体质谱法
SN/T 4585—2016	甲基胂酸、二甲次胂酸(出口食品)	液相色谱-电感耦合等离子体质谱法
SN/T 3933—2014	出口食品中六种砷(亚砷酸根、砷酸根、砷胆碱、砷甜菜碱、一甲基砷、二甲基砷)形态化合物	高效液相色谱-电感耦合等离子体质谱法

从表 5-2 可以看出对于砷、汞不同形态化合物的检测除气相色谱法,其他分析方法都是采用气相色谱或者液相色谱与无机分析设备联用的方法。由于本书主要介绍无机分析技术,所以这里对气相色谱法测定甲基汞不做过多介绍,有兴趣的读者可以参考 GB/T 17132—1997 和 GB/T 14204—1993 进行深入研究。

自 1980 年 Hirschfeld 首次提出联用技术以来,各种联用技术手段得到快速发展,在元素形态分析领域高效液相色谱(HPLC)和电感耦合等离子体质谱(ICP-MS)联用是常用且较为完善的技术手段之一。将 ICP-MS 作为 HPLC 的检测器,化合物通过 HPLC 实现有效分离后,借助 ICP-MS 高灵敏度的特点实现不同元素形态化合物的痕量分析。

早期联用技术的关键是接口问题,即样品溶液经 HPLC 分离后在线地引入 ICP 的雾化系统。由于 HPLC 流动相的流速通常为 0.1～1.0 mL/min,柱后压为常压,这与 ICP 雾化器的样品导入流速和压力都是相匹配的,它要求色谱柱流出液与 ICP 雾化器连接的管路尽可能短,以减少传输的死体积防止色谱峰变宽。但由于流动相通常含有无机盐和一定比例的有机溶剂,盐和有机溶剂会造成 ICP-MS 进样管、采样锥和截取锥的堵塞,且有机溶剂在雾化室内壁黏附造成分析信号的"记忆"效应,降低分析的灵敏度和稳定性,是造成联用技术分析元素形态时误差的主要来源,尤其是当采用梯度洗脱方式时,这种现象将更加严重。目前商品化的设备已经完全解决了联用的接口问题。但是基体干扰和标准物质的匮乏仍是联用技术存在的问题。

一、甲基汞和乙基汞的测定

出口水产品中甲基汞和乙基汞测定标准(SN/T 4851—2017)中样品前处理为:称取 1.0～2.0 g 样品置于 15 mL 离心管中,加入 10 mL 提取液(5 mol/L 盐酸、0.1% 半胱氨酸盐酸盐),涡旋混匀,室温下超声萃取 1～2 h,在此期间振摇数次。于 4 ℃以下 8000 r/min 离心 15 min,准确移取 2 mL 上清液至 15 mL 离心管中,缓慢逐滴加入 1.5 mL 的 50% 氨水溶液,调节 pH 至 6～7,用水定容至 5 mL,再于 4 ℃以下 8000 r/min 离心 10 min,取上清液经 0.45 μm 有机滤膜过滤得到待测试样溶液。

液相色谱推荐参数:色谱柱 C18 柱,长 150 mm,内径 4.6 mm,粒度 5 μm;流动相 10 mmol/L 乙酸铵+0.1% L-半胱氨酸盐酸盐+5% 甲醇;柱温 30 ℃;流速 1.0 mL/min;进样量 50 μL。

ICP-MS 参数:采集质量数 202 Hg,积分时间 0.5 s;蠕动泵转速 0.3 r/s。

标准样品的色谱-质谱图见图 5-10。

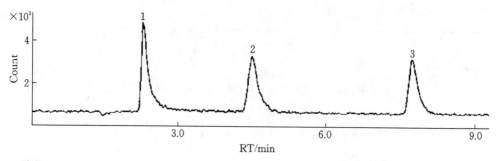

说明:
1—甲基汞;
2—乙基汞;
3—无机汞。

图 5-10　甲基汞、乙基汞和无机汞液相色谱-ICP/MS 图

二、无机砷的测定

GB 5009.11—2014 第二篇中规定了食品中无机砷的测定方法:一种是液相色谱-原子荧光光谱法,另外一种是液相色谱-电感耦合等离子体质谱法。两种方法样品前处理完全一致,称取 1.0 g 样品试样,置于 50 mL 塑料离心管中,加入 20 mL 0.15 mol/L 硝酸溶液放置过夜。90 ℃ 恒温箱中热浸提 2.5 h,每 0.5 h 振摇 1 min。提取完毕取出冷却至室温,8000 r/min 离心 15 min。对于稻米样品则取上层清液用 0.45 μm 有机滤膜过滤后得到待测溶液。对于水产动物样品或婴幼儿辅助样品取 5 mL 上清液置于离心管中加入 5 mL 正己烷,振摇 1 min,8000 r/min 离心 15 min,弃去上层正己烷,重复该过程一次,吸取下层清液,经 0.45 μm 有机滤膜过滤及 C18 小柱净化得到待测溶液。

1.液相色谱-原子荧光方法仪器推荐参数

色谱柱:阴离子交换色谱柱(柱长 250 mm,内径 4 mm)或等效柱,阴离子交换色谱保护柱(柱长 10 mm,内径 4 mm)或等效柱。

流动相:等度洗脱流动相:15 mmol/L 磷酸二氢铵溶液(pH6.0),流速 1.0 mL/min,进样体积 100 μL,适用于稻米及稻米加工食品。梯度洗脱:流动相 A:1 mmol/L 磷酸二氢铵溶液(pH9.0),流动相 B:20 mmol/L 磷酸二氢铵溶液(pH8.0);流动相流速 1.0 mL/min;进样体积 100 μL,适用水产品及婴幼儿食品。

原子荧光推荐参数:负高压 320 V;砷灯总电流 90 mA,主电流/辅助电流 55/35,火焰原子化,原子化器温度:中温。载液:20%盐酸溶液,流速 4 mL/min;还原剂:30 g/L 硼氢化钾溶液,流速 4 mL/min;载气流速 400 mL/min;辅助气流速 400 mL/min。

梯度洗脱程序见表 5-3。

表 5-3　梯度洗脱程序

组　　成	时间/min					
	0	8	10	20	22	32
流动相 A/%	100	100	0	0	100	100
流动相 B/%	0	0	100	100	0	0

标准溶液色谱图见图 5-11(等度洗脱)和图 5-12(梯度洗脱)。

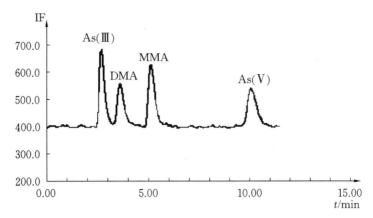

说明:
As(Ⅲ)—亚砷酸;
DMA —二甲基砷;
MMA —一甲基砷;
As(Ⅴ)—砷酸。

图 5-11 液相色谱-原子荧光法等度洗脱标准溶液色谱图

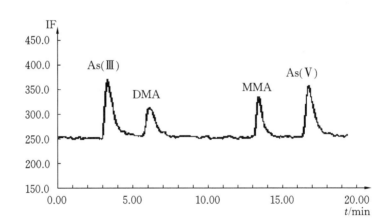

说明:
As(Ⅲ)—亚砷酸;
DMA —二甲基砷;
MMA —一甲基砷;
As(Ⅴ)—砷酸。

图 5-12 液相色谱-原子荧光法梯度洗脱标准溶液色谱图

2.液相色谱-ICP-MS 仪器推荐参数

液相色谱:阴离子交换色谱柱(柱长 250 mm,内径 4 mm)或等效柱,阴离子交换色谱保护柱(柱长 10 mm,内径 4 mm)或等效柱。

流动相:(含 10 mmol/L 无水乙酸钠、3 mmol/L 硝酸钾、10 mmol/L 磷酸二氢钠、0.2 mmol/L 乙二胺四乙酸二钠的缓冲液,氨水调节 pH 为 10):无水乙醇=99:1(体积比）。等度洗脱,进样体积 50 μL。

ICP-MS 推荐参数:载气流速 0.85 L/min,补偿气 0.15 L/min,泵速 0.3 r/s,检测质量数 75As,35Cl。

标准溶液液相色谱-ICP-MS 法色谱图见图 5-13。

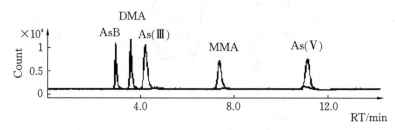

说明:
AsB —砷甜菜碱;
As(Ⅲ)—亚砷酸;
DMA —二甲基砷;
MMA —一甲基砷;
As(Ⅴ)—砷酸。

图 5-13　砷混合标准溶液色谱图(LC-ICP-MS 法)

第三节　砷、铬不同形态化合物同时测定

砷不同形态化合物相对比较稳定,容易实现色谱分离。但是三价铬 Cr(Ⅲ)和六价铬 Cr(Ⅵ)可以相互之间发生转化,不同 pH 值、不同氧化还原电势溶液中 Cr(Ⅲ)和 Cr(Ⅵ)存在形式不同。在碱性环境下,Cr(Ⅵ)常以 CrO_4^{2-} 存在,相对比较稳定,但是 Cr(Ⅲ)会水解成 $Cr(OH)_3$,形成沉淀;在强酸环境下,Cr(Ⅲ)又极易被强氧化性的 H_2CrO_4 氧化,所以同时分析 Cr(Ⅲ)和 Cr(Ⅵ)一般都采用 pH=7.0 左右的弱酸或弱碱环境。Cr(Ⅲ)还容易形成络合物,也会给分析带来一定困扰,为了保持 Cr(Ⅲ)的稳定性,常用 EDTA 先与 Cr(Ⅲ)反应形成稳定的 EDTA-Cr(Ⅲ)络合物以便于后续分析。

通过对色谱柱选择、流动相浓度和 pH 值、梯度洗脱等条件的优化,实验室建立了三价铬 Cr(Ⅲ)、六价铬 Cr(Ⅵ)、As(Ⅲ)、As(Ⅴ)、一甲基砷(MMA)、二甲基砷(DMA)几种砷、铬不同形态化合物同时分析的方法。

色谱柱选择:形态分析一般采用离子交换色谱柱,使用一定浓度的砷、铬不同形态化合物混合标准溶液,选择 IonPac AS22 和 Bio WAX 色谱柱考察分离效果。结果表明这两种色谱柱都能很好实现不同形态化合物的分离,但在 IonPac AS22 色谱柱上 Cr(Ⅲ)响应很低(见图 5-14 和图 5-15),考虑定量检测的问题,最终放弃 IonPac AS22 色谱柱而选用 Bio WAX 柱。

流动相 pH 选择:使用弱碱性流动相 NH_4NO_3(pH=8.0,色谱柱为 Bio WAX 柱),虽然不同形态砷化合物分离度更好,但丢失了 Cr(Ⅲ)的色谱峰。从 $Cr(OH)_3$ 的溶度积常数 $K_{sp}=6.3\times10^{-31}$,可以计算得到在 pH=6.6 时 Cr^{3+} 开始水解形成 $Cr(OH)_3$,因此在碱性环境下无法在色谱柱上得到 Cr(Ⅲ)色谱峰(见图 5-16)。

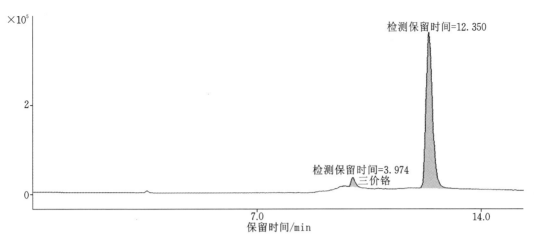

图 5-14　**IonPac AS22 色谱柱 Cr(Ⅲ)和 Cr(Ⅵ)**

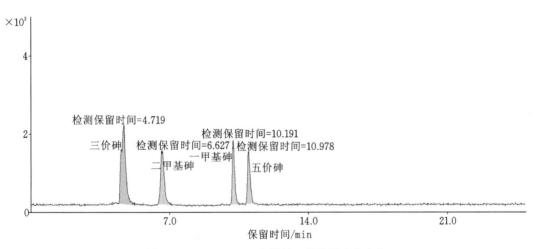

图 5-15　**IonPac AS22 色谱柱 4 种砷形态化合物**

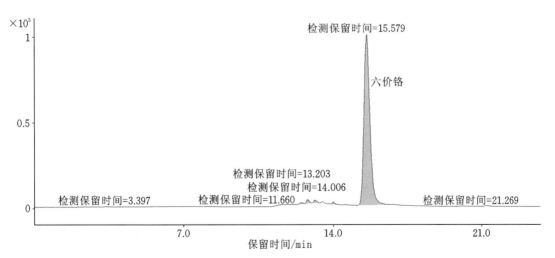

图 5-16　**Bio WAX 柱单一流动相 NH₄NO₃(pH＝8.0)Cr 色谱图**

当流动相 NH_4NO_3 溶液浓度超过某一浓度,As(Ⅲ)、二甲基砷和一甲基砷不能实现良好的分离(见图 5-17)。当流动相 NH_4NO_3 浓度为 20 mmol/L 时,As 化合物色谱图上没有实现二甲基砷和一甲基砷的完全分离(见图 5-18);当 NH_4NO_3 浓度为 5 mmol/L 时,As 化合物能实现良好的分离(见图 5-19)。

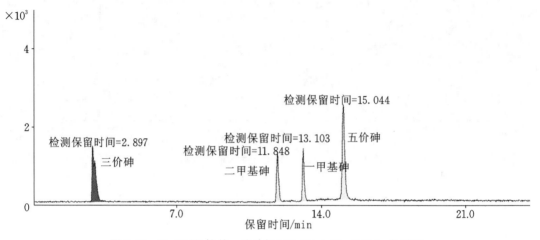

图 5-17　Bio WAX 柱单一流动相 NH_4NO_3(pH=8.0)As 色谱图

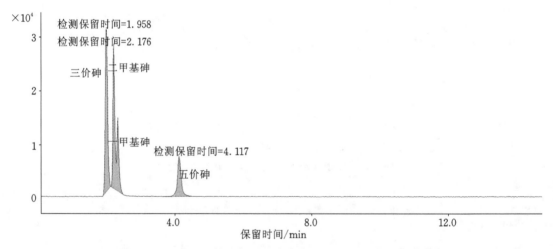

图 5-18　Bio WAX 柱 NH_4NO_3 浓度为 20 mmol/L 时 As 色谱图

最终确定的色谱条件为:Agilent Bio WAX 柱(4 cm×25 cm),流动相 A 为 5 mmol/L 硝酸铵(pH=6.5),流动相 B 为 20 mmol/L 硝酸铵(pH=6.5);流动相梯度程序为 $t=0.0\sim4.0$ min,100%A,$t=4.0\sim20$ min,100%B,$t=20\sim30$ min,100%A;柱温箱保持室温,进样量:50 μL;流速:0.8 mL/min。样品前处理采用 0.4% 的盐酸超声萃取,然后用离心管离心后再用 0.45 μm 水相滤膜过滤(见图 5-20 和图 5-21)。

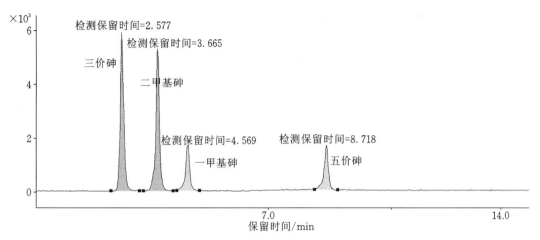

图 5-19　Bio WAX 柱 NH₄NO₃ 浓度为 5 mmol/L 时 As 色谱图

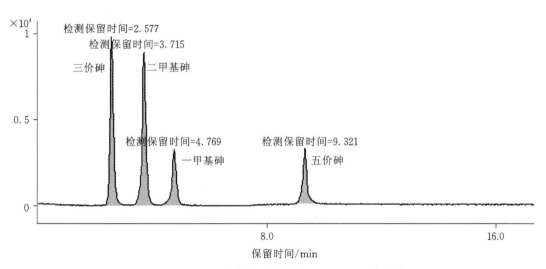

图 5-20　Bio WAX 柱最终确定条件下 As 不同形态色谱图

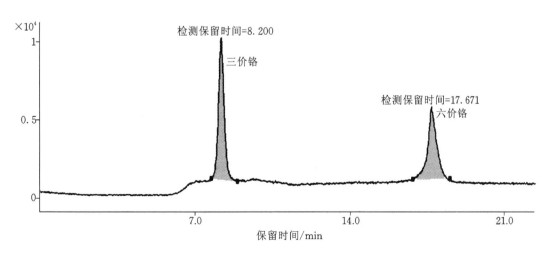

图 5-21　Bio WAX 柱最终确定条件下 Cr 不同形态色谱图

参 考 文 献

［1］ Tortajada-Genaro L A，Campins-Falcó P. Multivariate standardization for non-linear calibration range in the chemiluminescence determination of chromium［J］. Talanta，2007，72(3)：1004-1012.

［2］ Waraporn S，Jirasak T，Li Haifang，et al. Determination of chromium（Ⅲ）and total chromium using dual channels on glass chip with chemiluminescence detection［J］. Talanta，2007，71(5)：2062-2068.

［3］ 杨倩，曹珣.用连续流动分光光度法测定水中的六价铬［J］.科技创新导报，2010(14)：131-132.

［4］ 黄丽，陈润秋，杨敏.连续流动分析法测定水质中六价铬的方法研究［J］.2004，14(6)：680-681.

［5］ 龚正君，肖新峰，张新申.流动注射-光度法检测废水中六价铬的研究［J］.工业水处理，2009，29(5)：75-77.

［6］ 牛增元，叶曦雯，王英杰，等.固相萃取柱脱色测定染色皮革中的六价铬［J］.中国皮革，2006，35(11)：35-38.

［7］ 张见立，王全杰，汤克勇.活性炭吸附脱色——分光光度法测定深色革样中的六价铬［J］.中国皮革，2007，36(11)：43-45.

［8］ Shona Mc Sheehy，Martin Nash.高效液相色谱与电感耦合等离子体质谱联用测定矿泉水中的三价铬与六价铬［J］.环境科学，2009，28(4)：618-620.

［9］ 朱敏，林少美.离子色谱-电感耦合等离子体质谱联用检测尿样中的三价铬和六价铬［J］.浙江大学学报：理学版，2007，34(3)：326-329.

［10］ 王华建，黎艳红，丰伟悦，等.反相离子对色谱-电感耦合等离子体质谱联用技术测定水中痕量 Cr（Ⅲ）与 Cr（Ⅵ）［J］.分析化学，2009，9(3)：433-436.

［11］ 王骏，胡梅，张卉，等.液相色谱-质谱法对饮用水中六价铬的测定［J］.分析测试学报，2009，28(12)：1468-1470.

第六章　无机元素测量不确定度

第一节　测量不确定度

一、测量不确定度与误差

JJF 1001—2011《通用计量术语及定义》中对测量不确定度做了如下定义:测量不确定度(measurement uncertainty),根据所用到的信息,表征赋予被测量量值分散性的非负参数。《测量不确定度表示导则》(guide to the expression of uncertainty in measurement,简称GUM)中给出的定义是:与测量结果相联系的参数,表征合理地赋予被测量之值的分散性。

误差的定义是被测量的单个结果和真值之差,从定义看,测量不确定度表示的是被测量值的分散性,其与误差是有区别的。其区别主要有以下几点。

(1)误差表示测量结果对真值的偏离量,因此它是一个确定的差值,在数轴上表示为一个点。而测量不确定度表示被测量之值的分散性,它以分布区间的半宽度表示,因此在数轴上它表示一个区间。

(2)误差通常分为随机误差和系统误差两类。随机误差表示测量结果与无限多次测量结果的平均值(也称为总体均值)之差,而系统误差则是无限多次测量结果的平均值与真值之差,因此它们都是对应于无限多次测量的理想概念。由于实际上只能进行有限次测量,因此只能用有限次测量的平均值,即样本均值作为无限多次测量结果平均值的估计值。也就是说,在实际工作中我们只能得到随机误差和系统误差的估计值。

而不确定度是根据对标准不确定度的评定方法不同而分成 A 类评定和 B 类评定两类,它们与"随机误差"和"系统误差"的分类之间不存在简单的对应关系。"随机"和"系统"表示两种不同的性质,而"A 类"和"B 类"表示两种不同的评定方法。

(3)误差的概念与真值相联系,而系统误差和随机误差又与无限多次测量的平均值有关,因此它们都是理想化的概念。实际上只能得到它们的估计值,因而误差的可操作性较差。而不确定度则可以根据实验、资料、经验等信息进行评定,从而是可以定量操作的。

(4)误差表示两个量的差值。当测量结果大于真值时误差为正值,当测量结果小于真值时误差为负值。不确定度以分散性区间的半宽度表示,不确定度是由方差经开方后得到,所以恒为正值。

(5)误差和不确定度的合成方法不同。误差是一个确定的值,对各误差分量进行合成时,采用代数相加的方法。不确定度表示一个区间,因此当对应于各不确定度分量的输入量彼此不相关时,用方差方法进行合成。

(6)已知系统误差的估计值时,可以对测量结果进行修正,得到已修正的测量结果。修正值即为系统误差的反号,但不能用不确定度对测量结果进行修正。修正后的分析结果可能非常接近于被测量的数值,因此误差可以忽略,但是不确定度可能还是很大,因为分析人员对于测量结果的接近程度没有把握。

(7)测量结果的不确定度表示在重复性或复现性条件下被测量之值的分散性,因此测量不确定度仅与测量方法有关,而与具体测得的数值大小无关。此处所述的测量方法应包括测量原理、测量仪器、测量环境条件、测量程序、测量人员,以及数据处理方法等。测量结果的误差仅与测量结果以及真值有关,而与测量方法无关。

(8)测量误差和测量不确定度都可用来描述测量结果,测量误差是描述测量结果对真值的偏离,而测量不确定度则描述被测量之值的分散性。测量结果可能非常接近真值,此时其误差很小,但由于对不确定度来源认识不足,评定得到的不确定度可能很大。也可能测量误差实际上较大,但由于分析估计不足,评定得到的不确定度可能很小,例如当存在还未发现的较大误差时。

(9)误差是通过实验测量得到的,而不确定度是通过分析评定得到的。由于误差等于测量结果减去被测量的真值,因此只有在已知约定真值的条件下才能通过测量结果得到误差,因此误差是由测量得到的,而不可能由分析评定得到。不确定度则可以通过分析评定得到,当然有时还得辅以必要的实验测量。

(10)当了解被测量的分布时,可以根据置信概率求出置信区间,而置信区间的半宽度则可以用来表示不确定度,而误差则不存在置信概率的概念。

(11)测量结果的不确定度并不可以解释为代表了误差本身或修正后的残余误差。

二、测量不确定度发展历史

1963年美国国家标准局(NBS)的数理统计专家Eisenhart先生在进行"仪器校准系统的精度和准确度估计"时提出了定量表示不确定度的建议,受到了国际社会的普遍关注。在此基础之上,NBS研究和推广测量保证方案时,对不确定度的定量表示方式有了进一步的发展,促使不确定度逐渐被测量领域所接受和广泛使用,但在具体的表示方法方面还很不统一,而且经常有不确定度与误差同时并用的现象。

20世纪70年代,国际计量委员会(CIPM)下设的电离辐射咨询委员会的会议上,在讨论检定证书中应如何表达测量结果时,由于提出的几种方案未取得一致意见而最终未作出决定,后将这一问题提交给了国际计量局(BIPM),当时认为的主要问题是解决系统误差与随机误差的合成方法问题。

1980年,BIPM专门成立了不确定度表述工作组,在广泛征求各国意见的基础上起草了一份建议书,即INCI(1980)《实验不确定度表述》,该建议书向各国推荐了不确定度的表示原则,从而使测量不确定度的表示方法逐渐趋于统一。1981年,第70届国际计量委员会对该建议进行了专题讨论并批准发布为CI-1981《不确定度表示建议书》。1986年,CIPM再次重申采用该推荐书的测量不确定度表示的统一方法,并又发布了一份CIPM建议书:CI-1986。

在该建议书的基础上,国际计量局(BIPM)、国际标准化组织(ISO)、国际电工委员会(IEC)、国际法制计量组织(OIML)、国际理论与应用物理联合会(IUPAP)、国际理论与应用化学联合会(IUPAC)和国际临床化学联合会(IFCC)等国际组织成立了专门工作组,共同制定并发布了《测量不确定度表示导则》(guide to the expression of uncertainty in measurement,简称 GUM)。GUM 对所采用术语的定义、概念、测量不确定度的评定方法以及不确定度报告的表示方法都做了明确的统一规定。为不同国家和地区,以及不同测量领域在表示测量结果及其不确定度时,具有相同的含义。

1993 年,与 GUM 相呼应,为了使不确定度表示的术语和概念相一致,发布了《国际通用计量学基本术语》(international vocabulary of basic and general terms in metrology,简称 VIM)。这两个文件为在全球统一采用测量结果的不确定度评定和表示奠定了基础。国际实验室认可合作组织(ILAC)也表示承认 GUM。也就是说,在各国的实验室认可工作中,无论是校准实验室还是检测实验室,在进行测量结果的不确定度评定时均应以 GUM 为基础。这也表明了 GUM 和 VIM 两份文件的权威性。

GUM 发布之后,一些国家计量院和国际组织也先后制定并发布了相应的测量不确定度评定规范性指南。1993 年,美国标准核技术研究院(NIST)发布《NIST 测量结果不确定度评定和表示指南》。1995 年,欧洲分析化学中心(EURACHEM)发布《分析化学测量不确定度评定指南》(quantifying uncertainty in analytical measurement)。1997 年,EURACHEM 与分析化学国际溯源性合作组织(CITAC)协商,邀请国际原子能机构(IAEA)、欧洲认可组织(EA)和美国官方分析化学家协会(AOAC)的代表(来自美、英、德、中、日、澳的专家)组成工作组,共同讨论、修改 EURACHEM Guide,并于 2000 年作为国际性指南文件(EURACHEN/CITAC Guide)发布,使其成为全球分析化学测量不确定度评定指南。

随着国际上合格评定工作的开展,测量不确定度评定不仅应用于物理学、化学、实验室医学、生物学、工程技术测量领域,而且还应用于诸如生物化学、食品科学、司法科学和分子生物学等测量领域。因此急需对 VIM-2 进行修订,以涵盖各测量领域的名词术语。1997年,由起草《测量不确定度表示导则》(GUM)和《国际通用计量学基本术语》(VIM)最初版本的 7 个国际组织组成了计量导则联合委员会(JCGM),由 BIPM 局长担任主席。该联合委员会主持过 ISO 第 4 技术咨询工作组(TAG 4)的工作,最初由 BIPM、IEC、IFCC、ISO、IUPAC、IUPAP 和 OIML 的代表组成,2005 年,国际实验室认可合作组织(ILAC)作为成员参与其工作。JCGM 有两个工作组:第 1 工作组(JCGM/WG1)名为"测量不确定度表示工作组",任务是推广应用及补充完善 GUM;第 2 工作组(JCGM/WG2)名为"VIM 工作组",任务是修订 VIM 及推广其应用。

2004 年,JCGM/WG2 向 JCGM 代表的 8 个组织提交了 VIM 第 3 版的初稿意见和建议,VIM-3 最终稿 2006 年提交 8 个组织批准,于 2007 年发布,并将《国际通用计量学基本术语》更名为 ISO/IEC GUIDE 99:2007《国际计量学词汇—基本和通用概念及相关术语》[international vocabulary of metrology—basic and general concepts and associated terms (VIN)]。VIM-3 首次将化学和实验室医学测量包含进来,同时还加入了一些其他概念,诸如将涉及计量溯源性、测量不确定度、名词属性[一般来自"质量管理的测量",诸如校准(calibration)、检定(verification)、确认(validation)、计量可比性(metrological comparability)、计量兼容性(metrological compatibility)]等的概念纳入进来。

2008 年,JCGM/WG1 将 1995 版 GUM 提交给 JCGM,以 ISO、IEC、BIPM、OIML、IUPAC、IUPAP、IFCC 和 ILAC 等 8 个国际组织的名义发布,并命名为 ISO/IEC GUIDE 98-3:2008《测量不确定度—第 3 部分:测量不确定度表示导则》[uncertainty of measurement—part 3:guide to the expression of uncertainty in measurement (GUM:1995)]。

1996 年,中国计量科学研究院制定了《测量不确定度规范》。1998 年,发布了 JJF1001《通用计量术语和定义》,1999 年,发布了 JJF 1059—1999《测量不确定度评定与表示》。其基本概念、评定和表示方法与 GUM 一致。这两个文件构成了我国进行测量不确定度评定的基础。2005 年,参考 EURACHEM/CITAC Guide,发布了 JJF 1135—2005《化学分析测量不确定度评定》。

1999 年以来,中国合格评定国家认可委员会(CNAS)先后发布了一系列测量不确定度评定规范文件或指南性文件,其中包括 CNAS-CL07《测量不确定度评估和报告通用要求》、CNAS-GL05《测量不确定度要求的实施指南》、CNAS-GL06《化学领域不确定度指南》、CNAS-GL07《电磁干扰测量中不确定度的评估指南》等。这些规范和指南性文件构成了我国实验室认可中测量不确定度评定的框架。

三、测量不确定度评定意义

测量是科学技术、工农业生产、国内外贸易以至日常生活各个领域中不可缺少的一项工作,当然烟草领域也不例外。测量的目的是确定被测量的值或测量结果。测量结果的质量,往往会直接影响国家和企业的经济利益。此外,测量结果的质量还是科学实验成败的重要因素之一。测量结果有时还会影响到人身安全,测量结果和由测量结果得出的结论,还可能成为决策的重要依据。

当对物质的特性量值进行测量时,由于测定用的仪器和工具的限制,测试方法的不完善,分析操作和测试环境的变化,测试人员本身的技术水平、经验等方面的影响,实际分析检测结果总是不可避免地带有一定误差。人们在实际的分析过程中往往不能得到所谓的真值,而只能对其作出相对准确的估值。如何正确表达这种含有误差的分析结果?如何评价结果的准确可靠程度?这在分析测试工作特别是理化检验中是十分重要的问题。随着分析化学的发展,分析仪器自动化程度的提高,分析数据的获取愈来愈快速,测量向着准确、快速、灵敏的方向发展。因此,正确地估计分析检测过程的测量误差是十分必要的。

当完成测量时,应该给出测量结果。但如果在报告测量结果时,未给出其可信程度或可信的范围,这种测量结果是不完整的。必须对其测量质量给出定量说明,以确定测量结果的可信程度。测量不确定度就是对测量结果有效性的可疑程度或不肯定程度的评价,测量结果的可用性很大程度上取决于其不确定度的大小。所以,测量结果必须附有不确定度说明才是完整的并有意义的。测量不确定度是对测量结果可能误差的度量,也是定量说明测量结果质量好坏的一个参数,因此它是一个与测量结果相联系的参数。一个完整的测量结果,除了应给出被测量的最佳估计值之外,还应同时给出测量结果的不确定度。误差的使用经常出现概念混乱的情况,因为误差是测量结果与真值之差,而真值是不可能得到的。误差的评定方法不统一,由于系统误差和随机误差是两个性质不同的量,在两个量的合成方法上各国之间不一致。

　　一方面测量本身确实存在误差,另一方面在实验室之间,在不同分析方法之间也存在误差,这些均需要对其开展研究。研究误差的目的并非要消除误差,因为这往往是办不到的,而且为了进一步减小误差,通常要花费大量的劳力和代价。研究误差的目的是要对自己实验所得的数据进行处理,从而判断其最接近的值是多少,其可靠性如何,正确地处理数据,充分利用数据信息,以便得到更加接近真值的最佳结果,合理地计算所得结果的误差。既不能将误差算得过小,以免对生产造成危害,也不能将误差算得过大,以免造成人力、设备的浪费。研究误差理论可以帮助我们正确地组织实验和测量,合理地设计仪器,选用仪器和测量方法,从而使我们以最经济的方式获得最有效的结果。在数据处理中首先要解决的问题就是选择真值的最佳估计值和确定该估计值与真值间的合理误差。

　　测量不确定度评定的目的是要求各国所进行的测量和所得的测量结果具有统一的评定标准,以便能够相互比对,取得互认并达成共识。为能统一地评价测量结果的质量,1963 年原美国标准局(NBS)的数理统计专家 Eisenhart 提出了测量不确定度的概念。测量不确定度的概念以及不确定度的评定和表示方法的采用,是计量科学的一个新进展。用测量不确定度来统一评定测量结果的质量,是科技交流和国际贸易发展的要求,是国际贸易和技术交流不可缺少的,它可使各国进行的测量和得到的结果进行相互比对。不确定度在实验室认可中可以作为考核项目,用于考核实验室检测技术水平和数据准确性。

　　20 世纪 80 年代以来,测量不确定度评定和表示方法已经在世界各国的很多实验室和计量机构使用。1993 年 ISO 发布了《测量不确定度表示导则》(guide to expression of uncertainty in measurement,简称 GUM)。1999 年我国颁布实施了 JJF 1059—1999《测量不确定度评定与表示》(等效采用由国际组织制定的《测量不确定度表示导则》),并被中国实验室国家认可委员会引用为《测量不确定度政策》规范文件。该文件要求各国内实验室尽可能给出所有项目的不确定度,作为考核实验室检测技术水平和数据准确性的重要手段。目前,虽然部分实验室均在努力探索研究本实验室测量结果的不确定度,但由于不确定度是一个相对较新的概念,确定各指标的测量不确定度涉及测量原理、测量方法、数理统计等方面的知识,有一定的技术难度。

　　ISO/IEC17025《检测和校准实验室的能力的通用要求》(1999)规定,检测实验室必须制定测量不确定度评定的程序,并且还应该在具体的检测工作中应用这些程序来进行测量不确定度的评定。中国实验室认可委员会在其《测量不确定度政策》中也规定"鉴于测量不确定度在检测、校准和合格评定中的重要性和影响,CNAL 遵循下列原则:对测量不确定度予以足够的重视,以满足有关各方的需求和期望;始终遵循国际规范的相关要求,与国际组织的要求保持一致。"

四、测量不确定度评定过程中常用术语

1.被测量或拟测量的量

被测量或拟测量的量是指作为测量对象的特定量。

2.测量结果

测量结果是指由测量所得到的赋予被测量的值及其有关的信息。

3.影响量(influence quantity)

影响量是指在测量中不是实际测量的量,但会影响测量结果的量。

4.标准偏差(standard deviation)

标准偏差是指对同一被测量作 n 次测量,表征测量结果分散性的量。一般用符号 s 表示。n 次测量某个被测量的实验标准差可按贝塞尔公式进行计算:

$$s = \sqrt{\frac{\sum_{i=1}^{n}(x_i - \overline{x})^2}{n-1}}$$

5.测量误差(measurement error)

测量误差是指测量结果减去被测量的真值。

6.测量不确定度(measurement uncertainty)

前面已给出定义。

7.标准不确定度(standard uncertainty)

标准不确定度是指以标准偏差表示的测量不确定度。

8.测量不确定度 A 类评定(type A evaluation of measurement uncertainty)

对在规定测量条件下测得的量值,用统计分析的方法进行的测量不确定度分量评定称为不确定度 A 类评定。所述的测量条件是指重复性测量条件、期间精密度测量条件或再现性测量条件。

9.测量不确定度 B 类评定(type B evaluation of measurement uncertainty)

用不同于测量不确定度 A 类评定的方法进行的测量不确定度分量的评定统称为不确定度 B 类评定。B 类评定一般基于以下信息:
(1)权威机构发布的量值;
(2)有证标准物质的量值;
(3)校准证书;
(4)仪器的漂移;
(5)经检定的测量仪器准确度等级;
(6)依据实验人员的经验推断的极限值等。

10.合成标准不确定度

由在一个测量模型中各输入量的标准测量不确定度获得的输出量的标准测量不确定度称为合成标准不确定度。在测量模型中输入量相关的情况下,当计算合成标准不确定度时必须考虑不同输入量间的协方差。

11.相对标准不确定度

相对标准不确定度是指标准不确定度与测得值的比值。

12.扩展不确定度(expanded uncertainty)

扩展不确定度是指合成标准不确定度与包含因子的乘积。其中的包含因子取决于测量模型中输出量的概率分布类型及所选取的包含概率。

13.包含概率(coverage probability)

包含概率是指在规定的包含区间内包含被测量的一组值的概率。为避免与统计学概念混淆,此处不应把概率称为置信水平。

14.包含区间(coverage interval)

包含区间是指基于可获得信息确定的包含被测量一组值的区间,被测量值以一定的概率落在该区间之内。包含区间不一定以所选测得值为中心。包含区间一般可由扩展不确定度导出,为避免与统计学概念混淆,此处不应把包含区间称为置信区间。

15.包含因子(coverage factor)

包含因子是指为获得扩展不确定度,对合成标准不确定度所乘的大于1的数。

16.测量模型(measurement model)

测量模型简称为模型,即测量中涉及的所有已知量间的数学关系。在有两个或两个以上输出量的复杂情况下,测量模型可以包含一个以上的方程。测量模型的通用形式是方程:$h(Y, X_1, X_2, \cdots, X_n) = 0$,其中测量模型中的 Y 是被测量输出量,其量值由测量模型中的输入量 $X_1, X_2, \cdots, X_n$ 的有关信息推导计算所得。

17.测量函数(measurement function)

在测量模型中,由输入量的已知量值计算得到的值即为输出量的测得值,输入量与输出量之间的函数关系称为测量函数。

18.输入量(input quantity)

输入量是指为计算被测量的测得值而必须测量的量,或者可由其他方式获得量值的量。例如:当被测量是在规定温度下某溶液的体积时,则实际温度、在实际温度下的体积以及该溶剂的热膨胀系数等均为测量模型中所需的输入量。测量模型中的某一个输入量往往是另外某个系统的输出量。

19.输出量(output quantity)

输出量是指用测量模型中输入量的值计算得到的被测量的量值。

20.不确定度报告(uncertainty budget)

对测量不确定度的陈述,一般包括测量不确定度的分量及其计算和合成。不确定度报告一般应包括测量模型、估计值、测量模型中与各个量相关的测量不确定度、协方差、所用概率密度函数的类型、自由度、测量不确定度的评定类型和包含因子等。

第二节　不确定度评定的数理基础

一、频数、频率

频数:又称次数,在一组依大小顺序排列的测量值中,当按一定的组距(间隔)将其分组时,每一组中测量值的数目称为该组的频数。

频率:某个组的频数与样本容量的比值叫作这个组的频率。频率=频数÷样本容量。

概率:其统计定义是在一定条件下,重复做 n 次实验,nA 为 n 次实验中事件 A 发生的次数,如果随着 n 逐渐增大,频率 nA$/n$ 逐渐稳定在某一数值 p 附近,则数值 p 称为事件 A 在该条件下发生的概率,记做 $P(A)=p$。也可理解为频率的稳定值。

为了更直观地表示测量结果的波动性,可以用频数直方图或频率直方图来表示测量结果。频数直方图是频数分布表的图示形式,频数直方图是在频数分布表的基础上作出的,以各组边界值画横轴,纵轴为频数,组距 h 为宽,频数为高的直方。频率直方图的基本作法与频数直方图的作法相同。其作法是:横轴仍采用以各边界值分组的数轴。纵轴以频率取代频数直方图中的频数。图中的直方仍以组距为宽,但以每组的频率画出。频率直方图能使我们直观地了解数据在每一组中所占比例的变化情况。

SPSS 软件可以根据测量数据方便地绘制频数或频率直方图。

二、正态分布

正态分布(normal distribution):又名高斯分布(Gaussian distribution),它是一种概率分布。正态分布是具有两个参数 μ 和 σ^2 的连续型随机变量的分布,通常记作 $N(\mu,\sigma^2)$。第一参数 μ 是位置参数,表示正态分布随机变量的均值;第二个参数 σ^2 是形状参数,表示正态分布随机变量的方差,所以正态分布记作 $N(\mu,\sigma^2)$。遵从正态分布的随机变量的概率规律为取 μ 邻近的值的概率大,而取离 μ 越远的值的概率越小;σ 越小,分布越集中在 μ 附近,σ 越大,分布越分散。正态分布的概率密度函数曲线呈钟形,因此人们又经常称之为钟形曲线。当 $\mu=0$,$\sigma=1$ 时,称为标准正态分布,记作 $N(0,1)$。

正态分布概率密度函数为:

$$F(X)=\frac{1}{\sqrt{2\pi}\sigma}e^{-\frac{(x-\mu)^2}{2\sigma^2}} \qquad (-\infty<x<\infty) \tag{6-1}$$

正态分布图形如图 6-1 所示。

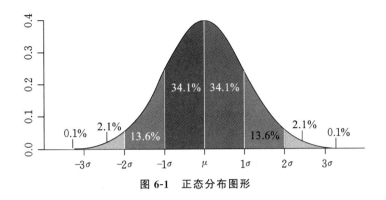

图 6-1　正态分布图形

1.正态分布特点

(1)曲线以 μ 为对称轴,曲线最高点的横坐标为正态分布的均值,用 μ 表示;对于正态分布,随机变量 X 在 μ 附近出现的概率最大。当 X 向左右远离 μ 时,事件 X 出现的概率随分布曲线的下降而迅速下降。

(2)当 μ 和 σ 确定后,正态分布曲线就确定了。我们常把 μ 称为分布的位置参数;σ 称为形状参数。σ 值越小,曲线越陡,数据的离散性也越小;σ 值越大,曲线越平,数据的离散性也越大。图 6-2 所示为 σ 分别是 0.5、1 和 2 的三种正态分布的图形。

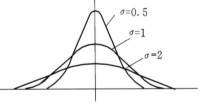

图 6-2　不同 σ 值正态分布图形

(3)从理论上讲,曲线对横轴是渐近的。它有如下质量管理中的重要结论:

总体数值落在 $\mu\pm1\sigma$ 界限内的概率是 38.26%;落在 $\mu\pm1.96\sigma$ 界限内的概率是 95%;落在 $\mu\pm2\sigma$ 界限内的概率是 95.46%;落在 $\mu\pm3\sigma$ 界限内的概率是 99.73%。如图 6-3 所示。

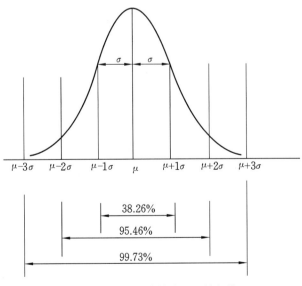

图 6-3　曲线对横轴的渐近性规律

2.正态分布检验方法

虽然频数直方图或者频率直方图可以直观地显示数据的分布,但要对数据正态性进行检验,还需精确计算结果并加以验证,通常有以下几种方法。

1)偏态系数和峰态系数

偏态系数:又叫偏差系数(deviation coefficient),它是用来说明随机变量分配不对称程度的统计参数,偏态系数绝对值越大,偏斜越严重。对称分布的偏态系数为0,若偏态系数为正,则为右偏分布;偏态系数为负,则为左偏分布。

峰态系数(coefficient of kurtosis):又叫峰度,它是反映频数分布曲线顶端尖峭或扁平程度的统计量。正态分布的峰度为0,其他分布的峰度是以正态分布为标准描述该分布密度形状为陡峭或平坦的数字特征。当峰度值大于0时为尖峰分布,数据分布较集中;当峰度值小于0时为扁平分布,数据分布较分散。

偏态系数和峰态系数的计算方法为:假设对某个待测量进行测定,得到一组独立测量结果,将数据按照由小到大顺序排列,测量结果表示如下:

$$X_1, X_2, X_3, \cdots, X_n (X_1 \leqslant X_2 \leqslant X_3 \leqslant \cdots \leqslant X_n)$$

依次计算如下统计量:

$$\overline{X} = \frac{\sum\limits_{i=1}^{n} X_i}{n} \tag{6-2}$$

$$m_2 = \frac{\sum\limits_{i=1}^{n} (X_i - \overline{X})^2}{n} \tag{6-3}$$

$$m_3 = \frac{\sum\limits_{i=1}^{n} (X_i - \overline{X})^3}{n} \tag{6-4}$$

$$m_4 = \frac{\sum\limits_{i=1}^{n} (X_i - \overline{X})^4}{n} \tag{6-5}$$

$$A = \frac{|m_3|}{\sqrt{(m_2)^3}} \tag{6-6}$$

$$B = \frac{m_4}{(m_2)^2} \tag{6-7}$$

A 即为偏态系数,用来检验不对称性;B 为峰态系数,用来检验峰态。对于服从正态分布的测量数据,A 值应该小于临界值,B 值应该落在相应的区间范围内。A 的临界值和 B 的区间范围与置信概率 P 和测量次数 n 有关,通过查表可得到 A 的临界值和 B 的区间范围(给定 P 和 n 值)。

2)夏皮罗-威尔克(Shapiro-Wilk)检验

该检验方法的统计量为:

$$W = \frac{\left\{\sum \alpha_k \left[X_{n+1-k} - X_k \right]\right\}^2}{\sum_{k=1}^{n} (X_k - \overline{X})^2}$$

式中:分子下标的 k 值,对于测量次数 n 是偶数时,取值为 $(1-n)/2$,对于测量次数为奇数时,取值为 $[1-(n-1)]/2$;

α_k 是与 n 和 k 有关的特定值(可以查表得到);

$\overline{X}$ 是测量结果的算术平均值。

使用夏皮罗-威尔克检验时,首先把数据按照由小到大进行排列,然后计算统计量 W,当 $W > W(n, P)$ 时,测量数据服从正态分布。$W(n, P)$ 是与置信概率 P 和测量次数 n 有关的数值(可查表得到)。

3)达戈斯提诺(D'Agostino)检验

该检验方法的统计量为:

$$Y = \sqrt{n} \left[\frac{\sum \left[\left(\frac{n+1}{2} - k \right) (X_{n+1-k}) \right]}{n^2 \sqrt{m_2}} - 0.28209479 \right] / 0.02998598$$

式中:m_2 由偏度系数公式计算;

n 为测量结果的总数量;

下标 k 的值,对于测量次数 n 是偶数时,取值为 $(1-n)/2$,对于测量次数为奇数时,取值为 $[1-(n-1)]/2$,然后查临界值表,当 Y 值落在区间范围内即服从正态分布(给定 P 和 n 值)。

4)K-S 检验(Kolmogorov-Smirnov test)

该检验方法是基于累积分布函数,通过比较实际频数和期望频数来检验数据的拟合程度,可以用来检验单一样本是否来自某一特定分布,也可以用来检验双样本是否来自同一个分布。当用该方法检验测量数据是否符合正态分布时,其统计量为

$$D_n = \max \left\{ \left| F(X) - F_n(X) \right| \right\}$$

式中:$F(X)$ 是测量数据的累积分布值;

$F_n(X)$ 是正态分布的理论值。

计算得到 D_n 值后,通过查找 K-S 临界值表,得到临界值 $D_{(n,p)}$,若 $D_n \leqslant D_{(n,p)}$,则测量数据服从正态分布。

【示例】

假设一组测量数据为:87,77,92,68,80,78,84,77,81,80,80,77,92,86,76,80,81,75,77,72,81,72,84,86,80,68,77,87,76,77,78,92,75,80,78。数据数量 $n=35$。则可以计算得到均值 $\mu=80$,标准偏差 $\sigma=6$。计算测量结果的累积分布如表 6-1 所示。

表 6-1　K-S 检验计算过程数据

测量结果(X)	次　　数	累积次数	$F(X)$	标准化值	理论分布	D_i 值
68	2	2	0.0571	-2.00	0.0228	0.0291
72	2	4	0.1143	-1.33	0.0934	0.0209

测量结果(X)	次　数	累积次数	$F(X)$	标准化值	理论分布	D_i 值
75	2	6	0.1714	−0.83	0.2033	0.0319
76	2	8	0.2286	−0.67	0.2514	0.0228
77	6	14	0.4000	−0.50	0.3085	0.0915
78	3	17	0.4857	−0.33	0.3707	0.1150
80	6	23	0.6571	0.0	0.500	0.1571
81	3	26	0.7429	0.17	0.5675	0.1754
84	2	28	0.8000	0.67	0.7486	0.0514
86	2	30	0.8571	1.00	0.8413	0.0158
87	2	32	0.9143	1.17	0.8790	0.0353
92	3	35	1.0000	2.00	0.9772	0.0228

表 6-1 中 $F(X)$ 和标准化值由以下两个公式计算:

$$F(X)=\frac{累积次数}{n}$$

$$标准化值=\frac{X-\mu}{\sigma}$$

理论分布是依据标准化值查标准正态分布表得到的,由表 6-1 中数据可知 $D_i=0.1754$ 为最大值,然后查 K-S 临界值表可以得到 $D(35,0.05)$ 值,比较两个值大小即可判断测量结果是否服从正态分布。

5)软件计算

对于这几种检验方法,最常用的是夏皮罗-威尔克检验或者 K-S 检验,夏皮罗-威尔克检验适合小样本数据的正态性检验,测量数据量较大时用 K-S 检验更加合适。一般情况下,当测量结果数量小于等于 50 时,推荐使用夏皮罗-威尔克检验,当测量结果数量大于 50 时,推荐使用 K-S 检验。许多软件都可以直接计算这两种检验结果,这里推荐使用 Origin 软件,其计算结果可以直接给出统计量和临界值,SPSS 软件和 Minitab 等软件通常给出的是假设检验的显著性值(p 值,注意这里的 p 值不是前面的概率值),一般不会给出临界值。

三、数据集中位置的统计量

1.算数平均值 $\overline{x}$

$$\overline{x}=\frac{\sum_{i=1}^{n} x_i}{n}$$

式中:n 为测量结果个数;

x_i 为第 i 个测量结果。

2.几何平均值 $\overline{x}_G$

$$\overline{x}_G = \sqrt[n]{x_1 x_2 \cdots x_n}$$

3.中位数

将测量结果按由小到大的顺序排列,属于中间位置的测量值称为中位数(若测量个数为偶数,则为居中的相邻两数的平均值)。

4.众数

在数值的频数分布表中,使频数达到最大值的那个数即为众数。

四、数据离散程度的统计量

1.方差

设 X 是一个随机变量,若 $E\{[X-E(X)]^2\}$ 存在,则称 $E\{[X-E(X)]^2\}$ 为 X 的方差,记为 $D(X)$,即 $D(X)=E\{[X-E(X)]^2\}$。

方差的计算公式为:

$$D(X) = E[X-E(X)]^2 = E(X^2) - [E(X)]^2$$

式中:$E(X)$ 是随机变量 X 的数学期望。

方差的几个重要性质如下:

设 C 是常数,则有

$$D(C) = 0$$

设 X 是随机变量,C 是常数,则有

$$D(CX) = C^2 D(X), D(X+C) = D(X)$$

设 X、Y 是两个随机变量,则

$$D(X+Y) = D(X) + D(Y) + 2E\{[X-E(X)][Y-E(Y)]\}$$

若 X、Y 相互独立,则有

$$D(X+Y) = D(X) + D(Y)$$

$D(X)=0$ 的充要条件是 X 以概率 1 取常数 $E(X)$,即

$$P\{X=E(X)\} = 1$$

2.标准偏差 s

$$s = \sqrt{\frac{\sum_{i=1}^{n}(x_i-\overline{x})^2}{n-1}}$$

若对 x_i 作线性变换,$y_i = c x_i + b$,其中 c 为常数且不等于 0,则 $s_y = c s_x$。

3.变异系数(coefficient of variation)

$$CV = \frac{s}{\overline{x}}$$

变异系数是一个无量纲的统计量,如果两组数据的测量尺度相差太大,或者数据量纲不同,变异系数比标准偏差更适合反映测量结果的离散程度。

4.极差

一组测量数据中最大值和最小值之差即为极差。

五、协方差和相关系数

定义:量 $E\{[X-E(X)][Y-E(Y)]\}$ 称为随机变量 X 与 Y 的协方差,写为 $\mathrm{Cov}(X,Y)$,即

$$\mathrm{Cov}(X,Y)=E\{[X-E(X)][Y-E(Y)]\}=E(XY)-E(X)E(Y)$$

而 $\rho_{XY}=\dfrac{\mathrm{Cov}(X,Y)}{\sqrt{D(X)}\sqrt{D(Y)}}$ 称为随机变量 X 和 Y 的相关系数。

对于任意两个随机变量 X 和 Y,有

$$D(X\pm Y)=D(X)+D(Y)\pm 2\mathrm{Cov}(X,Y)$$

协方差具有下述性质:

$$\mathrm{Cov}(X,Y)=\mathrm{Cov}(Y,X),\mathrm{Cov}(aX,bY)=ab\mathrm{Cov}(X,Y)$$
$$\mathrm{Cov}(X_1+X_2,Y)=\mathrm{Cov}(X_1,Y)+\mathrm{Cov}(X_2,Y)$$

定理:$|\rho_{XY}|\leqslant 1$;

$|\rho_{XY}|=1$ 的充要条件是,存在常数 a、b 使 $P\{Y=a+bx\}=1$。

当 $\rho_{XY}=0$ 时,称 X 和 Y 不相关。

第三节　测量不确定度评定过程

一、建立测量模型

清楚地写明需要测量什么,包括被测量和被测量所依赖的输入量的关系。建立被测量(输出量 y)和输入量(x_i)之间的函数关系式,即测量模型。

$$y=f(x_1,x_2,\cdots,x_N)$$

二、识别不确定度来源

通楚对测量过程的详细描述,列出所有不确定度的可能来源。典型的不确定度来源包括:

(1)对被测量的定义不完整;

(2)复现被测量定义的方法不理想;

(3)取样的代表性不够,即被测量的样本不能完全代表所定义的被测量;

(4)对测量过程受环境影响的认识不周全或对环境条件的测量和控制不完善;

(5)对模拟式仪器的读数存在人为偏差(偏移);

(6)测量仪器计量性能(如灵敏度、鉴别力阈、分辨力、死区及稳定性等)的局限性;

（7）赋予计量标准的值或标准物质的值不准确；

（8）引入的数据和其他参量的不确定度；

（9）与测量方法和测量程序有关的近似性和假定性；

（10）在表面上完全相同的条件下被测量在重复观测中的变化。

这些来源不一定是相互独立的，有些来源可能对其他来源有贡献。当然未识别的系统影响不可能在测量结果的不确定度评定中考虑到，但其对误差有贡献。

三、不确定度分量的量化

测量不确定度一般是由若干分量组成，每个分量用其概率分布的标准偏差估计值表征，称为标准不确定度，标准不确定度表示的各个分量用 $u(x_i)$ 表示。按不确定度评定方法的不同将不确定度分为两类：A 类和 B 类。

1. A 类评定

A 类标准不确定度是由一系列重复观测值计算得到的。其常用的统计量是平均值和标准偏差 (s)，A 类标准不确定度常用重复测量的标准偏差 (s) 表示。

2. B 类评定

B 类标准不确定度一般不是直接观测得到，而是依据已有的信息进行评定。评估的信息来源可来自：校准证书、检定证书、生产厂的说明书、检测依据的标准、引用手册的参考数据、以前测量的数据、相关材料特性的知识等。根据所提供的信息，先确定输入量 X 的不确定度区间 $[-a, a]$ 或误差的范围，其中 a 为区间的半宽。然后根据该输入量 X 在不确定度区间 $[-a, a]$ 内的概率分布情况确定包含因子 k，则 B 类标准不确定度 $u(x_i)$ 为：

$$u(x_i) = \frac{a}{k}$$

当假设为正态分布时，k 值可以依据要求的概率通过查表 6-2 得到；当假设为非正态分布时，k 值可以通过查表 6-3 得到。

表 6-2　正态分布下概率与包含因子 k 之间的关系

P	0.68	0.90	0.95	0.9545	0.99	0.9973
k	1.0	1.645	1.960	2.0	2.576	3.0

表 6-3　非正态分布包含因子 k 取值

分 布 类 别	$P/\%$	k
三角	100	$\sqrt{6}$
梯形	100	2
矩形（均匀）	100	$\sqrt{3}$
反正弦	100	$\sqrt{2}$
两点	100	1

B 类不确定度评定中常用的是三角分布和均匀分布,又以均匀分布最为常见。

四、计算合成不确定度

1.不确定度合成方法

在对各不确定度分量评定基础上,采用方差合成公式即可得到合成不确定度,一般采用各分量的相对不确定度进行合成。不确定度分量合成时需注意两大类情况。

1)各输入量存在显著相关性

如果各输入量 X_i 之间是明显相关时,必须考虑各输入量之间的相关系数和协方差。合成公式为:

$$u_c^2(y) = \sum_{i=1}^{N} \sum_{j=1}^{N} \frac{\partial f}{\partial x_i} \frac{\partial f}{\partial x_j} u(x_i, x_j) = \sum_{i=1}^{N} \left[\frac{\partial f}{\partial x_i} \right]^2 u^2(x_i) + 2 \sum_{i=1}^{N-1} \sum_{j=i+1}^{N} \frac{\partial f}{\partial x_i} \frac{\partial f}{\partial x_j} u(x_i, x_j)$$

$$= \sum_{i=1}^{N} \left[\frac{\partial f}{\partial x_i} \right]^2 u^2(x_i) + 2 \sum_{i=1}^{N-1} \sum_{j=i+1}^{N} \frac{\partial f}{\partial x_i} \frac{\partial f}{\partial x_j} u(x_i) u(x_j) r(x_i, x_j)$$

式中: $r(x_i, x_j) = \dfrac{u(x_i, x_j)}{u(x_i) u(x_j)}$ 为输入量 X_i 和 X_j 的相关系数;

$u(x_i, x_j)$ 为输入量 X_i 和 X_j 的协方差;

偏导数 $\dfrac{\partial f}{\partial x_i}$ 是在 $X_i = x_i$ 时 $\dfrac{\partial f}{\partial X_i}$ 的值,通常称为灵敏度系数,它描述输出量的估计值 y 如何随输入量的估计值 $x_1, x_2, \cdots, x_N$ 的值的变化而变化,为了书写方便,这个偏导数记为 c_i。

2)各输入量相互独立

如果各输入量 X_i 之间相互独立时,此时相关系数 $r(x_i, x_j) = 0$,方差合成公式中可以去掉第二项。

(1)输出量是输入量的线性变换时,即 $y = \sum_{i=1}^{N} c_i x_i$,不确定度可以由各不确定度分量直接合成,合成公式为:

$$u_c^2(y) = \sum_{i=1}^{N} \left[c_i u(x_i) \right]^2$$

(2)输出量和输入量之间的函数表达式是 $Y = c\, X_1^{p_1} X_2^{p_2} \cdots X_N^{p_N}$,其中 p_i 是非零的实数时,合成公式是:

$$\left[\frac{u_c(y)}{y} \right]^2 = \sum_{i=1}^{N} \left[\frac{p_i u(x_i)}{x_i} \right]^2$$

式中: $\dfrac{p_i u(x_i)}{x_i}$ 是各个分量的相对不确定度。

2.实际工作中不确定度合成

由于相关系数的实验测量比较麻烦,因此在进行测量不确定度评定中除非确有必要,一般应尽量避免处理相关性。相关处理方法有以下几种:

(1)采用合适的测量方法和测量程序,尽可能避免输入量之间的相关性。

（2）如果可以选择测量不确定度评定中所采用的输入量,应尽量选用不相关的输入量。

（3）如果已知两个输入量之间存在相关性,若相关性较弱,则可以忽略其相关性。

（4）如果已知两个输入量之间存在相关性,若其本身在合成标准不确定度中不起主要作用,则可以忽略其相关性。

（5）如果已知两个输入量之间存在相关性,若相关性较强,则假定其相关系数为1。

（6）如果已知两个输入量之间存在相关性,若相关系数为负值,则可以忽略其相关性,只要最后得到的扩展不确定度满足要求。

（7）仅在以上方法全部都不适用的情况下,才考虑由实验测量并计算相关系数。

五、扩展不确定度

扩展不确定度 U 等于合成标准不确定度乘以包含因子 k。

$$U = k\,u_c(y)$$

计算得到扩展不确定度后,测量结果就可以表示成 $Y = y \pm U$。它表示被测量 Y 的最佳估计值为 y,被测量 Y 以多少概率落在 $y-U$ 到 $y+U$ 区间内。

包含因子 k 值是根据 $y-U$ 到 $y+U$ 区间所要求的包含概率而选择的,一般 k 值选择在 $2 \sim 3$ 范围内,其中选择 2 对应置信概率为 95%,选择 3 对应置信概率为 99%,实际工作中 k 值常选择 2。

第四节　植物样品中重金属测量不确定度评定示例

以电感耦合等离子体质谱法对植物样品中 Cr、Ni、As、Se、Cd 和 Pb 含量的测量为示例,按照不确定度评定的流程对测量结果不确定度进行评定。

一、测量对象

植物样品中铬、镍、砷、硒、镉和铅的含量。

二、测量依据

采用 ICP-MS 对植物样品中铬、镍、砷、硒、镉和铅含量进行测定。

三、测量条件和测量设备

1.环境条件

测量在化学分析实验室内进行,温湿度符合仪器正常工作的要求(工作温度为 $10 \sim 35\ ℃$,相对湿度小于 95%),无震动、扬尘、电磁干扰等情况。

2.测量设备

分析天平、微波消解仪、赶酸器、纯水仪、ICP-MS。

四、测量过程

称取 0.25 g 样品放入消解罐中,加入消解体系,在微波消解仪中密闭消解后,定容至 50 mL,然后用 ICP-MS 测量,依据标准溶液拟合的标准曲线得到测量结果。

五、测量模型

$$X = \frac{(C-C_0) \times V}{1000 \times m \times (1-w)}$$

式中:X 为样品中铬、镍、砷、硒、镉和铅含量,单位为毫克每千克(mg/kg);

C 为试样中铬、镍、砷、硒、镉和铅测量浓度,单位为微克每升(μg/L);

C_0 为空白试样中铬、镍、砷、硒、镉和铅测量浓度,单位为微克每升(μg/L);

V 为试样定容体积,单位为毫升(mL);

m 为试样称取质量,单位为克(g);

w 为试样含水率,%。

六、不确定度来源

分析整个测量过程,植物样品及植物样品制品中铬、镍、砷、硒、镉和铅的测量结果不确定度来源包括样品称量、样品定容、标准溶液、标准工作溶液配制、标准曲线拟合、含水率、测量重复性等分量。

七、不确定度分量评定

1.样品称量

样品称量所使用的天平计量证书上给出的不确定度为 0.0003 g,按照均匀分布得到其标准不确定度为 0.0003 g,天平测量重复性为 0.0001 g,不考虑实验室温度和湿度影响,可计算出样品称量引入的标准不确定度为 $u_c(m) = \sqrt{0.0003^2 + 0.0001^2}$ g = 0.00032 g。称样量为 0.25 g,可计算得到其相对标准不确定度 $\frac{u_c(m)}{m} = \frac{0.00032}{0.25} = 0.00128$。

2.样品定容

样品最终定容到 50 mL,因为容量瓶没有计量,对容量瓶 8 次注满水称其质量,可得到其标准偏差为 0.31 mL,如表 6-4 所示。样品定容的标准不确定度 $u_c(v_定) = 0.31$ mL。可计算得到其相对标准不确定度 $\frac{u_c(v_定)}{V_定} = \frac{0.31 \text{ mL}}{50 \text{ mL}} = 0.0062$。

表 6-4　容量瓶 8 次注水实验结果　　　　　　　　　　　　　　　　　　mL

次数	1	2	3	4	5	6	7	8
实验结果	50.2	49.9	49.8	50.4	50.3	50.6	49.7	50.1

续表

均值	50.13
标准偏差	0.31

3.标准溶液

所使用的标准溶液 GBW(E)081531 购置于国家标物中心,按照标物证书给出的不确定度,按照均匀分布可得到标准溶液引入的标准不确定度和相对标准不确定度,如表 6-5 所示。

表 6-5　标准溶液不确定度评定结果

元　素	浓度/(μg/mL)	不确定度(证书)	标准不确定度 $u_c(\rho_{stock})/(\mu g/mL)$	相对标准不确定度 $\dfrac{u_c(\rho_{stock})}{\rho_{stock}}$
Cr	50	1%	0.289	0.00578
Ni	50	1%	0.289	0.00578
As	50	1%	0.289	0.00578
Se	100	1%	0.577	0.00577
Cd	50	1%	0.289	0.00578
Pb	100	1%	0.577	0.00577

4.标准工作溶液配制

由 100 μL 和 1 mL 移液枪分别移取一定量标准溶液定容到 50 mL 得到不同浓度的标准工作溶液。

由于 100 μL 和 1 mL 移液枪没有经过计量,所以通过多次移取水计算标准偏差获得标准不确定度和相对标准不确定度,如表 6-6 所示。对于 100 μL 移液枪,其标准不确定度 $u_c(v_{0.1})$ 为 0.00049 mL,相对标准不确定度 $\dfrac{u_c(v_{0.1})}{v_{0.1}}$ 为 0.0049;1 mL 移液枪标准不确定度 $u_c(v_1)$ 为 0.00461 mL,相对标准不确定度 $\dfrac{u_c(v_1)}{v_1}$ 为 0.00461;50 mL 容量瓶标准不确定度 $u_c(v_{50})$ 为 0.14 mL,相对不确定度 $\dfrac{u_c(v_{50})}{v_{50}}$ 为 0.0028。

表 6-6　移液枪多次移取水结果

移液枪量程	第1次移取水结果/mL	第2次移取水结果/mL	第3次移取水结果/mL	第4次移取水结果/mL	第5次移取水结果/mL	第6次移取水结果/mL	第7次移取水结果/mL	第8次移取水结果/mL	平均值/mL	标准偏差/mL	相对标准不确定度
1mL	0.9929	0.9957	1.0025	0.9932	0.9912	0.9925	1.0018	0.9908	0.9951	0.00461	0.00461
100μL	0.0991	0.0994	0.1004	0.0998	0.0996	0.1003	0.0996	0.1004	0.0998	0.00049	0.0049

使用移液枪(量程 100 μL 和 1 mL)和 50 mL 容量瓶由标准溶液通过逐级稀释配制标准工作溶液。首先采用 1 mL 移液枪移取 0.5 mL 标准溶液定容到 50 mL 容量瓶中,得到标准储备液 I(500 μg/L)(标准溶液稀释 100 倍),然后将标准储备液 I 按照表 6-7 所示稀释得到标准工作溶液。

表 6-7　标准溶液配制过程

储备液 I /(μg/L)	移取体积/mL	定容体积/mL	稀 释 倍 数	标准工作溶液浓度/(μg/L)	移液枪
	0.05	50	1000	0.5	100 μL
	0.1	50	500	1	100 μL
500	0.2	50	250	2	100 μL
	0.5	50	100	5	1 mL
	1.0	50	50	10	1 mL

因此稀释标准溶液引入的相对标准不确定度按照以下公式计算:

$$\frac{u_c(v)}{v} = \sqrt{\left[\frac{u_c(v_1)}{v_1}\right]^2 + \left[\frac{u_c(v_{50})}{v_{50}}\right]^2 + 4\left[\frac{u_c(v_{0.1})}{v_{0.1}}\right]^2 + 2\left[\frac{u_c(v_1)}{v_1}\right]^2 + 5\left[\frac{u_c(v_{50})}{v_{50}}\right]^2}$$

$$= \sqrt{0.00461^2 + 0.0028^2 + 4\times0.0049^2 + 2\times0.00461^2 + 5\times0.0028^2} = 0.0144$$

5.标准曲线拟合

用 ICP-MS 对标准工作溶液分析测试,不同浓度和相应的仪器响应(目标元素 cps 计数和内标元素 cps 计数比值)可以拟合得到标准曲线,然后对样品中 6 种元素进行分析测试,这里以 As 为例对标准曲线拟合不确定度进行评定(其他元素不再介绍过程,只给出评定结果),标准曲线拟合测量数据如表 6-8 所示。

表 6-8　ICP-MS 测量植物样品中 As 含量记录的数据

标准工作溶液浓度 /(μg/L)	目标元素和内标元素 cps 计数比值			直线斜率 (b_1)	截距(b_0)	标准偏差 (S_R)	As 测量值 /(μg/L)	标准不确定度/(μg/L)
	1	2	3					
0.5	0.0049	0.0050	0.0050				1.362	
1.0	0.0123	0.0126	0.0128					
2.0	0.0265	0.0261	0.0268	0.0152	−0.0031	0.00074		0.0389
5.0	0.0722	0.0725	0.0723				1.415	
10.0	0.1495	0.1493	0.1491					

由表 6-8 中数据可以得到 As 元素标准曲线拟合的标准不确定度 $u_c(C_{测}) = 0.0389$ μg/L,As 的测量均值为 1.389 μg/L,因此相对标准不确定度 $\frac{u_c(C_{测})}{C_{测}} = \frac{0.0389}{1.389} = 0.028$。

6.测量重复性

对样品中 As 两次平行测量结果分别为 0.28 mg/kg 和 0.27 mg/kg,因此可得到测量重复性标准不确定度为 0.0071 mg/kg,相对标准不确定度为 0.0258。

7.含水率

含水率 A 类不确定度:含水率两次平行测定结果分别为 4.54% 和 4.62%,可以计算得到标准不确定度为 0.057%,相对标准不确定度为 0.01245。

含水率 B 类不确定度:样品中含水率测量采用烘箱法天平称重进行测试,取样量为 2.0 g,因此 B 类不确定度由天平产生,天平标准不确定度 $u_c(m)=0.00032$ g,相对标准不确定度为 0.00016。

因此含水率引入的相对标准不确定度为 $\dfrac{u_c(w)}{w}=\sqrt{0.01245^2+0.00016^2}=0.01245$。

8.各分量不确定度评定结果

ICP-MS 对植物样品中 As 元素测量结果各分量引入的不确定度评定结果如表 6-9 所示。

表 6-9　植物样品中 As 元素测量不确定度各分量评定结果

项　　　目	量　　值	标准不确定度	相对标准不确定度
样品称量(m)	0.25 g	0.00032 g	0.00128
样品定容(V)	50 mL	0.31 mL	0.0062
标准溶液(ρ_{stock})	50 μg/mL	0.289 μg/mL	0.00578
	100 μg/mL	0.577 μg/mL	0.00577
标准工作溶液配制	/	/	0.0144
标准曲线拟合	1.389 μg/L	0.0389 μg/L	0.028
测量重复性	0.275 mg/kg	0.0071 mg/kg	0.0258
含水率	4.58%	0.057%	0.01245

按照方差合成公式可以得到合成相对标准不确定度为 0.0438。

八、不确定度评定结果

采用 ICP-MS 对植物样品中其他 5 种元素的测量步骤和测量 As 都是完全一样的,仅有标准曲线拟合和测量重复性引入的不确定度评定结果不一样,其他分量评定结果和 As 评定结果完全一样,这里不再给出具体评定过程,只给出评定结果。植物样品中各元素测量各分量相对标准不确定度及合成相对标准不确定度如表 6-10 所示。

表 6-10　各元素相对标准不确定度各分量评定结果及合成

元　　素	样品称量	样品定容	标准溶液	标准工作溶液配制	标准曲线拟合	测量重复性	含　水　率	合成相对标准不确定度
Cr	0.00128	0.0062	0.00577	0.0145	0.062	0.0281	0.057%	0.0701
Ni	0.00128	0.0062	0.00577	0.0145	0.039	0.0262	0.057%	0.0499

元　　素	样品称量	样品定容	标准溶液	标准工作溶液配制	标准曲线拟合	测量重复性	含　水　率	合成相对标准不确定度
As	0.00128	0.0062	0.00577	0.0145	0.028	0.0257	0.057％	0.0416
Se	0.00128	0.0062	0.00577	0.0145	0.126	0.0682	0.057％	0.1443
Cd	0.00128	0.0062	0.00577	0.0145	0.042	0.0132	0.057％	0.0471
Pb	0.00128	0.0062	0.00577	0.0145	0.026	0.0151	0.057％	0.0345

按照公式 $u_c(c) = c \times \left[\dfrac{u_c(c)}{c}\right]$ 计算各元素的合成标准不确定度,当置信区间为 95％ 时,取包含因子 $k = 2$,按照公式 $U = ku_c(c)$ 计算各元素的扩展不确定度,植物样品中元素测量不确定度评定结果如表 6-11 所示。

表 6-11　各元素不确定度评定结果及修约

元　　素	含量/(mg/kg)	标准不确定度/(mg/kg)	扩展不确定度/(mg/kg)	不确定度修约
Cr	0.58	0.0407	0.081	0.09
Ni	0.67	0.0334	0.067	0.07
As	0.28	0.0116	0.023	0.03
Se	0.12	0.0173	0.035	0.04
Cd	0.68	0.0320	0.064	0.07
Pb	1.66	0.0573	0.115	0.12

九、植物样品中元素含量测量结果表达

植物样品中六种元素测量结果表达如表 6-12 所示。

表 6-12　六种元素测量结果表达

元　　素	测量结果/(mg/kg)	不确定度/(mg/kg)
Cr	0.58	0.09
Ni	0.67	0.07
As	0.28	0.03
Se	0.12	0.04
Cd	0.68	0.07
Pb	1.66	0.12

参 考 文 献

［1］EURACHEM，Quantifying uncertainty in analytical measurement.Laboratory of the government chemist.London(Second edition 2000).ISBN 0-948926-15-5.

［2］马俊英.测量不确定度评定在计量检定中的应用［J］.中国质量技术监督，2013(12)：66-67.

［3］田芳宁.实验室认可中的测量不确定度评定［D］.合肥：合肥工业大学，2012.

［4］尚德军，王军.测量不确定度的研究和应用进展［J］.理化检验：化学分册，2004,40(10)：623-627.

［5］Jan S.K.Critique of the guide to the expression of uncertainty in measurement method of estimating and report uncertainty in diagnostic assays［J］.Clin Chem 2003(49)：1818-1821.

［6］ISO/IEC 17025：1999，General requirement for the competence of calibration and testing laboratories.

［7］国德军，王群威，等.ICP-AES法测定油漆涂层中总铅含量的不确定度评定［J］.化学分析计量，2010,19(6)：6-8.

［8］谢文君.电感耦合等离子体发射光谱法测量结果的不确定度评定［J］.标准科学，2009(5)：78-81.

［9］SerpilYenisoy-Karakaş.Estimation of uncertainties of the method to determine the concentrations of Cd,Cu,Fe,Pb,Sn and Zn in tomato paste samples analysed by high resolution ICP-MS［J］.Food Chemistry,2012(132)：1555-1561.

第七章 基质标准物质的制备

标准物质在分析检测方法评价、分析过程的质量控制方面发挥着重要作用,还可以为仪器校准和数据结果的溯源提供可靠的参照和判定依据。国家重金属基质标物有灌木枝叶、茶叶等。这里简单介绍一下植物样品重金属标准物质制备流程。

第一节 标物制备的技术路线

按照图 7-1 所示的技术路线,首先对候选样品进行研磨制备,对研磨后的样品进行分装,对分装后的样品按照 JJF 1343—2022《标准物质的定值及均匀性、稳定性评估》进行均匀性和稳定性检验,制备的样品满足均匀性和稳定性要求则进行定值和不确定度评定,如果检验结果不满足均匀性和稳定性要求,则重新进行样品制备直至均匀性和稳定性满足检验要求,当均匀性和稳定性满足检验要求后,组织实验室对样品进行测试,收集测试数据,按照 JJF 13443—2022 规定的数理统计方法对测试数据进行数据统计分析,并进行定值结果的不确定度评定,最终给出各元素的定值结果。

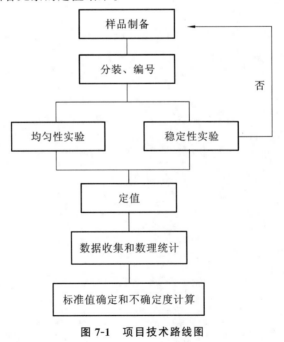

图 7-1　项目技术路线图

第二节　标准物质制备

为了让标准物质更接近实际分析检测工作情况,要考虑标准物质基体、重金属含量等因素,理想的情况是基质标物和实际工作检测对象非常接近或者完全一致,重金属含量和绝大部分实际样品真实含量相差不大,至少在一个量级。

对于候选的植物样品,在烘箱中进行烘干。依据样品粒径要求选用合适直径的球形石英石,将样品放入球磨机中进行研磨,研磨后过筛。用粒度分布仪对样品均匀性进行初步物理检验,粒径检验结果要满足制备要求。对制备后的样品使用塑料瓶进行分装,为了防止植物样品生菌破坏样品,分装后的样品还需辐照杀菌进行灭活处理。制备流程见图 7-2。

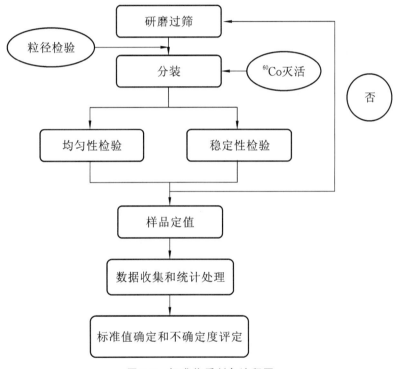

图 7-2　标准物质制备流程图

第三节　均匀性检验

根据 JJF 1343—2022(《标准物质的定值及均匀性、稳定性评估》)均匀性检验抽样数量的要求(当 $200 < N \leqslant 500$ 时,抽取单元数不少于 15,当 $500 < N \leqslant 1000$ 时,抽取单元数不少于 25),在样品分装前、中、后分别抽取 8 瓶、10 瓶和 7 瓶样品,总计 25 瓶分装好的样品用作均匀性检验,均匀性检验取样0.2 g(精确到 0.0001 g),每个取样单元平行测试 4 次。依次编号为 1-1♯,1-2♯,1-3♯,1-4♯,…,25-1♯,25-2♯,25-3♯,25-4♯。测量指标为 K、Ca、Na、Mg、Cr、Ni、As、Se、Cd、Pb、Cu 和 Hg 等元素。

均匀性检验方法采用电感耦合等离子体质谱法,首先称取 0.2 g 烟末样品到微波消解罐中,样品按照设定的消解程序经微波消解后,用 1%硝酸溶液定容到 50 mL,使用 GBW(E) 081531 和 GBW(E)080006 标准溶液配制一系列标准工作溶液,采用 ICP-MS 进行分析测试,用建立的标准曲线计算三个样品中元素含量。

测试过程中为了避免设备系统误差,首先使用内标溶液在 4 h 内每间隔 0.5 h 进行一次采样,记录仪器的响应值(cps 计数),如表 7-1 所示。结果显示 20 ppb 内标溶液在 4 h 内的响应变化小于 5%。每次只对一个样品进行分析测试,且把消解定容后的样品进行随机进样分析测试,每个样品进行均匀性检验时都重新制作标准曲线。

表 7-1　4 小时仪器内标响应值

元素	0 h	0.5 h	1.0 h	1.5 h	2.0 h	2.5 h	3.0 h	3.5 h	4.0 h	均值	SD	RSD/%
^{72}Ge	41238	42120	42188	41383	41120	42165	42757	42422	41517	41879	577	1.4
^{115}In	279376	282506	280757	287573	286976	284604	284117	276375	281772	282673	3595	1.3
^{209}Bi	528048	526119	504659	519872	521185	516688	536963	528554	522898	522776	9013	1.7

JJF 1343—2012 规定使用单因素方差分析 F 检验作为均匀性检验方法,此方法是通过组间方差和组内方差的比较来判断各组测量值之间有无系统性差异,如果两者的比小于统计检验临界值,则认为样品是均匀的。按照公式 $F = \dfrac{S^2_{组间}}{S^2_{组内}}$ 和 $S_H = \sqrt{\dfrac{S^2_{组间} - S^2_{组内}}{n}}$ 分别计算 F 值和 S_H 值,这里 S_H 是样品不均匀性带来的标准偏差,三个样品的检验结果如表 7-2 所示。

表 7-2　样品均匀性检验结果

元素	$S^2_{组间}$	$S^2_{组内}$	F	$F_{0.05(24,75)}$	S_H
Cr	0.000314	0.000307	1.02		0.0013 mg/kg
Ni	0.000308	0.000246	1.25		0.0039 mg/kg
As	0.000138	0.000112	1.24		0.0026 mg/kg
Se	0.000022	0.000018	1.20		0.0009 mg/kg
Cd	0.000282	0.000183	1.55		0.0050 mg/kg
Pb	0.002195	0.002082	1.05		0.0053 mg/kg
Hg	0.126709	0.119346	1.06	1.66	0.0429 mg/kg
Cu	4.902E-06	4.225E-06	1.16		0.0004 mg/kg
Na	3.093E-06	2.666E-06	1.16		0.0003%
Mg	0.000190	0.000182	1.04		0.0014%
K	0.001591	0.001422	1.12		0.0065%
Ca	0.002428	0.002354	1.03		0.0043%

数据显示 $F < F_{临界}$,这表明分装后标准物质特性量均匀性良好。

第四节 稳定性检验

标准物质稳定性检验既要考虑存放期间的稳定性(长期稳定性),还要考虑极端运输环境的稳定性(短期稳定性)。

一、样品短期稳定性

根据 JJF 1343—2012 规定,标准物质的研制需要研究运输及转移过程对环境的要求,需对分装后标准物质样品进行高温实验(60 ℃,14 天)、高湿实验(90％±5％,25 ℃,14 天)、光照实验(照度 4500 lx±500 lx,14 天),并分别于 0 天、7 天、14 天对经过高温、高湿、光照后的标准物质样品进行检测,以考察标准物质样品变化情况。

存放条件为室温避光保存,运输过程采用外包装避光运输,因此温度是影响短期稳定性的重要因素。依据 JJF 1343—2012 规定,考察了样品在 60 ℃条件下,第 0 天、第 7 天、第 14 天样品中 Hg 含量变化情况。

针对每个样品随机抽取 9 瓶,其中 6 瓶放置于设定温度为 60 ℃烘箱中,其余 3 瓶直接测试,第 7 天从烘箱中取出 3 瓶测试,第 14 天将最后的 3 瓶取出测试,每瓶样品均重复测定 3 次。首先配制一系列 Hg 标准溶液,使用 ICP-MS 分析 Hg 标准溶液和样品,通过标准溶液建立标准曲线,测量样品中 Hg 元素含量。

根据 JJF 1343—2012 规定,当标准物质特性量值的标准值未知时,用平均值一致性检验法评价标准物质的稳定性,公式表达为:

$$t = \frac{|\overline{x}_1 - \overline{x}_2|}{\sqrt{\dfrac{(n_1-1)s_1^2 + (n_2-1)s_1^2}{n_1 + n_2 - 2} \times \dfrac{n_1 + n_2}{n_1 n_2}}}$$

查表得到 $t_{(4,0.05)} = 2.78$,三个样品短期稳定性检测结果如表 7-3 所示。

表 7-3 三个样品 Hg 高温稳定性检验结果 mg/kg

时 间		1	2	3	均 值	标准偏差	$t_{(检验)}$
GBW(E)083177	0 天	0.081	0.080	0.080	0.080	0.001	
	7 天	0.082	0.084	0.081	0.082	0.002	2.14
	14 天	0.085	0.082	0.081	0.083	0.002	1.89
GBW(E)083178	0 天	0.052	0.057	0.055	0.055	0.003	
	7 天	0.056	0.058	0.059	0.058	0.002	1.66
	14 天	0.057	0.058	0.056	0.057	0.001	1.89
GBW(E)083179	0 天	0.074	0.076	0.072	0.074	0.002	
	7 天	0.077	0.075	0.075	0.076	0.001	1.25
	14 天	0.077	0.076	0.078	0.077	0.001	2.32

Hg 是最易受到温度影响的元素,对其短期稳定性实验结果 $t_{(检验)}$ 小于 $t_{(4,0.05)}$,表明样品

各元素在高温条件下稳定性良好。

二、长期稳定性检验方案

按照 JJF 1343—2012 规定,国家二级标准物质长期稳定性要求 6 个月及以上,项目组从 2014 年 7 月至 2016 年 7 月进行了两年的样品稳定性检验。按照先密后疏的原则,分别在 0 月、1 月、2 月、4 月、6 月、8 月、11 月、18 月和 24 月分别对制备样品中元素含量进行了稳定性检验。针对每个样品,每个时间点随机抽取 2 瓶,每个样品进行 2 次重复测试,分析方法采用 ICP-MS,检测指标包括 Cr、Ni、As、Se、Cd、Pb、Cu、Hg、Na、K、Ca、Mg 元素。

样品稳定性检验采用斜率比较 t 检验,显著性水平 $\alpha = 0.05$。以时间为 x,测量结果为 y,采用最小二乘法进行回归分析。计算直线方程的斜率 a、残差的标准差 s 和与斜率相关的不确定度 $S(a)$。若 $|a| < t_{a,n-2} \times S(a)$,则在该时间段内样品中元素含量是稳定的;否则在该时间段内样品中元素含量是发生变化的。

由于样品数(3 个)和检测指标(12 个)较多,这里仅以 GBW(E)083177 样品中 As 为例进行说明,如表 7-4 所示。

表 7-4 As 元素稳定性检验表

测 量 时 间	时间 x/月	测量结果 y/(mg/kg)
2014.7	0	0.331
2014.8	1	0.362
2014.9	2	0.318
2014.11	4	0.357
2015.1	6	0.331
2015.3	8	0.372
2015.7	11	0.342
2016.1	18	0.361
2016.7	24	0.332

将表 7-4 中数据以时间(月)为 x,测量结果为 y,进行线性拟合,得到拟合直线:$y = 0.00015x + 0.344$。直线斜率 $a = 0.00015$,直线截距为 0.344。直线的标准偏差 s 用下面公式计算:

$$s = \sqrt{\frac{\sum_{i}^{n}(y_i - b - ax_i)^2}{n-2}} = 0.0155$$

斜率不确定度计算公式:

$$S(a) = \frac{s}{\sqrt{\sum_{i}^{n}(x_i - \overline{x})^2}} = 0.00085$$

自由度为 $n-2 = 9-2 = 7$,置信区间取 95%,查表得 $t_{(0.05,7)} = 2.36$,则有
$$|a| = 0.00015 < t_{(0.05,7)} \times S(a) = 0.00201$$

故斜率不显著，即标准物质中 As 是稳定的。长期稳定性标准偏差为 $T \times S(a) = 24 \times$ 0.00085 mg/kg = 0.0204 mg/kg。图 7-3 所示为 GBW(E)083177 样品中 As 长期稳定性测试结果折线图。

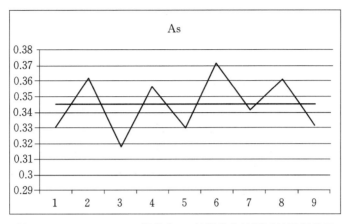

图 7-3　GBW(E)083177 样品中 As 长期稳定性测试结果折线图

三个样品长期稳定性检验结果如表 7-5 所示。

表 7-5　GBW(E)083177 样品稳定性检验结果

元素符号	直线方程	$\lvert a \rvert$	$t_{(0.05,7)} \times S(a)/(mg/kg)$	$T \times S(a)/(mg/kg)$
Cr	$y = -0.00012x + 0.577$	0.00012	0.0024	0.0244
Ni	$y = -0.00059x + 0.677$	0.00059	0.0029	0.0300
As	$y = 0.00015x + 0.344$	0.00015	0.0020	0.0204
Se	$y = 0.00033x + 0.118$	0.00033	0.0009	0.0095
Cd	$y = 0.00035x + 0.686$	0.00035	0.0043	0.0434
Pb	$y = 0.0017x + 1.678$	0.0017	0.0122	0.1243
Cu	$y = -0.00714x + 12.75$	0.00714	0.0748	0.7604
Hg	$y = 0.00009x + 0.077$	0.00009	0.0007	0.0068
K	$y = 0.00004x + 1.126$	0.00004	0.0066	0.0675
Ca	$y = 0.00134x + 3.06$	0.0013	0.0151	0.1532
Na	$y = -0.00007x + 0.061$	0.00007	0.0003	0.0029
Mg	$y = -0.00019x + 0.42$	0.00019	0.0023	0.0239

对于考察的各个元素（K、Ca、Na、Mg、Cr、Ni、Cu、As、Se、Cd、Pb、Hg），拟合直线的斜率 $\lvert a \rvert < t_{(0.05,5)} \times S(a)$，所以斜率不显著，说明三个样品在规定的存放条件下两年内稳定性良好。

第五节　标准物质定值

一、定值依据

JJF 1343—2012 规定,标准物质定值要求用以下方式中的一种进行:①高准确度的绝对或者权威测量方法定值;②两种以上不同原理的已知准确度的可靠方法定值;③多个实验室联合定值。

本项目采用多家实验室多种方法联合定值,即由七家实验室协作对样品中 Cr、Ni、As、Se、Cd、Pb、Hg、Cu、Na、Mg、K 和 Ca 等元素含量进行定值,定值方法包括电感耦合等离子体质谱法(ICP-MS)、原子吸收光谱法(AAS)和固体测汞仪法,其中 Cr、Ni、As、Se、Cd、Pb、Cu、Na、Mg、K 和 Ca 等元素的定值方法使用了 ICP-MS 和 AAS,Hg 元素使用了 ICP-MS 和固体测汞仪法。

二、溯源性

为保证重金属标准物质定值结果溯源到国家基准单位,主要做了以下保障措施。

实验室资质:定值实验室必须是通过 CNAS 认证的实验室,在重金属检测方面经验丰富。

定值方法:定值方法采用 ICP-MS 和石墨炉原子吸收光谱法(AAS)及固体测汞仪,经过方法评价表明分析方法准确可靠。

计量校准:标准物质定值所使用的仪器设备除 ICP-MS 和 AAS 外,还用到天平、容量瓶、移液管(枪)和烘箱等。参与定值的实验室所使用的这些设备都经过了相关部门的计量校准。定值标准溶液购置于国家标物中心,是国家有证标准物质。

定值过程质量控制:为保证重金属标准物质定值实验的顺利开展,制定了详细的定值方案。

三、定值方案(SOP)

1.试剂及试验环境

要求各定值实验室统一采购同一公司生产的硝酸、过氧化氢、盐酸和氢氟酸,使用前各种试剂和超纯水必须验证其纯度,以满足使用要求。样品前处理过程要求在洁净实验室进行,若没有洁净实验室则使用防尘设备。

2.样品前处理

样品取样量为 0.2 g(精确至 0.0001 g),按照规定的微波消解程序和赶酸温度进行样品处理,用 1% 硝酸(体积比)定容至 100 mL,处理好的试样当天必须完成测试。水分的测试按照烘箱法进行实验。

3.标准工作溶液配制及使用

参与定值实验室统一采购同一有证标准溶液,并按照给定的标准工作溶液浓度进行配制。标准工作溶液现配现用,各元素标准工作曲线相关系数 $R^2 > 0.999$ 时才可用作校准曲线。

4.质控样品

质控样品按照建立的方法随样品一起进行处理,质控样品测量数据在定值范围内时,样品的测试结果方可作为有效定值数据。

5.设备计量要求

要求定值单位在开展定值实验前,对定值过程所使用的各种仪器设备进行计量校正。

四、数据统计处理

按照 JJF 1343—2012 要求,对合作定值单位报送的数据进行检验:针对每个定值元素,首先采用格拉布斯法检验每家实验室数据的有效性;其次采用夏皮罗-威尔克法检验所有定值数据是否符合正态分布;最后采用科克伦极差法检验各家实验室测试结果是否等精度。经过上述检验后,以各单位测试数据平均值作为一组新的数据,采用狄克逊准则检验新数据是否有异常值。

针对每个定值元素,定值数据至少保证不低于 6 组,且要有两种不同原理的方法,如果经检验后对于定值数据少于 6 组或者只有一种定值方法的元素,则重新组织定值实验和数据处理。

以 GBW(E)083177 样品中 As 为例进行具体说明,如表 7-6 所示。

表 7-6 GBW(E)083177 样品中 As 含量数据统计结果 mg/kg

实验室编号	测试方法	1	2	3	4	5	6	均值	标准偏差	G_{max}^i	正态性	C 值	D 值
1	ICP-MS	0.347	0.339	0.334	0.340	0.337	0.338	0.339	0.00436	1.799			
2	ICP-MS	0.321	0.321	0.319	0.334	0.327	0.326	0.325	0.00554	1.685			
3	ICP-MS	0.340	0.327	0.348	0.328	0.328	0.331	0.334	0.00850	1.686			
4	ICP-MS	0.335	0.329	0.334	0.329	0.338	0.335	0.333	0.00361	1.291			$D_1 = 0.0732$
5	ICP-MS	0.344	0.338	0.332	0.345	0.346	0.337	0.340	0.00554	1.505	0.968	0.2693	$D_n = 0.0130$
6	ICP-MS	0.334	0.334	0.341	0.336	0.340	0.346	0.339	0.00472	1.588			
1	AAS	0.319	0.331	0.324	0.325	0.328	0.333	0.327	0.00509	1.507			
2	AAS	0.368	0.356	0.357	0.348	0.338	0.347	0.352	0.01033	1.517			
7	AAS	0.360	0.358	0.337	0.348	0.358	0.351	0.352	0.00869	1.725			
临界值($\alpha = 0.05$)										1.887	0.947	0.3067	0.564

(1)各家实验室测试数据有效性检验:利用 Grubbs 检验法计算每家实验室测定数据的 G_{max}^i,结果表明 $G_{max}^i=1.799<G_{(0.05,6)}=1.887$,说明各家实验室报送的数据均无异常值。

(2)数据正态分布检验:协作实验室关于 Cr 元素共给出 54 个测试结果,把这 54 个测试数据作为一个整体,采用夏皮罗-威尔克法检验,计算值为 0.968,大于临界值 0.947($\alpha=0.05$),表明数据服从正态分布。

(3)等精度检验:对 7 家实验室 9 组数据采用科克伦极差法检验,得到 $C_{计算}=\dfrac{S_{max}^2}{\sum\limits_{j=1}^{m}S_j^2}=$ 0.2693 小于 $C_{(0.05,9,6)}=0.3067$,表明 7 家实验室 9 组数据(两种方法)等精度。

(4)异常值检验:取 9 组数据每组的平均值作为一组新的数据,采用狄克逊检验,计算得到 $D_1=0.0821$,$D_n=0.0224$,D_1 和 D_n 都小于 $D_{(0.05,9)}=0.564$,表明 9 组测试结果没有异常。

取 9 组实验数据测试平均值的总平均值 0.34 mg/kg 作为 GBW(E)083177 样品中 As 元素含量的标定值。

第六节　不确定度评定

一、不确定度来源

经分析,样品中元素定值结果的不确定度来源有:样品不均匀性引入的不确定度、样品不稳定性引入的不确定度、样品水分引入的不确定度和多家实验室协作定值引入的不确定度四个不确定度分量。

二、不确定度评定

以 GBW(E)083177 样品中 As 为例,具体介绍不确定度评定过程。

1.样品均匀性引起的不确定度

GBW(E)083177 样品均匀性产生的标准偏差见表 7-2(表中 S_H 值)。其中 As 元素标准偏差为 0.0026 mg/kg,其平均值为 0.339 mg/kg,则由于样品均匀性引入的相对标准不确定度按照公式 $u_{均匀}=\dfrac{S_H}{x}$ 计算,其值为 0.0077。

2.长期稳定性引入的不确定度

GBW(E)083177 样品长期稳定性引入的不确定度见表 7-5。其中 As 元素的标准偏差为 0.0204 mg/kg,其均值为 0.345 mg/kg,则 As 元素相对标准不确定度为 0.0591。

3.定值过程引入的不确定度

GBW(E)083177 样品中 As 元素定值不确定度包括 A 类不确定度和 B 类不确定度两个部分。

1）定值过程 A 类不确定度

定值过程 A 类不确定度是联合定值引入的不确定度，GBW（E）083177 样品中 As 元素的定值由 7 家实验室采用了两种不同原理方法共得到 9 组测试数据，测试结果如表 7-7 所示。各组数据采用科克伦检验计算值为 0.2693 小于 $C_{(0.05,9,6)}=0.3067$，表明 7 家实验室 9 组数据（两种方法）等精度。9 组原始测试数据和检验过程见表 7-5。按照贝塞尔公式计算多家实验室协作定值产生的标准不确定度为 0.0032 mg/kg，测试总平均值为 0.338 mg/kg，因此定值引入的 A 类相对标准不确定度为 0.0095。

表 7-7　多家实验室测试均值

元素	1	2	3	4	5	6	1a	2a	7a*	总平均值	相对标准不确定度
As	0.339 mg/kg	0.325 mg/kg	0.334 mg/kg	0.333 mg/kg	0.340 mg/kg	0.339 mg/kg	0.327 mg/kg	0.352 mg/kg	0.352 mg/kg	0.338 mg/kg	0.0095

注：a 代表是原子吸收方法测试数据，数字代表实验室编号。

2）定值过程 B 类不确定度

定值过程 B 类不确定度是由标准溶液纯度、标准溶液稀释配制标准工作溶液、样品称量、样品定容体积等引入的不确定度。

（1）样品定容不确定度包括：①50 mL 容量瓶经郑州市玻璃量器检定测试站计量后检定证书上给出的允差为 0.05 mL，按照均匀分布得到其标准偏差为 0.03 mL。②容量瓶充满至刻度的随机变化，容量瓶 10 次定容结果依次为 49.9 mL、49.9 mL、50.1 mL、49.8 mL、50.0 mL、49.8 mL、50.1 mL、49.9 mL、50.2 mL、50.1 mL，按照贝塞尔公式计算出标准偏差为 0.14 mL，定容体积标准不确定度为

$$u_c(v_{定})=\sqrt{0.03^2+0.14^2}\ \mathrm{mL}=0.14\ \mathrm{mL}$$

其相对标准不确定度为

$$\frac{u_c(v_{定})}{v_{定}}=0.0028$$

（2）标准溶液纯度不确定度：标准溶液 GBW（E）081531 和 GBW（E）080006（Hg）由证书上给出，按照均匀分布可得标准溶液纯度引入的不确定度，如表 7-8 所示。

表 7-8　标准溶液纯度引入的不确定度

元素	浓度/(μg/mL)	不确定度（证书）	标准不确定度 $u_c(\rho_{stock})/(\mu g/mL)$	相对标准不确定度 $\dfrac{u_c(\rho_{stock})}{\rho_{stock}}$
Cr	50	1%	0.289	0.00578
Ni	50	1%	0.289	0.00578
As	50	1%	0.289	0.00578

元素	浓度/(μg/mL)	不确定度（证书）	标准不确定度 $u_c(\rho_{stock})$/(μg/mL)	相对标准不确定度 $\dfrac{u_c(\rho_{stock})}{\rho_{stock}}$
Se	100	1%	0.577	0.00577
Cd	50	1%	0.289	0.00578
Pb	100	1%	0.577	0.00577
Cu	50	1%	0.289	0.00578
Na	96	1%	0.554	0.00577
Mg	50	1%	0.289	0.00578
K	100	1%	0.577	0.00577
Ca	100	1%	0.577	0.00577
Hg	100	0.4 μg/mL	0.231	0.00231

（3）标准溶液稀释相对不确定度：由于 100 μL 和 1 mL 移液枪没有经过计量，所以通过多次移取水计算标准偏差获得标准不确定度和相对标准不确定度，如表 7-9 所示。对于 100 μL 移液枪，其标准不确定度 $u_c(v_{0.1})$ 为 0.00049 mL，相对标准不确定度 $\dfrac{u_c(v_{0.1})}{v_{0.1}}$ 为 0.0049；1 mL 移液枪标准不确定度 $u_c(v_1)$ 为 0.00461 mL，相对标准不确定度 $\dfrac{u_c(v_1)}{v_1}$ 为 0.00461；50 mL 容量瓶标准不确定度 $u_c(v_{50})$ 为 0.14 mL，相对不确定度 $\dfrac{u_c(v_{50})}{v_{50}}$ 为 0.0028。

表 7-9　移液枪多次移取水结果

移液枪量程	1	2	3	4	5	6	7	8	平均值	标准偏差	相对标准不确定度
1 mL	0.9929 mL	0.9957 mL	1.0025 mL	0.9932 mL	0.9912 mL	0.9925 mL	1.0018 mL	0.9908 mL	0.9951 mL	0.00461 mL	0.00461
100 μL	0.0991 mL	0.0994 mL	0.1004 mL	0.0998 mL	0.0996 mL	0.1003 mL	0.0996 mL	0.1004 mL	0.0998 mL	0.00049 mL	0.0049

使用移液枪（量程 100 μL 和 1 mL）和 50 mL 容量瓶由标准溶液通过逐级稀释配制标准工作溶液。首先采用 1 mL 移液枪移取 0.5 mL 标准溶液定容到 50 mL 容量瓶，得到标准储备液 I（500 μg/L）（标准溶液稀释 100 倍），然后标准储备液 I 按照表 7-10 所示配制过程稀释得到标准工作溶液。

表 7-10 标准溶液配制过程

储备液 I / (μg/L)	移取体积/mL	定容体积/mL	稀释倍数	标准工作溶液浓度/(μg/L)	移液枪量程
	0.05	50	1000	0.5	100 μL
	0.1	50	500	1	100 μL
500	0.2	50	250	2	100 μL
	0.5	50	100	5	1 mL
	1.0	50	50	10	1 mL

因此稀释标准溶液引入的相对标准不确定度为：

$$\frac{u_c(v)}{v} = \sqrt{\left[\frac{u_c(v_1)}{v_1}\right]^2 + \left[\frac{u_c(v_{50})}{v_{50}}\right]^2 + 4\left[\frac{u_c(v_{0.1})}{v_{0.1}}\right]^2 + 2\left[\frac{u_c(v_1)}{v_1}\right]^2 + 5\left[\frac{u_c(v_{50})}{v_{50}}\right]^2}$$
$$= \sqrt{0.00461^2 + 0.0028^2 + 4 \times 0.0049^2 + 2 \times 0.00461^2 + 5 \times 0.0028^2} = 0.0144$$

(4)样品称量引入的不确定度：①实验用天平经郑州市质量技术监督检验测试中心检定为 I 级,检定证书给出的不确定度为 0.26 mg,按照均匀分布其标准不确定度为 0.15 mg。②天平测量重复性为 0.1 mg。不考虑实验室温度和湿度因素,则天平称量引入的标准不确定度 $u_c(m) = \sqrt{0.15^2 + 0.1^2}$ mg$= 0.18$ mg,称取 0.2 g 样品引入的相对标准不确定度 $\frac{u_c(m)}{m}$ 为 0.0009。

协作定值引入的 B 类不确定度由样品定容、样品称量、标准溶液稀释和标准溶液纯度不确定度合成。这四项不确定度分量如表 7-11 所示。

表 7-11 定值过程 B 类不确定度分量

项 目	量 值	标准不确定度	相对标准不确定度
定容(V)	50 mL	0.14 mL	0.0028
称量(m)	0.2 g	0.18 mg	0.0009
标准溶液(ρ_{stock})	50 μg/mL	0.29 μg/mL	0.0058
稀释	/	/	0.0144

按照方差合成公式计算得到定值 B 类相对标准不确定度为

$$\frac{u_c(B)}{B} = \sqrt{\left[\frac{u_c(v_{定})}{v_{定}}\right]^2 + \left[\frac{u_c(v)}{v}\right]^2 + \left[\frac{u_c(m)}{m}\right]^2 + \left[\frac{u_c(\rho_{stock})}{\rho_{stock}}\right]^2}$$
$$= \sqrt{0.0028^2 + 0.0144^2 + 0.0009^2 + 0.0058^2} = 0.0158$$

三、样品含水率引入的不确定度

A 类不确定度：GBW(E)083177 样品中含水率的六次测量结果为 4.54％、4.62％、

4.57%、4.52%、4.61%、4.49%，按照贝塞尔公式，水分的标准不确定度为 0.0512%。

B 类不确定度：样品中含水率测量采用烘箱法天平称重进行测试，取样量为 2.0 g，因此 B 类不确定度由天平产生，标准不确定度 $u_c(m)=0.18$ mg，相对标准不确定度为 0.00009。

按照方差合成公式，样品含水率引入的相对标准不确定度为

$$\frac{u_c(w)}{w}=\sqrt{0.000512^2+0.00009^2}=0.00052$$

四、合成相对标准不确定度

GBW(E)083177 样品中 As 元素各相对标准不确定度分量评定结果如表 7-12 所示。

表 7-12　GBW(E)083177 样品中 As 元素相对标准不确定度

均　匀　性	稳　定　性	定值 A 类	定值 B 类	含　水　率	合成相对标准不确定度
0.0077	0.0591	0.0095	0.0158	0.00052	0.062

按照方差合成公式，可以计算出合成相对标准不确定度为 0.062。从不确定度评定结果看，含水率的不确定度很小。

五、样品中各元素相对标准不确定度

采用 GBW(E)083177 样品中 As 元素不确定度评定方法，对三个样品中各个元素不确定度进行评定，各分量相对标准不确定度结果如表 7-13 所示。

表 7-13　GBW(E)083177 样品中各元素相对标准不确定度分量及合成

元　　素	均　匀　性	稳　定　性	定值 A 类	定值 B 类	合成相对标准不确定度
Cr	0.0022	0.0424	0.0056	0.0159	0.0457
Ni	0.0061	0.0446	0.0087	0.0159	0.0486
As	0.0076	0.0592	0.0096	0.0159	0.0625
Se	0.0078	0.0789	0.0122	0.0163	0.0819
Cd	0.0079	0.0630	0.0079	0.0159	0.0659
Pb	0.0031	0.0734	0.0042	0.0163	0.0754
Hg	0.0056	0.0876	0.0065	0.0150	0.0893
Cu	0.0035	0.0599	0.0050	0.0159	0.0623
Na	0.0050	0.0487	0.0074	0.0163	0.0521
Mg	0.0033	0.0571	0.0017	0.0159	0.0594
K	0.0058	0.0599	0.0111	0.0163	0.0633
Ca	0.0014	0.0499	0.0077	0.0163	0.0531

六、样品合成标准不确定度和扩展不确定度

按照公式 $u_c(c) = c \times \left[\dfrac{u_c(c)}{c} \right]$ 计算各元素的合成标准不确定度,当置信区间为 95% 时,取扩展因子 $k=2$,按照公式 $U = k \times u_c(c)$ 计算各元素的扩展不确定度,三个样品的合成标准不确定度和扩展不确定度如表 7-14 所示。

表 7-14 GBW(E)083177 样品不确定度及修约

元 素	含 量	标准不确定度	扩展不确定度	不确定度修约
Cr	0.58	0.026	0.052	0.06
Ni	0.67	0.033	0.066	0.07
As	0.34	0.021	0.042	0.05
Se	0.12	0.010	0.020	0.02
Cd	0.68	0.045	0.090	0.09
Pb	1.66	0.125	0.250	0.25
Hg	0.079	0.007	0.014	0.014
Cu	12.6	0.785	1.57	1.6
Na	0.060	0.003	0.006	0.006
Mg	0.42	0.025	0.050	0.05
K	1.14	0.072	0.144	0.15
Ca	3.0	0.159	0.318	0.4

参 考 文 献

[1] 全浩,韩永志.标准物质及其应用技术[M].2 版.北京:中国标准出版社,2003.

[2] 全国标准物质管理委员会.标准物质的研制·管理与应用[M].北京:中国计量出版社,2010.

[3] 全国标准物质管理委员会.标准物质定值原则和统计学原理[M].北京:中国质检出版社,2011.